U0256935

长沙县两型发展模式研究

中国中小城市科学发展研究课题组
中国城市经济学会中小城市经济发展委员会 编

社会科学文献出版社
SOCIAL SCIENCES ACADEMIC PRESS (CHINA)

课题组成员

顾　问：郑新立　全国政协经济委员会副主任

中共中央政策研究室原副主任

中国国际经济交流中心常务副理事长

杨懿文　中共长沙县委书记、长沙经济技术开发区党工委书记

张庆红　中共长沙县委副书记、长沙县人民政府县长

组　长：牛文元　国务院参事、中国科学院研究员

白津夫　中央政策研究室经济局副局长

北京科技大学经济管理学院教授、博士生导师

南京理工大学管理学院顾问、教授、博士生导师

秘书长：杨中川　中国城市经济学会中小城市经济发展委员会秘书长

东北亚开发研究院城市发展研究所所长

成　员：李兵弟　住房和城乡建设部村镇司原司长

董　忠　国务院研究室农村司司长

吴太平　国土资源部调控与监测司副司长

胥和平　国家科技部研究室主任

武树民　中联部国际交流中心主任

赵湘江　中组部党建研究所副所长

李国斌　工业和信息化部政策法规司巡视员

牛凤瑞　中国社会科学院城市发展与环境研究所原所长

李学峰　中国社会科学院城市发展与环境研究所副研究员

李　裕　中央政策研究室经济局副处长

吕伟华　中小城市经济发展委员会副秘书长

管玉贤　吉林省社会科学院城市发展研究所副研究员

艾利坡　中小城市经济发展委员会研究室主任

本书编辑部成员

中共长沙县委办公室：杨忠文　姚　军

长沙县两型社会建设

综合配套改革办公室：曹伟兴　王义林　谭振华

杨　畅　王　伟

前　言

科学发展铸就新的辉煌

——长沙县奋力打造中西部第一县的实践与启示

中共湖南省委政策研究室

（2012 年 12 月）

近年来，长沙县坚持以科学发展观为指导，结合县情实际认真落实“四化两型”战略，全县经济社会发展不断迈上新台阶，综合实力和竞争力在全国百强县的位次不断前移。在 2012 年中国中小城市科学发展百强评比中，排名由 2007 年的第 58 位跃升为第 13 位，正式成为中西部第一县；在全国县域经济基本竞争力百强县排位由 2007 年第 45 位挺进全国前 15 强，连续五年蝉联中部第一。省委书记周强同志对此专门作出批示：“长沙县科学发展的做法和经验值得总结和推广。”根据周强书记的指示，我们会同省社会科学院和长沙市委政策研究室对长沙县进行了专题调研，现报告如下。

一　科学发展的巨大成就

长沙县按照科学发展要求，着力转变发展方式，始终秉持幸福与经济共同增长、乡村与城市共同繁荣、生态宜居与发展建设共同推进的“三个共同”发展理念，实现了科学发展的大跨越。

1. 紧扣发展主题，综合经济实力显著增强

经济发展迈上新台阶，全县地区生产总值 2003 ~ 2011 年连续八年保持 17% 以上的增速，预计 2012 年达到 900 亿元，人均生产总值超过

1.5 万美元，财政总收入从 2003 年过 10 亿元，到 2009 年、2011 年分别跨上 50 亿元和 100 亿元台阶，2012 年突破 150 亿元。新型工业化加速推进，大众汽车、广汽菲亚特等一大批项目落户，工程机械成为千亿产业。经济结构调整取得新进展，三次产业结构调整为 6.5∶73.2∶20.3，财政收入占 GDP 的比重达 16.7%。荣获“中国最具投资潜力中小城市”和“最具区域带动力中小城市”等称号，未来 2~3 年，可望全面挺进全国县域经济前十强。

2. 坚持可持续发展，发展质量和水平显著提高

“四化两型”建设深入人心，两型产业优先发展，在全国率先建立县级“两型”建设指标体系，形成了“用 1% 的土地支撑经济发展，99% 的土地保护生态环境”的局面。单位生产总值能耗显著下降，森林覆盖率达到 42.5%，县城空气优良率常年保持在 93% 以上。城乡垃圾清运、污水处理实现全覆盖，工业污染和农村禽畜养殖污染得到有效整治。先后获得“国家园林县城”“国家生态示范区”“中国人居环境范例奖”“全国十佳两型中小城市”等荣誉。

3. 推进城乡统筹，县域经济活力全面迸发

创新发展思路，统筹城乡发展，形成了一县两区（即国家级长沙经开区和国家现代农业示范区）、南工北农、县域经济全面发展的格局。推进扩权强镇和城市管理重心下移等一系列措施，改革探索取得新突破，成为全国改革开放 18 个典型地区之一。产城融合深入实施，实现园区经济向城市经济转变，新型小城镇建设卓有成效，城镇化率达到 52%，基础设施建设日趋完善，经济发展环境不断优化，城乡面貌日新月异。干部群众同心同德、精神焕发，全县上下呈现一派干事创业、争先进位、奋发向上的生动局面。

4. 突出以人为本，人民群众更加富足幸福

2012 年，城镇居民人均可支配收入和农村居民人均纯收入分别达到 27600 元和 15600 元，城镇登记失业率控制在 3.2% 以内。近 5 年，全县财政对民生的投入累计达 181.75 亿元，2012 年民生投入占新增财力的 80% 以上，社会保障实现全覆盖，居民医保实现城乡并轨，城镇保障性住房建设和农村危旧房改造取得明显成效。全县社会事业全面繁荣，人民生活水平显著提高，文明程度大幅提升。连续两届获评全国文明县城，连续三届获得“中国最具幸福感城市”称号。

二　“四化两型”的生动实践

长沙县经济社会发展取得的辉煌成就，得益于始终坚持以科学发展观为统领，创造性地贯彻落实“四化两型”战略，探索出了一条两型引领、四化协同、科学跨越的成功之路。

1. 实施项目带动，坚持产业强县，走出了一条四化协同之路

县域经济就是项目经济。长沙县坚持以重大项目建设培育和集聚优势资源，促进了产业转型升级，推动了信息化与工业化深度融合、工业化与城镇化良性互动以及城镇化与农业现代化的相互协调。实施集约集聚发展，大力推进新型工业化。坚持工业企业进园区，形成以星沙为主的工业板块，不断拓展园区发展空间，大力发展产业集群。围绕打造“工程机械之都”和“中国汽车产业集群新版块”，着力培育千亿企业、千亿产业，吸引了一批拥有国际知名品牌和核心竞争力的龙头企业。以三一重工、中联重科、山河智能等企业为龙头的工程机械产业蓬勃发展，其产业产值占全省同行业的60%，占全国同行业的22%。引进广汽菲亚特、广汽三菱、北汽福田、陕西重卡等整车生产项目，住友轮胎、德国博世等多家世界知名零部件企业相继落户，成为国内拥有最完整车系制造能力的地区之一。实施“产城融合”，大力推进新型城镇化。坚持以产兴城、以城育产，把重大产业项目和基础设施项目建设与新城镇开发结合起来，以组团式发展优化城镇布局，建设了一批产城互动、生态宜居、各具特色的新型城镇。将城市功能、政府公共服务植入工业园区，推进园区经济向城市经济转变，促进城市功能完善和品质提升。在新建工业园区，按照1/3的地方发展工业、1/3的地方发展生产性服务业、1/3的地方建设公共设施和商贸住宅的思路，一次性建成产城融合体。坚持以国际先进理念发展高端服务业态，启动了松雅湖、空港城、黄兴武广新城、长沙临空综合保税区等重大项目建设，加快了全县经济结构优化步伐。建设现代农庄，大力推进农业现代化。以北部农业乡镇为主体，建设国家现代农业示范区，大力发展城郊型高效农业，创新现代农业生产的新模式，重点发展农业企业和现代农庄为主体、产业基地为平台、农户以土地入股为主要方式的“公司和农庄＋基地＋农业工人”的生产经营模式，以绿色、环保、生态为标准，发展集农业生产、农产品精深加工、农业体验休闲于一体的现代农业，形成了“一乡一品、两大走廊、三条主轴、七大产业、百个农庄”的现代农业发展格局。强化科技支撑，吸引隆平高科和中科院、省农科院等科研院所进驻，建设湖南现代农业技术创新基地，加快了数字农业、生态农业、高效农业的发展步伐。加强农业基础配套设施建设，加快建设农业现代物流园，为农业现代化打下坚实基础。打造智慧城市，大力推进信息化。大力推动以蓝思科技、创新电子、纽曼科技和联通数字阅读基地等为龙头的重大项目建设投产，支持电子商务产业进驻，电子信息产业有望成为长沙县第三个千亿产业集群。积极利用信息技术改造传统产业，强化信息技术在工业、农业、服务业和城市管理中的运用，全面提升城乡信息化水平，加快建设智慧城市。

2. 实施城乡统筹，坚持以城带乡，走出了一条城乡协调发展之路

把城乡一体化作为新一轮县域经济发展的突破口。按照“以工哺农、以城带乡”的总体思路，坚持把工业与农业、城市与乡村、城镇居民与农村居民作为一个整体来统筹谋划，促进了全县城乡经济社会的协调发展。“南工北农”优化县域空间布局。按照人口资源环境相均衡、经济社会生态效益相统一的原则，优化全县空间开发格局，将县城及南部城郊定位为工业和城市服务型区域，以长沙经开区为龙头，大力发展工业经济；将北部乡镇定位为农业生态型区域，以国家现代农业示范区为龙头，重点发展现代农业，加强生态环境保护。通过明晰分工，分类指导，形成了发展导向明确、要素配置均衡、空间集约集聚的发展格局。“六个集中”加快城乡一体发展。按照资本集中下乡、土地集中流转、产业集中发展、农民集中居住、生态集中保护、公共服务集中推进的要求，积极推进城乡规划、基础设施、公共服务、产业发展、生态环境和管理体制六个一体化建设，推动城市资本向农村聚集、城市公共服务向农村覆盖、城市基础设施向农村延伸、城市现代文明向农村辐射。开慧“板仓小镇”、金井“茶乡小镇”、榘梨“水乡古镇”等一批特色示范镇的建设，为城乡一体化打造了亮点，为县域经济发展增强了活力。“三个管住”建设现代新型农村。乡（镇）、村两级工作坚持经济建设与乡村治理并重，着力于改善农村生产生活条件、提供优质服务，提高农民生活质量。严格落实“三个管住”，即通过管住村干部来管住农村社会稳定、管住绩效考核来管住农村科学发展、管住污染源来管住农村生态环境，使农村整体面貌焕然一新。全县农村正向“生产发展、生活宽裕、乡风文明、村容整洁、管理民主”的社会主义新农村阔步迈进。

3. 实施生态建设，坚持两型引领，走出了一条绿色发展之路

以创建“国家生态县”为目标，坚持节约资源和保护环境，发展绿色产业，保护青山绿水，建设生态文明。加快两型产业发展。高度重视企业自主创新能力建设和科技成果转化工作，全县高新技术产业增加值占到全县 GDP 总额的 44%。坚持工业项目进园区，园区所有企业强制推行清洁生产。引导企业加强能耗控制和污染治理，近年先后关闭和搬迁 60 多家高污染、高耗能企业。积极推广生物质能、风能、太阳能等可再生能源的应用，全县沼气池入户率达到 50%。加强农村环境整治。大力推进截污、清淤、固堤、增绿、造景等工作，实施了“清洁水源、清洁田园、清洁能源、清洁家园”的“四洁农村”工程。全面推行科学养殖，出台畜禽养殖污染管理防治办法，科学划定禁养区、限养区、适度养殖区，有效解决禽畜养殖污染问题。在所有乡镇建立污水处理厂，实现了污水处理全覆盖。成立农村环保合作社，通过市场运作、政府补贴，实现了“户分类、村收集、镇运转、县处理”的垃圾四级分类管理，解决农村垃圾污染问题。开展生态补偿修复。率先在全省建立生态补偿机制，除公益设施建设外的所有土地出让，每亩新增 3 万元用于生态建设和环境保护。科学划定限制开发和禁止开发区，建立生态恢复和水土涵养生态功能区，进行重点保护，实施生态扶贫移民工程，保护山区生态环境。实施“百条乡村公路，千里河港堤岸，万户农家庭院”绿色愿景工程，县财政每年安排1000万元以上资金补助植树造林。推进生态环境示范村庄建设，极大地激发了群众自主美化家园的热情。

4. 实施民生优先，坚持城乡普惠，走出了一条共同富裕之路

坚持以人为本的发展理念，以改善民生来缩小差距，以促进共同富裕来提高社会和谐化程度。加大民生领域投入。经济快速发展，财力显著增强，但始终坚持小政府大服务，严格控制行政事业编制，没有新建楼堂馆所，千方百计压缩各项行政开支用于改善民生。虽然经济实力和财力居中西部地区之首，但长沙县委、县政府的办公楼是全市九个县市区中最差的，在全省也是比较差的，而近5年财政对民生投入年均增长41.8%，2012年财政用于全县民生领域的支出突破60亿元。积极构建全民社会保障体系，在全省率先实现新农合与城镇医保并轨运行，实现城乡居民养老保险全覆盖。建立健全城乡社会救助体系，提高城乡低保和社会救助限额标准，实行高龄老人生活补贴制度，开展革命先烈后代困难家庭幸福计划，大力实施“安居工程”，连续4年向全县贫困家庭发放1000万元以上“过年红包”。推进公共服务均等化。深入推进校舍安全工程，切实改善城乡学校办学条件，城区“大班额”问题有效缓解，提高农村偏远地区教师待遇。以创建公共文化服务体系为抓手，完善三级公共文化服务网络，启动了总投资5亿元的星沙文化中心建设，实现乡镇综合文化站、村级农家书屋全覆盖。加快乡镇卫生院、村卫生室标准化建设，创造性地开展农民“免费门诊”试点工作，较好地满足了人民的基本医疗需求。增加城乡居民收入。深入开展“创业富民”活动，以创业带动就业；大力引导城市资本、技术、人才等生产要素向农业农村聚集，大胆探索农民进城和市民下乡的城乡互动模式；加快构筑城乡社会保障网和社会事业网。2005～2012年，城镇居民人均可支配收入和农村居民人均纯收入年均增长分别达到12.8%和19.2%，2012年城乡居民收入比仅为1∶1.77。

5. 实施改革探索，坚持人才强县，走出了一条创新驱动之路

坚持在重点领域和关键环节大胆创新、先行先试，不断探索发展的新路径，增添发展的新活力，构筑发展的新优势。创新行政管理体制。实施扩权强镇改革，将部分人事管理权、财政管理权、行政审批权和行政执法权下放到乡镇，突破制约乡镇发展的体制性障碍。实施综合行政执法改革，成立农业、商务卫生和食品药品、城乡建设、社会事务等行政执法大队，探索组建综合行政执法局。深化政府投融资体制改革，先后组建了城建投、水建投、路建投、环建投等4家融资公司，并将这4家融资公司合并组建了星沙建设投资发展集团公司。创新选人用人机制。广开进贤之路，广纳天下英才，坚持党管人才原则，把人才和干部队伍建设作为提升县域经济发展的核心竞争力来抓。大力实施“3235”人才引进工程，共引进各类人才1150名，其中科学发展顾问48名，海外人才10名，优秀青年人才305名，选聘了661名大学生村官到村（社区）任职，服务农村基层。同时，坚持多平台锻炼人才，多渠道培训人才，创优环境留住人才，选拔优秀领导到国内外著名学府学习，组织部分优秀村支部书记到国外学习，为全县经济社会快速发展提供了强力的人才支撑。创新考核评价机制。创新实施了以群众参评、党员互评、支部讲评、领导点评为主要内容的“四评”工作法，激发了创先争优的内生动力。先后建立了镇、街道和村、社区，以及县直单位党组织书记“双述双评”、基层党建工作专项考评、“一把手”考评党建等制度，将考评结果与村级组织的运转经费拨付、评先评优挂钩。实施分类绩效考核，针对乡镇（街道）区域位置、自然环境、经济发展等特点分类设置考核指标和分数权重，使绩效考核成为践行科学发展的风向标。

三 长沙县经验值得借鉴

长沙县在科学跨越的生动实践和探索中，创造了引人注目、特色鲜明的辉煌成就，为县域经济发展提供了可供借鉴的宝贵经验。

1. 坚持解放思想、与时俱进，始终走在科学发展的前列

科学发展是又好又快的发展，科学发展的过程也是解放思想的过程。这些年来，无论外部环境怎么变化，历届长沙县委、县政府都坚持把解放思想贯穿于经济社会发展的全过程，始终咬定“全国争先、中部领先、全省率先”的发展目标，真正做到一届接着一届干，一张蓝图干到底，大胆突破传统的思维定式和发展模式，保持科学跨越的良好态势，实现了从三湘第一县到中部第一县，再到中西部第一县的三级跳。长沙县的实践证明，只有根据发展的新阶段新形势，顺应人民过上更好生活的新期盼新要求，打牢科学发展的思想基础，坚持在解放思想、更新观念中达成共识、凝心聚力，才能团结带领全县人民奋力拼搏，保持又好又快的发展势头和争先进位的发展活力，始终走在科学发展最前列。

2. 坚持因地制宜、超前谋划，积极探索科学发展的新路

科学发展是坚持统筹兼顾、全面协调可持续的发展。长沙县委、县政府领导班子具有国际视野和战略思维，既坚持前瞻性的发展探索，又从实际出发制订发展战略和举措。从“三个共同”“生态立县”的发展理念，到“领跑中西部”“进军全国十强”的发展目标；从“南工北农”“产城融合”的战略布局，到松雅湖、星沙产业基地、空港城、黄兴武广新城、安沙现代物流园等一大批重大项目的战略实施；从“人才强县”、县域经济“两型”发展的战略思维，到“三个管住”“四评”“五步循环”“六个集中”等战略举措，无不高扬着科学发展的主旋律，体现了“四化两型”的生动实践。长沙县的实践证明，只有坚持科学发展观的正确引领，准确把握县情，结合实际深入实施“四化两型”战略，因地制宜、积极作为，才能积极抢抓发展机遇，赢得主动，为县域经济发展注入新的动力，在科学可行的发展战略引领下出奇制胜，创造一个又一个科学跨越的奇迹。

3. 坚持改革创新、优化环境，不断增强科学发展的活力

科学发展是创新驱动的发展。长沙县探索实施封闭管理、独立运作、以区带园、行政托管的管理体制，理顺了县区关系，确保了经开区集中精力抓招商、建园区；实施政府机构、城市管理、行政审批、财税和投融资等体制机制改革，确保了政府职能部门围绕中心搞服务、促发展；实施信息公开和公众参与，建设开放型政府，确保了政府治理方式的转变；实施分类考核和绿色政绩考核，确保了不同乡镇突出重点抓发展、促和谐；实施“一推行四公开”，探索“五步循环”群众工作法，加强和创新了社会管理，确保了全县社会大局稳定。长沙县的实践证明，只有坚持不懈地走改革探索之路，充分发挥市场配置资源的基础性作用，创新体制机制，转变政府职能，优化发展环境，才能增强科学发展活力，放大毗邻省会城市的区位优势，不断创造新的比较优势和“洼地效应”，真正成为投资兴业的一方热土。

4. 坚持以人为本、富民优先，努力提高科学发展的实效

科学发展是富民惠民的发展。长沙县始终坚持发展为了人民、发展依靠人民，发展成果由人民共享，把实现好、发展好、维护好最广大人民群众根本利益作为一切工作的出发点和落脚点。在经济发展的基础上注重更好地保障和改善民生的同时，党员干部始终坚持和发扬艰苦奋斗精神，将新增财力重点用于民生，在全省率先实现新农合与城镇医保并轨运行、实现城乡居民养老保险全覆盖、构建全面社会保障体系，逐步推进基本公共服务均等化等一件件惠民政策的实施，不仅使城乡居民实现了安居乐业，更是极大地激发了人民群众共建美好家园的积极性。长沙县的实践证明，只有加快发展才能更好地改善民生，只有更好地改善民生才能实现又好又快发展，只有把人民群众的根本利益放在发展首位，坚持民生优先、和谐共享的发展理念，才能凝聚人民群众科学发展的创造力，不断提高人民群众的幸福指数，使科学发展的目标落到实处。

5. 坚持党建引领、创先争优，切实强化科学发展的保障

科学发展能否落到实处，关键取决于党的建设。长沙县委坚持围绕发展抓党建、抓好党建促发展，在全县党的组织和党员群众中以“党员当先锋、支部作壁垒、进军前十强”为载体，深入开展创先争优活动，大力推进组织覆盖、支部提升、骨干培养、党群连心、兴村富民和强基保障六大工程，注重改进作风，在全县上下形成了争科学发展之先、创社会和谐之优的良好氛围。同时，着眼于科学发展之需，大力实施人才强县战略和人才引进“3235”工程，引进、培养和造就了一大批科技人才和管理人才。2012 年，长沙县委被评为全国创先争优活动先进县委。长沙县的实践证明，只有自觉地把科学发展观体现到党的建设的各个方面，坚持以改革创新精神全面推进党的建设新的伟大工程，不断提高党的建设科学化水平，才能为县域经济发展提供坚定的思想政治基础、持久的推动力量、有利的人才支撑和坚强的组织保障，确保科学发展上水平、人民群众得实惠。

目录

第一章

长沙县两型发展取得新突破

长沙县位于湖南省省会长沙市近郊，自古被誉为“三湘首善之区”，县域面积近2000平方公里，常住人口97.9万人，是全国18个改革开放典型地区之一。自2007年国务院批准长株潭城市群和武汉城市圈为全国资源节约型和环境友好型社会建设综合配套改革试验区以来，长沙县在省委、省政府和市委、市政府的坚强领导下，及时提出了幸福与经济共同增长、乡村与城市共同繁荣、生态宜居与发展建设共同推进的“三个共同”发展理念，并在这一理念的指导下，团结带领全县人民紧紧围绕“争当排头兵，领跑中西部，进军前十强”目标，创造性地贯彻执行省市关于“两型社会”建设的总体要求，着力在统筹城乡中加快转变经济发展方式，有力地促进了全县经济社会的又好又快发展，在“两型社会”建设中形成了自己独特的“两型”发展模式，为全国“两型社会”建设积累了有益的成功经验，提供了很好的榜样示范。2011年，该县完成GDP 790亿元、工业总产值1556.5亿元、财政收入120.6亿元、全社会固定资产投资369.5亿元、社会消费品零售总额185.2亿元，比2007年分别增长502亿元、1013.7亿元、88.6亿元、237.7亿元和120.5亿元。在2012年度中国中小城市综合实力百强（全国科学发展百强县）评比中跃居第13位，比2007年上升了45位，跃居中西部地区首位。

在当前及今后很长的一段时间里，我国依然对应着“人与自然”关系和“人与人”关系的瓶颈约束期，也是发展路径要求重塑的临界转型期，表现出“经济容易失调、社会容易失序、心理容易失衡、效率与公平需要调整和重建”的突出特征。

连续保持多年快速成长的中国经济，目前开始经历深刻的变革，这就是必须把加快发展方式的转变、合理调整结构、消解资源环境压力、建设和谐社会，提到战略意义的高度。

中国推进发展方式的转变迫在眉睫，目的在于突破五大基本瓶颈：一是如何克服高投入、高消耗、高排放、低效益的传统发展模式，真正实现资源节约、环境友好的战略要求。二是如何走新型工业化、新型城市化、农业现代化的互动之路，提升产业能级，实现创新发展。三是如何走出高速发展30多年后，可能陷入发展停滞的魔咒和怪圈，如像日本的发展进程、亚洲“四小龙”的发展进程以及类似于“拉美陷阱”那样的状况。四是如何解决经济发展中的不平衡、不协调、不可持续等许多深层次矛盾和问题，以及如何通过发展的成功转型来赢取在新一轮世界经济竞争中的地位。五是如何尽快通过收入分配的调整，解决中国的贫富差异、城乡差异、区域差异等基础民生问题，使社会真正获得公平正义与稳定和谐。

改革开放30多年，中国解决了发展战略的方向问题，解决了中国往哪里走的问题，成功实现了从计划经济向社会主义市场经济的转变。在未来的30年，中国必须解决发展战略的内涵问题，即必须完成发展方式的转变，否则实现现代化的目标就会遭遇到很大的障碍。这里至少会出现三个方面的问题：第一，如何消解资源环境的瓶颈约束和压力；第二，如何调整结构走创新发展之路；第三，如何保障又好又快发展的自然基础和人文基础。

长沙县在将近5年的资源节约型社会与环境友好型社会的创建中，面对上述三大问题，努力破解五大瓶颈，取得了令人瞩目的成绩：坚决摒弃高投入、高消耗、高排放、高污染、高碳特征的发展模式；坚持改变拼资源、拼消耗、拼廉价劳动力的发展道路；坚定执行绿色拉动、创新拉动、可持续拉动的发展战略，逐渐将深层次矛盾消解于两型社会的建设之中。

长沙县在“两型社会”建设中，努力转变传统观念，为发展方式的转变需要打出一套“组合拳”。包括：①调整空间结构，充分考虑域内各地的发展优势与特点，有效进行地域分工，合理攫取“发展红利”。②调整发展结构，努力做到出口、投资、需求“三驾马车”之间的有机匹配。③调整产业结构，将先进制造业、现代服务业和现代农业作为引导产业升级的发动机。④调整能源结构，把循环经济和低碳经济有机地引入地区经济体系之中，大大减轻资源压力与环境压力，走出了“生产发展、生活富裕、生态良好 ”的文明发展之路。⑤调整社会结构，倡导公平正义，大力缩小贫富差别、城乡差别、区域差别，逐步实现全域式的公共服务均等化。

长沙县在建设两型社会的实践中，凝练出三大基本元素：其一，寻求推进两型社会发展的“动力元素”，即发展的过程始终采用创新型的思维、改革的锐气、先进的制度设计和先进的科学技术；其二，维系实现两型社会的“质量元素”，即发展的方式与过程始终在自然承载力允许阈值之内达到发展与环境的平衡，尤其是在少消耗能源、少消耗资源、少牺牲环境的前提下，实现社会财富的持续增加与积累；其三，完成实现两型社会的“公平元素”，推动发展方式转变的关键是调整结构、提升能级和拉动内需，这必须全民富裕，尤其是加快提高贫困人口、弱势群体和欠发达地区人口的收入，减轻贫富差异、城乡差异和区域差异，解决最广大的民生问题。将发展的成果真正惠及全体社会成员，取得了公共服务的均等化，让全体社会成员真正享受国民待遇，过上有尊严的生活。可以认为，在创建资源节约型与环境友好型社会的进程中，长沙县很好地将“动力、质量、公平”这三大元素协调起来，取得了三者的交集最大化。

一　经济全面发展

（一）坚持以结构优化增创发展新优势，在综合经济实力上实现了新突破

长沙县在“两型社会”建设中，为了构建“两型”产业体系，确

立了“优势产业率先发展、潜力产业加快发展、传统产业规模发展”的产业发展原则，通过重点支持先进制造业做大做强，大力发展高新技术产业和现代服务业，有力地带动了现代农业的快速发展，三次产业结构不断优化，经济发展质量和效益不断提升。

1. 做大做强先进制造业

20世纪90年代初，长沙县开始兴办工业园区，并在长期发展中形成了工程机械、汽车及零部件两大支柱产业。近年来，长沙县为了支持这两大产业做大做强，着力打造“中国工程机械之都”和“全国汽车产业集群新板块”，抓住国家产业振兴的政策机遇，及时制定出台了相关产业扶持政策，启动实施了“千亿园区”和“千亿产业”发展战略。在工程机械产业建设方面，成功引进了山河智能、中联重科、铁建重工、中铁轨道等一批重大项目，同时积极支持本土企业三一重工向海外扩张，先后在印度、美国、德国、巴西等地建立了研发中心和制造基地。2011年，三一集团产值突破800亿元，顺利跻身世界500强、全球工程机械行业前10强，成为中国工程机械行业首家进入世界500强的企业。2011年，全县工程机械产业完成产值904.1亿元，占全省3/5、全国1/7的市场份额，即将成为首个千亿元产业集群。2012年，三一集团又成功收购了德国机械巨头普茨迈斯特，并与奥地利帕尔菲格合资成立了三一帕尔菲格公司，国际化步伐进一步加快。在汽车及零部件产业建设方面，成功引进了广汽三菱、广汽菲亚特、住友橡胶等一批世界500强企业和陕汽环通、众泰汽车等一批重大项目，与清华大学合作在星沙成立了汽车产业研究基地，2012年底广汽三菱、广汽菲亚特、住友橡胶等项目已经陆续建成投产。2011年，全县汽车整车及零部件产业完成产值200.7亿元，成为全国首个最完整车系制造区域。

2. 大力发展高新技术产业

长沙县为了进一步提升以核心技术、核心标准和自主知识产权为要素的产业核心竞争力，坚持把高新技术产业作为推动县域经济发展的主要增长点和核心增长极来打造，每年由县财政安排3000多万元专项资金支持高新技术产业发展，使全县经济增长逐步实现由主要依靠物质资源消耗向主要依靠科技创新转变。2012 年底，全县共拥有高新技术企业 95 家，各类工程技术研究中心和企业技术中心 50 多家，其中三一重工、山河智能、远大空调、中联重科、泰格林纸 5 家企业技术中心被评为国家级技术中心，磐吉奥公司实验室被评为国家级实验室。2011 年，全县高新技术产业增加值达到 348 亿元，占全县 GDP 总额的 44.5%。

3. 大力发展现代服务业

现代服务业的发达程度，是衡量经济、社会现代化水平的重要标志。对于依靠工业起家的长沙县来说，现代服务业一直是一个“短板”。近年来，长沙县把发展现代服务业作为转方式、调结构的一个重要抓手，精心编制了现代服务业发展规划，及时出台了促进现代服务业发展的若干优惠政策，科学布局了十大重点现代服务业平台，重点支持现代商贸、信息咨询、金融保险、科技服务、创意设计等现代服务业加快发展。几年来，先后启动建设了恒广欢乐世界、安沙物流园、黄兴现代市场群、长株潭烟草物流园等一批重大服务业项目，陆续建成了生态动物园、新长海城市综合体、潇湘生鲜市场、经贸路农贸市场等一批服务业项目，以快乐购、青苹果数据城、宏梦卡通、青海卫视运营中心、太平洋人寿保险总部运营中心为代表的电子商务、服务外包、影视、金融保险等新兴服务业态得到了迅速发展。此外，长沙县为了拉动内需，还率先在全国启动“汽车下乡”活动，深入开展了家电下乡和摩托车下乡活动，并连续三年成功举办了“星沙商圈”购物消费节活动，连续三年每年以现金和购物券的形式向农村贫困群众免费发放了 1000 万元的“过年红包”。

4. 积极发展现代农业

长沙县坚持以城市化的理念建设农村、以工业化的理念发展农业，在县域北部规划创建了一个覆盖 12 个乡镇、面积达 1150 平方公里的国家现代农业示范区，并依托这一平台，以现代农庄模式推动现代农业发展，全面启动了 43 个现代农庄建设。现代农庄模式打通了城市资本、技术、人才下乡的通道，共吸引各类社会资本 30 亿元投入农业，带动 100 多项农业科技成果转化和 1000 名科技及管理人才进入农业，带动农村土地流转面积近30万亩，涉及粮食、蔬菜、茶叶、食用菌、花木、时鲜水果、特种养殖、生态休闲等多个领域。2012年底，全县已发展百亩集中连片的农业项目215个，建成水稻万亩高产创建示范片20个，注册各类农民专业合作组织600余家，发展规模以上农产品加工企业53家，共有97个农产品获农业部“三品”认证、5个农产品商标被评为中国驰名商标和中国名牌。

长沙县先后被国家农业部列为双季稻高产创建整县整建制推进试点县，并被评为全国无公害农产品标志推广与监管示范县、全国重点产茶县、中国果菜无公害十强县之一。

（二）坚持推进城乡一体化发展，在缩小城乡发展差距上实现新突破

统筹城乡发展是我国进入21世纪后经济社会发展的基本发展方略，是深入贯彻落实科学发展观的必然要求。长沙县为了破除城乡二元结构，按照以工促农、以城带乡、普惠民生的工作思路，坚持把工业与农业、城市与乡村、城镇居民与农村居民作为一个整体来统筹谋划，通过以城带乡、以镇带村、以点带面，在全县形成了镇、村、户协调发展，点、线、面整体推进的城乡一体化发展新格局，有力地促进了城乡经济社会的全面协调可持续发展。

1. 科学优化县域空间发展布局

按照“完善规划，功能定位”的思路，长沙县将全县科学划分为优先开发、重点开发、限制开发和禁止开发等几大主体功能区，并按照“宜工则工、宜农则农”的原则，确定了“南工北农”的总体发展规划，将县城及南部城郊乡镇定位为工业和城市服务型区域，以国家级长沙经开区为龙头，通过“一区带八园”，积极打造千亿园区、千亿产业、千亿企业，不断增强城市的产业支撑能力和综合服务功能；将北部乡镇定位为农业生态型区域，以国家现代农业示范区为龙头，重点发展现代农业，加强生态环境保护，着力打造长沙县可持续发展的战略空间。2012年底，全县已经形成了发展导向明确、要素配置均衡、空间集约集聚的发展格局。

2. 强力推进城乡一体化试点镇建设

长沙县为了积极探索城乡一体化建设经验，充分发挥示范带动作用，先后启动了7个城乡一体化试点镇建设。其中，㮾梨、金井和开慧三个镇作为城乡一体化试点镇和扩权强镇试点镇，从规划、国土、财政、农民集中居住、项目建设和行政审批、财政、人事、编制、行政执法、管理等方面，着力探索和破解影响城乡统筹发展的体制机制障碍，努力推动城市资金、人才、技术、管理等生产要素向农村聚集。近年来，㮾梨、金井和开慧三个试点镇共完成各类投资20多亿元，有效地推进了以镇带村同步建设、农村商贸集中发展、城市资本共同投入、公共服务全面覆盖、产业发展统一布局，初步探索出了富有特色的城乡一体化发展道路。其中，开慧镇“板仓小镇”依托开慧烈士家乡板仓的生态资源和人文资源，通过多元项目开发建设平台，在城市远郊建设一个与县城和经开区互动的田园城市，打通了“农民进城（镇）”和“市民下乡”的通道，探索出了一条不依赖城市扩张而发展、可以复制和推广的新型城镇化与新农村建设新路子。金井镇以打造“茶乡小镇”为主题，大力推进特色现代农业发展和生态旅游区建设，建成了乡村公共自行车系统，打造了20家示范性乡村客栈，培育了“金茶、金米、金菜、金薯”等四个“农”字号品牌和“金井”“湘丰”两个中国驰名商标，形成了功能完善的乡村旅游载体。㮾梨镇突出“濒临和身居省会长沙城市区域”“千年古镇”“丰富的自然水资源生态体系”三大要素，确立了“产业聚集新园区、生态宜居新城区”的发展目标，通过实施融城对接和严格按照城市化标准推进各项基础设施建设，加快推动老镇区内中小企业“退二进三”“腾笼换鸟”，进一步加快了新型工业化和新型城市化建设进程。

3. 全面推进社会主义新农村建设

在集中精力推进城乡一体化试点镇建设的同时，长沙县按照资本集中下乡、土地集中流转、产业集中发展、农民集中居住、生态集中保护、公共服务集中推进的“六个集中”的要求，积极推进了城乡规划、基础设施、公共服务、产业发展、生态环境和管理体制“六个一体化”

建设，进一步强化了城乡基础设施的衔接和配套，全面促进了社会主义新农村建设。在城乡规划方面，根据各乡镇在县域经济中的区位、发展状况、有利因素及制约条件，确定了以星沙新城为核心、卫星新市镇为重点、乡镇集镇为补充、新型村镇为基础的四级城乡结构体系，按照组团式、网络化、生态型的要求，科学编制了《长沙县城乡一体化规划》、300平方公里的星沙新城规划、19个乡镇（街道）的总体规划和178个村庄规划。在基础设施建设方面，启动了水、电、路、气、讯"五网下乡"工程，率先在全省实现了镇镇通自来水、村村通水泥公路，全面完成了数字电视平移、有线电视城乡联网，并开通了4条城乡公交线路，接通了8个乡镇（街道）的管道天然气，启动建设了一批道路交通设施项目，在全县形成了"九纵十六横"的道路交通网络。在公共服务供给方面，县财政每年用于民生方面的支出达到一般预算支出的70%，率先在全国实施了"革命先烈后代幸福计划"，率先在全省实现了城乡居民医保并轨、城乡居民养老保险全覆盖和农家书屋村级全覆盖，实施了城乡特困户医疗救助制度、"爱心助医"工程、农民免费门诊试点和农村居民集中居住点免费看电视试点。在产业发展方面，南部乡镇主要依托国家级长沙经开区大力发展工业经济，北部乡镇主要依托国家现代农业示范区大力发展现代农业。在管理体制方面，重点创新户籍管理制度，积极探索"扩权强镇"和乡镇机构改革的有效路子，强化乡镇的公共服务和社会管理职能。

4. 加快推进星沙新城建设

为全面提升城市的聚集辐射力、国际影响力和综合竞争力，着力将星沙新城建设成为"三湘门户之城、山水宜居之城、活力创新之城"，牢固树立远大的城市理想，自觉以国际化理念指导城市建设，以国际化标准推进城市建设。2009年，将县城所在地星沙镇撤销后，改建成了三个街道办事处，并以此为契机，加快推进连接长沙市区和城乡各个功能组团的快捷交通建设，推进城区穿梭巴士、公共广场、高档商业网点的建设，启动了由英特尔公司技术支持的全国首个基于下一代网络技术的"无线星沙"建设，新建了一所采用国际文凭组织（IBO）教学体系、以英语为教学语言的星沙国际双语学校，探索实施了城市物业化、网格化、精细化、数字化、人性化管理，并在城市路牌标识上全部印上了中、英、韩三种文字。2012 年底，“无线星沙”“数字城管”已经全面投入运行。长沙县于 2009 年成为全国唯一获国家建设部授予中国人居环境范例奖（城市管理与市容环境建设项目）的城市。

（三）坚持产城融合发展，在推进园区经济向城市经济转变上实现了新突破

长沙县是一座依靠工业园区发展带动起来的城市。工业园区的快速发展，一方面带动了区域经济的迅速增长，另一方面产业与城市在发展过程中的相互分割，造成城市产业结构单一、社会功能不足、服务业发展滞后等一系列问题，严重影响了城市功能的发育和高端人才的引进。为破解产城分割带来的一系列问题，努力寻求一条将城市功能、政府公共服务植入工业园区的新路子，进一步优化产业结构、要素结构和城市空间结构，促进产业发展、城市建设和社会建设有机融合，实现城市的有机增长和社会经济的永续发展，长沙县从 2008 年开始，先后邀请中央政研室、中国深圳综合开发研究院等高端研究机构，对星沙新城的发展进行了深入研究，并作出了实施星沙新城产城融合、推进园区经济向城市经济转变的战略决定。

1. 科学确立产城融合发展思路和目标

长沙县实施星沙新城产城融合的发展思路是，以城育产优化空间结构，以产兴城增强城市活力，以社会建设提高城市质量，以体制创新加快融合速度，以门户优势促进开放融合；发展理念是空间紧凑、产业多元、有机增长、低碳建设、文化先导、体制创新；总体目标是“活力、低碳、幸福星沙”，即以空间资源的高效利用支持产业的持续升级，以产业的多元发展带动城市社会结构的优化，以社会结构的优化推动城市化建设，最终将星沙新城建设成为一个充满活力、低碳发展的幸福之城。

2. 着力打造产城融合示范区

长沙县在实施产城融合发展战略的过程中，重点打造了松雅湖、空港城、星沙产业基地三大示范区。松雅湖示范区项目规划面积17平方公里，总投资40亿元，建成后湖面面积可达6300多亩，主要是按照“现代理念、人文情怀、世界眼光、国际水准”的要求，面向国际顶尖品牌寻求战略合作伙伴，着力建设国内一流的城市生态湖泊，打造一个现代高端服务业的核心聚集区。2011年，松雅湖已经成功蓄水，其总体规划及环湖片区控制性详规方案正式确定，并成功获批国家湿地公园，且与Thinkwell（全球文化娱乐产业的顶级品牌）和Canyon Ranch（北美排名第一的国际顶级度假康体品牌）达成了合作意向。松雅湖的建设，不仅能有效改善城市人居环境，提升城市品质，而且必将增强县域发展后劲，极大地提振人们对城市未来发展的信心。空港城示范区规划面积达31平方公里，主要是按照“空港的城市、城市的空港”的理念，依托全国第五大的黄花国际机场，重点发展航空物流、电子信息、航空相关先进制造业，以及以总部楼宇、高档酒店、商贸为主的商业地产业，努力建设一个集生产、生活、生态为一体，工业、商业、现代服务业共同发展的多功能城市综合体，打造一个知识型现代服务业生态城。2012年底，已有中国联通数字阅读基地、奥凯航空、普洛斯物流等项目落户空港城。空港城的建设，不仅成为长沙县新的经济增长点，而且通过空港与城市的有机结合，加快推进了星沙新城产业结构的优化升级。星沙产业基地成立于2009年，规划总面积15平方公里，主要是按照“3个1/3”的均衡开发理念，即1/3的地方发展工业，1/3的地方发展生产性服务业，1/3的地方建设基础设施和商贸住宅，争取用现代理念和国际化视野，一次性建成产城融合体。长沙县在星沙产业基地的规划上，积极借助“反规划”的理念，尊重自然山水，合理制定生态控制区，最大限度地保护原有地貌和风土人情；在招商引资上，除了大力引进优质工业项目外，还积极引进学校、医院、银行、商场等配套设施，形成了多样的城市肌理和活力节点。2012年底，星沙产业基地已累计完成固定资产投资20多亿元，引进上市公司6家，世界500强

4家，在建项目达到70个，年实现工业产值20亿元。2011年，在第五届中国城市化国际峰会上，长沙县成为中国城市化产城融合典范案例。

（四）坚持实施项目带动战略，在增强发展后劲上实现了新突破

项目建设是推动经济社会发展的主要动力，是推进两型建设的重要载体和抓手。长沙县地处中部内陆，没有任何资源优势可言，要实现率先发展、两型发展，关键要靠项目做支撑。基于这种考虑，长沙县始终坚持把项目建设作为率先发展、两型发展的“一号工程”来抓，以“等不起”的紧迫感、“慢不得”的危机感、“坐不住”的责任感，全力以赴抓项目，实现了县域经济的持续快速发展。

1. 积极开展招大引强

为了避免在项目引进上出现“眉毛胡子一把抓”，长沙县根据全县经济社会发展的总体规划和产业政策要求，变招商引资为招商选资，变分散引进为园区集中引进，变被动招商为主动谋划包装项目招商，变土地招商为产业招商和规划招商，紧紧依托“一区八园”、松雅湖、星沙新城、黄兴高铁新城、暮云商贸新城、黄花空港新城、国家级现代农业示范区等招商引资平台，主动瞄准世界500强企业、央企、100强民营企业、大型跨国公司，集中力量引进了一批投资额度高、投资密度大、科技含量高、生态良好的符合产业结构的大项目与好项目。为了进一步提高招商选资的针对性和可操作性，县里出台了《长沙县招商引资项目操作规程》，明确了服务业、工业、农业、社会公共事业四大产业项目导向，设置了八大项目准入条件，并对项目优惠政策及执行、项目引进流程、项目管理等方面进行了详细规定，提高了项目的准入门槛，做到“绿色招商”，使引进的项目更加符合实际和发展方向。在优越的区位优势、完善的基础设施条件、优惠的支持政策以及良好的投资环境吸引下，越来越多的国内外知名企业纷至沓来，2012年底，长沙县共拥有三一重工、广汽长丰、北汽福田、中国铁建、中联重科、山河智能等18家上市公司，以及可口可乐、广汽三菱、住友轮胎等25家世界500强企业。

2. 强势推进项目建设

长沙县认为，县域经济在某种程度上就是项目经济，为此坚持大力实施项目带动战略，以重大项目建设形成发展优势、增强发展后劲。近年来，先后启动建设了黄兴大道北延线、人民路东延线、万家丽路北延线等一批重大基础设施项目，广汽三菱、广汽菲亚特、住友轮胎等一批重大工业项目，中烟物流园、恒广欢乐世界、生态动物园、黄花机场扩建等一批重大服务业项目，板仓小镇、现代农庄、湖南现代农业技术创新基地、浔龙河生态小镇等一批重大农业项目，松雅湖、空港城、武广新城、黄兴市场群等一批重大功能区项目，并积极配合省市重点推进了沪昆高铁、绕城高速、长浏高速、浏醴高速、地铁二号线、城际铁路、长株潭沿江风光带等一批重大项目建设，全县在建项目达到369个，项目总投资额达1333.8亿元，其中10亿元以上项目达30多个，近年来累计完成固定资产投资1093.5亿元。2012年底，长株高速、芙蓉大道、武广铁路客运专线、开元东路东延线、黄兴大道北延线一期工程等项目已经建成通车，广汽菲亚特、住友轮胎等项目已经陆续建成投产，生态动物园、黄花机场扩建等项目已经建成投入使用。

3. 深入开展“两帮两促”

为了促进项目按时、按质顺利投产达效，提高项目推进落实效率，实现县域经济逆势上扬，长沙县开展了以帮助扶持企业发展、帮助推动项目建设、促进民生改善、促进经济发展为主要内容的“两帮两促”活动，实行一个项目、一名领导、一个部门、一套班子、一抓到底的“五个一”项目落实责任机制，全过程跟踪调度项目，全方位协调服务项目，确保项目建设不因资金制约、不受用地影响、不被拆迁延误。在项目服务方面，建立了审批“绿色通道”，简化了项目办理手续，启动了后期追溯机制和项目落地追责机制，特别是对重点项目，坚持做到“一企一策”“一事一议”。在资源要素保障方面，创造性地出台了一系列扶持政策，着力帮助企业破解融资难、征地难、拆迁难、推进难等突出问题。比如，在项目用地上，坚持集约节约用地，严格执行单位土地投资强度标准，使有限的土地发挥更大的效益；在征地拆迁上，坚持以人为本、依法办事、有情操作、和谐征迁，做深做细群众思想工作，保证了征地拆迁工作平稳有序；在项目融资上，通过发行金融债券，实行财政资金、基金及暂收代管资金银行存放与银行支持政府基础设施建设额度挂钩，以及采取BOT、BT等模式与央企对接等方式，缓解了项目融资难的压力。同时，坚持对规模以上企业和节能、环保、科技创新、成长性好的企业，在电力供应、资金协调、土地供应、工业引导资金、科技扶持资金上给予重点支持，对中小企业给予融资贴息支持。

二　生态环境改善

在“两型社会”建设中，长沙县把生态环境作为最大的品牌和优势，坚持大力发展绿色低碳经济，加强环境保护和生态建设，努力改善生产生活环境，增强可持续发展能力。

（一）积极创建“全国生态县”

在“两型”发展的引领下，长沙县于2008年启动了“全国生态县”创建工作，出台了《长沙县两型社会建设综合配套改革试验实施方案》和《长沙县两型社会建设综合配套改革试验五年行动计划》，实施了两型乡镇、两型村庄、两型社区、两型学校、两型企业、两型机关等六项两型示范单位创建活动和产业支撑、规划建设、生态环境、两型示范、体制创新等五大工程，在资源节约和环境保护、产业结构优化升级、土地集约利用和财税金融支持、社会发展和改善民生、扩大开放、城乡统筹等重点领域和关键环节率先取得了突破。2012年底，长沙县累计创建国家级生态乡镇16个、省级生态乡镇4个，国家级生态村4个、市级生态村70个。

（二）加强农村环境综合整治

加强农村环境综合整治是加强生态文明的关键所在。近年来，长沙县以改善农村人居环境为目标，启动了总投资11亿元的农村环境综合整治工程，实施了“清洁水源、清洁田园、清洁能源、清洁家园”的“四洁”农村试点工程，在全国开了农村环境综合整治工作的先河。为了提高农村污水处理功能，长沙县在所有乡镇均建立了污水处理厂，并因地制宜规划布局了一批人工湿地，实现了污水处理全覆盖。针对禽畜养殖污染问题，长沙县经过认真调研，出台了兽禽养殖污染管理防治办法，在全县划定了禁养区、限养区、适度养殖区，推行科学养殖。2012年底，一级限养区全面减量至20头以下。为了破解农村环保工作融资难的问题，长沙县提出了“用未来的钱、办现在的事、解决过去延续的环境问题”的思路，建立了财政预算与市场融资、村民出资与政府“以奖代投”的投入机制；成立了农村环境建设投资有限公司，将年度财政预算、上级支持资金注入公司，统一管理，专项使用；按照“村民出资、政府补贴、公司融资、银行按揭、争取上级支持”的模式，解决环境建设项目资金问题。2008年，长沙县成立全国首个农村环保合作社，通过市场运作、政府补贴，实现了“户分类、村收集、镇运转、县处理”的垃圾四级管理，有效解决了农村生活垃圾污染问题。2012年底，全县每镇设有一个农村环保合作总社，每村设有一个农村环保合作分社。环保合作社改变以前对垃圾只是做填埋的处理方式，使垃圾能沤肥的沤肥，能回收再利用的回收再利用。经合作社处理后，平均每个乡镇生活垃圾的填埋量减少了近80%。

（三）全面开展生态修复

长沙县在加强环境保护的同时，启动了一系列生态修复工程。建立了生态补偿机制，全县除公益设施建设外的所有土地出让每亩增加3万元，用于生态建设。开展了生态移民，对自然条件较差、生产资源贫乏的贫困村、深山村实施整体移民，保护山区生态环境。加大了浏阳河、捞刀河流域治理，对向“两河”流域直排的企业进行了依法整治；采用“突击打捞、划断包干、常年维护、县级补助”的办法，对泛滥成灾的水葫芦、病死畜禽、生产生活垃圾进行清理，两河再现清澈水质、沿河秀美风光。实施了“千里乡村公路、百条河港堤岸、万户农家庭院”绿色愿景工程，大力开展全民义务植树和“捐赠一棵树，爱我松雅湖”等植树活动。启动了“每乡一个示范村、每村一个示范组、每组十家示范户”的生态环境示范村庄建设工程，极大地激发了广大群众自主美化家园的热情，近两年来群众用于自主美化家园各项投资累积达6.675亿元。

（四）大力发展绿色经济

在“两型”建设过程中，长沙县始终将发展绿色经济作为主抓手，积极探索资源集约节约和持续利用的途径，建立完善资源开发保护的长效机制，推动资源高效利用。在土地集约节约使用方面，长沙县坚持用尽量少的土地资源，创造尽量大的效益，然后用产生的效益反哺农业农村，保护山水资源。全县300多家重点企业（总用地面积不到20平方公里）产生90%以上的工业产值和税收收入，形成了“用1%的土地支撑经济发展，99%的土地保护生态环境”的局面。在加强水资源保护与利用方面，通过大力推进节水型社会建设，倡导使用节水设备和器具，限制高耗水行业发展，支持企业和中小型灌区进行节水技术改造，积极推广高效节水灌溉农业，进一步提升了保水、节水水平。在清洁能源使用方面，通过政策引导，积极推广生物质能、风能、太阳能等可再生能源的应用，大力提倡使用节能灯、太阳能热水器、太阳能路灯等节能设施，并开展了财政补贴高效照明产品推广工作，先后安装了7000余盏LED路灯和900余套风光互补路灯，推广节能灯8.7万支。同时，长沙县以经开区创建“国家生态工业示范园”为契机，积极发展环保产业和循环经济，坚持实行严格的项目准入制度和严厉的监管处罚制度，严格落实环保“第一审批权”和“一票否决权”，近年来先后关闭和搬迁60多家高污染、高能耗企业，并对近百家新引进项目实施环保“一票否决”，共有174家工业企业投资近7亿元进行了节能技术改造。

三　文化软实力增强

文化是一个民族的精神和灵魂，是一个国家、一个民族、一个地区发展与振兴的强大力量。实现县域科学发展，既要注重提升经济发展硬实力，也要注重提升文化软实力，使两者相互促进、相互提升。近年来，长沙县坚持把文化建设作为加快“两型”发展的“助推器”，大力实施文化强县战略，以高度的文化自觉和自信，不断深化文化体制改革，扎实推进先进文化建设，创立了人文环境新优势。

（一）深入开展文明创建活动

2008 年以来，长沙县坚持以创建人民满意县城、人民满意集镇、人民满意村（社区）为载体，不断推进三级文明建设和人民满意工程联创，先后组织开展了文明和谐示范村镇、文明和谐示范单位、文明和谐示范市民、文明和谐示范家庭的“四双”创建活动，全县涌现出江背镇印山村、暮云镇北塘村等一大批国家级和省级文明村镇。专门制定了“两型社会”示范单位创建工作实施细则，深入开展了两型示范乡镇、两型示范企业、两型示范学校、两型示范村庄、两型示范社区、两型示范机关六项两型示范单位创建工作，评选出一批星级两型示范单位，并由县政府予以授牌表彰。积极推进群体文化活动，全县城乡广场健身活动蓬勃兴起，越来越多的群众自发参与，健康文明生活方式进一步普及。以五彩星沙广场活动为主舞台，形成了常态化、系列化、群众化的文化生活新机制。广泛开展“星沙之星”“十星级”文明农户、十佳魅力家庭评选及“争当雷锋精神传人、弘扬社会文明新风”等系列道德教育实践活动，北山镇常临庄荣登中国好人榜，并获得第三届道德模范提名奖。建立健全了志愿服务工作机制，在全县村（社区）群众工作站挂牌成立了志愿者服务站，全面形成了鼓励、支持、倡导参与志愿者服务的浓厚氛围。2011 年，长沙县顺利通过全国文明县城复查测评验收，成功保持两届全国文明县城荣誉称号。全县集镇、村（社区）基础设施不断完善，镇容村貌大为改观，居民村民精神面貌焕然一新，人民群众的幸福感普遍提升，连续三年被评为“中国最具幸福感城市（县级）”，并获得“中国最具幸福感城市”（县级）金奖。

（二）不断完善公共文化服务体系

文化既是城市品位的基本特征，又是民生幸福的重要内容，更是群众的精神家园。一个地方文化“软实力”体现了其经济社会发展水平。在长沙县看来，提升一个地方的文化“软实力”，必须构建一个健全、优质的公共文化服务体系。为此，长沙县结合两型社会建设，制定了《创建国家公共文化服务体系示范区工作规划》，按照结构合理、发展均衡、网络健全、运行有效、惠及全民的要求，努力建设了以公共文化产品生产供给、设施网络、资金人才、技术保障、运行维护、组织支撑和运行评估为基本框架的覆盖全社会的公共文化服务体系，并通过优先安排关系群众切身利益的文化建设项目，切实保障人民群众看电视、听广播、读书看报、进行公共文化鉴赏、参加大众文化活动等基本文化权益，进一步提高了与经济社会发展水平相适应的公共文化服务保障能力，让全民共享先进文化建设成果。同时，长沙县坚持做到文化资源向基层倾斜，有序推进了星沙文化中心、湖南辛亥革命人物纪念馆、乡镇综合文化站、农家书屋、村（社区）文体活动中心建设，2012 年底全县已经全面实现了数字电视平移和广播电视村村通，县图书馆也向公众实行了免费开放，全县逐步形成了“设施网络化、供给多元化、机制长效化、城乡一体化、服务普惠化”的公共文化服务新格局。

（三）大力发展文化产业

发展文化产业是满足人民群众多样化、多层次、多方面精神文化需求的重要途径，也是推动经济结构调整、转变经济发展方式、推进两型发展的重要着力点。近年来，长沙县采取了一系列政策措施，深入推进文化体制改革，加快推动文化产业发展。制定出台了《关于大力推进文化强县建设的若干意见》，着手研究出台文化产业项目审批、用地、融资、税费等方面的优惠政策，力争在全国率先全面实现城乡公共文化设施全覆盖、公共文化产品供给一体化，基本建立与经济、社会发展水平相适应的文化发展格局、文化管理体制和运行机制。加强文化市场管理，优化文化产业招商引资环境，先后引进快乐购总部运营中心、中国联通数字阅读基地、长丰汽车运动文化产业服务基地等项目。大力扶持优势文化企业发展壮大，积极支持宏梦卡通转型升级，支持湖南天舟科教文化股份有限公司与北洋出版传媒股份有限公司、河北省新华书店有限责任公司强强联手，新组建成立北京北舟文化传媒有限公司，2012年底宏梦卡通已经成为全国最大的原创动画生产制作基地之一，天舟文化已经成功上市，成为民营出版传媒第一股。

四　体制机制创新

长沙县针对发展中遇到的一系列体制机制性障碍，紧紧抓住长株潭城市群获批全国“两型社会”综合配套改革试验区的政策机遇，坚持在重点领域和关键环节大胆创新、先行先试，力图通过率先突破并尽快形成有利于能源资源节约和生态环境保护的体制机制，在更大范围内整合国内外、省内外的各种生产要素和创新资源，积极构筑未来发展新优势，努力形成未来发展新活力。

（一）深入实施扩权强镇改革

乡镇是县域经济的重要载体，是统筹城乡发展的重要节点。但受我国现行乡镇管理体制限制，乡镇政府普遍存在权小能弱等问题，乡镇的行政管理职能、经济调控职能和社会管理职能普遍弱化，严重抑制了乡镇发展活力。为积极突破制约乡镇发展中的体制性障碍，长沙县率先全省启动实施了扩权强镇改革，在充分借鉴浙江、安徽、广东等地扩权强镇成功经验的基础上，重点围绕如何在行政体制上给乡镇松绑、如何给乡镇下放管理权限、如何调整现行乡镇财政体制等方面，按照“责权下沉、服务群众、创新体制、促进发展”的原则，编制出台了《长沙县扩权强镇试点工作方案（试行)》，通过授权、委托等方式，分全面实施的扩权内容和城乡一体化乡镇实施的扩权内容两个部分，对乡镇下放了部分人事管理权、财政自主管理权、行政审批权和行政执法权，进一步增强了乡镇的经济社会管理和公共服务职能，极大地提高了乡镇的自我管理能力，充分激发了乡镇经济社会发展的积极性和主动性。

（二）深入开展开放型政府建设

为了实现政府各类信息公开全覆盖、公众参与行政决策全覆盖，全力推动政府管理模式向参与式治理模式转变，在北京大学公众参与研究与支持中心的学术支持下，建立了以政务服务中心、政府门户网站、政府公报为主，《今日星沙》、长沙县电视台为辅的政府信息公开载体，设计确定了以行政决策公众参与、政府信息公开等十项制度为主要内容的制度体系，并建立了由网络信息系统、纸质信息系统、信息员系统和硬件系统构成的农村服务平台，在法律法规规定应当公开的信息基础上，重点公开了政府财政信息、政府工作报告责任分解、执法部门“权力清单”以及政府财政投资项目决策信息四类信息。近年来，长沙县通过完善决策公开制度，严格遵循公众参与、专家论证、合法性审查、风险评估、集体讨论的决策程序，在两型建设方面先后组织召开了松雅湖建设项目、农村环境综合整治、生态移民扶贫工程等重大决策听证会。特别是在松雅湖建设项目中，由于决策时充分听取吸纳了群众意见，得到了广大群众的积极支持，整个项目实现了拆迁安置零上访、零诉讼、零纠纷。与此同时，长沙县还开通了网上政务服务和电子监察系统，积极推进非行政许可项目和年检项目进入政务服务中心和在线办理，全县行政许可在线办理系统使用率达 100%，非行政许可在线办理系统建成率达 100%，共有 27 项非行政许可和其他服务事项进入政务服务中心实行在线办理。2011 年，长沙县受邀参加了第六届“中国地方政府创新奖”评比活动，“开放型政府”创新项目入选“中国地方政府创新数据库”。

（三）深入开展政府投融资体制改革

长沙县坚持以投融资体制改革破解重大项目建设融资难题，积极拓宽融资渠道、搭建新型投融资平台，为重大项目建设创造了良好条件。在政府投资管理体制改革方面，出台了《政府投资管理办法（修订稿）》等系列文件，建立了政府投资项目前期评审、后期评估机制，将所有政府出资建设的固定资产投资项目一律纳入政府投资管理范畴，坚持按照“以规划定项目、以项目定资金”的原则，统筹安排政府投资项目，进一步增强了政府投资的计划性，提升了政府投资决策的科学化、民主化水平，最大限度地发挥了政府投资的效益。在政府融资体制改革方面，先后组建了城建投、水建投、路建投、环建投等 4 家融资公司，并随着改革的不断深入，于 2011 年将这 4 家融资公司合并组建了星沙建设投资发展集团公司。此外，长沙县还积极支持农村信用社进行改制，新组建成立了星沙农商银行。2011 年，长沙县与中国中铁股份有限公司签订战略合作协议，采取 BOT 模式，共引资 22.35 亿元；与北京桑德国际合作建设乡镇污水处理厂，采取 BOT、BT、OM 等模式，引资 4.4 亿元；与省农业发展银行签订了 20 亿元水利建设融资战略协议。

（四）深入推进科技创新体制改革

长沙县坚持以科技创新推动两型发展，努力实现经济发展从要素驱动向创新驱动转变，高度重视自主创新服务体系建设和科技成果转化工作。一方面积极鼓励企业建设工程技术研究中心和博士后流动（工作）站，推进科技特色产业基地建设；鼓励引进、培育科技企业孵化器（创业园）和中介服务机构，为中小型科技企业提供发展平台；加强生产力促进中心建设，不断提高政府科技服务能力。另一方面，积极建立完善企业与高等院校、科研院所间的产学研合作机制，大力开展重大产学研合作和成果转化项目的研发工作，不断优化科技资源配置。同时，积极完善鼓励技术创新和科技成果产业化的法制保障、政策体系、激励机制、市场环境，帮助转化重大科技成果的企业和项目引进风险投资、创业投资资金，加快促进科技成果向现实生产力转化。

（五）深入推进生态补偿机制改革

为建立健全“谁开发谁保护、谁破坏谁修复、谁受益谁补偿、谁污染谁治理、谁保护谁受偿”的两型发展运行机制，制定出台了《建立生态补偿机制办法（试行）》，在省内率先建立了生态补偿机制。通过从土地出让收入中划拨资金、加大财政投入、接受社会捐助、争取上级支持等多种渠道，筹资设立了生态补偿专项资金，重点对生态公益林保护建设、水源涵养区和生态湿地保护、生态移民工程建设、农村环保合作社运行、重点污染企业退出等进行了补偿。

五　民生建设推进

长沙县在加强“两型社会”建设、加快经济发展的同时，高度关注民生问题，坚持每年新增财力的70%用于民生，逐年加大对民生建设的投入力度，着力解决人民最关心、最直接、最现实的利益问题，千方百计让发展成果惠及广大人民群众，实现了“两型发展”与社会和谐建设双丰收。

（一）积极扩大就业与再就业

就业是民生之本，和谐之基。为了全面落实更加积极的就业政策，长沙县财政不断增加预算资金并鼓励社会力量参与，建立了乡镇（街道）、社区就业服务体系，所有乡镇（街道）均建立了劳动和社会保障管理服务站，各村（社区）综合服务中心均设有劳动保障服务窗口，为群众提供就业信息，组织群众参加就业技能培训，指导帮助群众就业。同时，为了鼓励以创业带动就业，从2008年开始，长沙县启动了“创业富民”工程，出台了创业富民项目税收扶持奖励政策操作办法、创业项目小额贷款实施方案等创业扶持政策，从税费、资金和服务等方面对创业项目、创业基地等进行扶持，重点扶持大学生、残疾人、退养转产户等八类创业困难人群创业就业。近年来，长沙县共投入专项扶持资金近5000万元，扶持项目778个，拉动逾20亿元社会资本投入创业，新增就业岗位近4万个。

（二）构建全民社会保障体系

长沙县围绕“人人享有基本社会保障”的目标，以推进城乡居民养老和医疗保险为重点，不断扩大城镇职工社会保险覆盖范围，提高待遇水平，构建了制度范围广覆盖、保障水平多层次、管理服务现代化的全民社会保障体系。在养老保险方面，实施了新型农村社会养老保险试点工作，全县养老保险工作形成了以城镇企业职工基本养老保险、机关事业单位养老保险、新型农村社会养老保险（城乡居民养老保险）为主的全方位保障格局。同时，将60岁以上未能参加养老保险的城乡居民，纳入每月享受最低60元基础养老金保障范围。在医疗保险方面，全面实施了城乡居民基本医疗保险工作，城乡居民实现统一缴费标准、统一医疗待遇、统一信息平台、统一基金调剂、统一经办服务。在失业、生育、工伤保险方面，将失业保险与养老保险、生育保险与城镇职工基本医疗保险捆绑征缴，将工伤保险与安全生产统筹管理，实现了失业、生育、工伤保险的全面对接。在社会救助方面，进一步健全了以城乡低保为基础，医疗、教育等专项救助为补充的城乡社会救助体系，并率先全省建立了城乡特困户医疗救助制度、爱心助医制度。

（三）全面提升基本公共服务均等化水平

在教育事业方面，长沙县制定实施了“教育强县”战略，把公益性和普惠性作为发展教育的基本要求，先后获得了“湖南省首批教育先进县”“全国阳光体育先进县”等荣誉称号。对教育的投入近年来连续保持在3亿元以上，全面改善了城乡学校办学条件和农村偏远地区教师生活条件，新建和扩建了一批中小学校，城区“大班额”问题得到有效缓解。2012年底，长沙县学前三年幼儿入园率达90%，义务教育普及程度和水平进一步提升，初中毕业生升入高中阶段比例达96.4%。另外，通过积极引进、大力支持民办学校和县域内大中专院校发展，长沙县境内聚集了长沙理工大学、贺龙体校、湖南信息科学技术学院、湖南机电工程技术学院等一批大中专院校。在医疗卫生方面，长沙县以落实国家基本药物制度为契机，全面深化医药卫生体制改革，科学制定区域卫生规划，形成了以县、乡、村三级公共卫生服务网络为主体，以突发公共卫生事件应急指挥中心、疾病预防控制中心、卫生监督中心、妇幼保健中心和公共卫生监测中心为辅助的城乡公共卫生服务体系。同时，为了减轻城乡居民看病就医负担，创造性地开展了“免费门诊”试点工作，大幅度提高了门诊就医人次，有效缓解了小病住院压力，医院住院率同比下降21.5%。

（四）不断加强和创新社会管理

长沙县坚持把加强和创新社会管理作为维护社会和谐稳定的主抓手，通过整合社会管理资源，构建了非政府组织和公民共同参与的开放式、网络化的社会管理模式，建立健全了党委领导、政府负责、社会协同、公众参与的社会管理格局，为开展“两型社会”综合配套改革、推进经济社会又好又快发展提供了保障。为了做好新形势下群众工作，在全县每个村（社区）均设立了群众工作站，实施了“一推行四公开”制度［推行干部联点驻村（社区），公开联系方式、公开岗位职责、公开监督机制、公开考核办法］，开展了“发挥五老（老干部、老模范、老教师、老战士、老专家）优势，进行四项教育（形势政策、党的历史、思想道德和公民意识教育）”“党员干部下基层，与群众恳谈对话，为群众排忧解难”等系列活动，建立了领导干部定期接访、联点下访和“四级（县、乡、村、组）三调（人民调解、行政调解、司法调解）”机制，切实帮助群众排忧解难，进一步增强了党员干部与群众的血肉联系。以“建设人民满意县”为契机，构建了点线面结合、人防物防技防结合、专群结合一体化防控的社会治安防控体系。同时，在加强乡村治理上，长沙县重点抓好了“三个管住”。一是通过管住村干部管住农村社会稳定。县委专门出台了加强村级党组织书记队伍建设的文件，近三年共处理了19名有违纪违规行为的村支部书记（约占全县总数的

10%）。2011 年，还结合村支两委换届，对村党组织书记由原来的任后备案管理调整为任前联审备案管理，有 10 多名村组织书记在换届前的财经审计中被停职，5 名村支书候选人因不符合参选条件在联审中被淘汰。二是通过管住污染源管住农村生态环境。坚持工业向园区集中，在全省率先建立了生态补偿机制，划定了生猪禁养区、限养区，加强了乡镇污水处理厂和人工湿地建设，县、镇、村、组、户垃圾处置实现了无缝对接。三是通过管住绩效考核管住农村科学发展。按照“南工北农”发展战略，将全县 22 个乡镇（街道）划分为工业优势区域、农业优势区域、工农综合发展区域以及县城与经开区服务区域，实行分类考核，全县形成了发展导向明确、要素配置均衡、空间集约集聚的发展格局。

六　组织建设加强

长沙县认为，“两型”建设与干部队伍建设是一个有机整体，前者是推动科学发展和谐发展率先发展的必然选择，后者则是实现这一发展目标的决定性因素。因此，工作中始终严格落实管党责任制，力求通过加强基层组织和干部队伍建设，来加快促进“两型社会”建设。

（一）坚持树立正确用人导向

选人用人是一面旗帜，选什么人、用什么人，历来是广大干部群众最为关注的问题，直接影响干部群众乃至社会的价值取向。长沙县为了真正把政治坚定、能力过硬、实绩突出、作风正派、群众拥护的干部选拔到各级领导岗位上来，着力构建来自基层一线的干部培养选拔链，充分激发全县干部的干事创业热情，结合全县干部队伍建设实际，先后提出了“五个优先”“四个重用”“五个不选”的用人导向。“五个优先”就是，县直单位正职优先从有乡镇领导班子工作经历的干部中选拔，县直单位副职优先从有乡镇工作经历的干部中选拔，乡镇党政正职优先从有两个乡镇领导班子工作经历的干部中选拔，乡镇党政副职优先从有村（社区）、上级机关、重点项目建设锻炼经历的干部中选拔，县级干部优先从有南、北两个乡镇党委书记任职经历的干部中推荐。“四个重用”就是，重用坚持科学发展、好中有快有贡献的人；重用勇于开拓创新、破解难题有本事的人；重用长期扎根基层、服务群众有功劳的人；重用立足本职岗位、踏实肯干有潜力的人。“五个不选”主要是村支两委班子成员的选任，必须坚持做到：不能积极贯彻党的农村政策，与上级党委、政府消极对抗的不选；工作霸道、拉帮结派、闹不团结的不选；违反村规民约、有明显劣迹或违法行为的不选；个人虽有致富能力，但思想品质不好的不选；工作能力明显低下，或体弱多病不能正常履行职责的不选。

（二）全面加强干部队伍建设

近年来，长沙县把干部人才队伍建设作为提升未来发展核心竞争力的重点来抓，为了打造县域经济社会科学发展的“超级智库”，县财政每年安排1000多万元的人才引进专项资金，并于2009年启动实施了人才引进“3235”工程，即在3年内面向全国引进专业人才200名，引进和储备优秀青年人才300名，公开选聘到村（社区）大学生村官500名。2012年底，全县已经引进各类人才1150人，其中面向具有两院院士、教授、研究员和高级专业职称等资格的顶尖专家聘请了袁隆平等48名科学发展顾问，面向“211工程”“985工程”重点高校的博士、硕士、优秀本科生引进了305名优秀青年人才，面向全国公开选聘了186名专业技术人才、611名大学生村官，初步形成了以科学发展顾问为塔尖、专业领导人才和中高级专业技术人才为塔身，优秀青年人才和大学生村官为塔座的“金字塔”形人才队伍结构。2012年，长沙县又启动实施了新一轮人才引进工程，面向美国斯坦福大学、英国曼彻斯特大学、香港科技大学等知名学府高才生，成功引进了10名海外留学归国人才。

（三）大力加强基层组织建设

长沙县以深入学习实践科学发展观和创先争优活动为契机，深入推进基层党建“三带”工程，积极构建了“以城带乡、以上带下、以强带弱”的工作机制，广泛开展了城乡基层党组织“共建互帮”“联乡结村”、党员关爱、“四百”等活动。按照“四有一化”要求，不断完善村级组织建设配套政策，县财政每年列支村级组织运转经费3000多万元，保障了基层组织正常运转，全县远程教育站点覆盖率达100%。切实加强非公企业党组织组建工作，党的组织和工作覆盖面不断延伸。注重抓好组织体系、骨干队伍、工作制度、场所阵地建设，实施党建工作“三级报告评议”制、基层党员“四级四训”培训工程，进一步规范了村党建指导员及大学生村干部的培养、管理、激励、考评等机制。制定出台了《党务公开实施意见》《关于加强村级党组织书记队伍建设的意见》和《长沙县大学生村官管理办法》《长沙县大学生村官待遇保障和激励政策》《长沙县大学生村官绩效考核办法》，逐步建立“有人管事、有钱办事、有劲干事、有章管事”的党建工作机制，全面树立让基层干部提拔机会更多、发展舞台更广、工资待遇更高的“三更”导向。

（四）全面推进党内民主建设

为了进一步拓宽党员发挥作用的渠道和效果，长沙县实施了党的代表大会常任制，在乡镇（街道）建立了党代表联络工作办公室和“两代表一委员”工作活动室，并实行党代表提案、提议、视察调研、征求意见、通报情况、列席会议等制度，统一印制了《党代表履职记录本》，规范了党代表履职行为。为了加大党务公开力度，长沙县下发了《长沙县党的基层组织党务公开目录》《党内情况通报制度（试行）》《考核评价制度（试行）》等12项制度，编印了《党务公开登记簿》，坚持将党务公开与政务公开、办事公开相结合，对群众关心的内容只要不涉及党的秘密都予以公开，进一步规范了党务公开的内容、公开范围、公开形式、公开时限和公开程序。另外，长沙县以远程教育为平台，积极整合资源，借助国内顶尖技术团队，结合最新信息技术，探索建设了长沙县“党员网”，将现代教育手段运用到村一级，覆盖到全县每一个党员，为全县 4 万多名党员在网上参加组织生活、行使民主权利等提供了有效的网络平台。

（五）加强干部作风建设

在干部作风建设过程中，长沙县坚持从干部的教育引导入手，着重强化制度管理，切实规范权力运行，进一步增强了干部服务意识，为落实两型发展各项工作任务提供了重要保证。为了进一步加强与群众之间的联系，促使干部真正“沉下去”，长沙县以开展“千名干部下基层、万名党员访民情”活动为契机，探索实施了以“入户走访、互动沟通、跟踪办理、限期反馈、上门回访”为主要内容的“五步循环”群众工作法，建立健全了联系群众、民主决策、民生保障等工作机制。同时，制定出台了乡镇（村）干部管理“五个必须”，规定乡（镇）村干部工作时间必须佩戴统一标志，党员干部必须佩戴党徽；乡镇干部每月必须住乡镇 15 天以上，村干部必须住在村域范围内；必须联系一个责任区域，对区域内所有社会管理事项负责；必须联系 1 户以上特困户和 1 名以上特殊群体人员；必须每年向服务对象进行 1 次公开述职述廉并接受评议。为了加强干部廉政建设，长沙县广泛开展了“忆党史、感党恩、跟党走”主题教育活动，定期举办廉政知识讲座，并将《廉政准则》改编成情景剧进行巡演，使廉政文化深入人心；出台了村（社区）干部廉洁履职、重大项目向纪检监察机关报告、招标代理机构考核、财政预算公开行政问责等一系列规范制度。为了加大对干部作风问题的监察力度，长沙县从新闻行业聘请了一批特邀监察员，专门负责对全县党员干部的工作作风进行明察暗访，对“不作为、乱作为、缓作为”的单位或者个人进行曝光，努力在全县上下营造讲党性、重品行、作表率的浓厚氛围。

第二章

长沙县两型发展模式

长沙县地处湖南省东北部，湘江下游东岸，西接省城长沙市区及望城县，北达汨罗市和平江县，东临浏阳市，南抵株洲市区和湘潭市区，三面环绕省会长沙主城区，是长株潭城市群资源节约型和环境友好型社会综合配套改革试验区的核心区。全县国土面积1997平方公里，户籍人口80.4万人，常住人口97.9万人，辖23个镇街269个村（居）委会。

国务院批准长株潭为全国两型社会建设综合配套改革试验区以来，长沙县将两型社会建设作为科学发展的主要任务和改善民生的重要责任，坚持将建设两型社会作为加快经济发展方式转变的目标和着力点，全面推进“四化两型”建设，以新型工业化、农业现代化、新型城镇化、信息化为基本途径，坚持“两型”引领、“四化”带动，着力推进重点领域和关键环节改革，加强生态环境治理，推进资源节约和环境保护，大力发展两型产业，加快构建两型生产体系、产业结构和体制机制，试验区改革建设取得了实质性进展，经济持续快速增长，产业水平明显提高，高能耗产业比重逐年下降，高新技术产业迅速发展，经济结构进一步改善，生态环境建设取得明显成效，人民生活水平和生活质量不断提高，走出了一条“三化”协调发展、“两型”社会融合推进的科学发展之路。

“十一五”期间，全县单位地区生产总值能耗下降21.41%，COD排放成功削减27.75%，二氧化硫排放成功削减66.74%，超额完成了上级下达的目标任务。城乡环境治理成效显著，实现了城乡垃圾分类处理和集镇污水处理的全覆盖，实施了生猪养殖减量和农业面源污染治理，推进了两河流域综合治理，城乡环境质量明显改善。2009 年以来，共淘汰落后的水泥生产线 14 条、造纸生产线 11 条、制革生产线 1 条、冶炼企业 1 家，每年可节约标准煤 14.45 万吨，减少二氧化硫排放 1 万吨，减少 COD 排放 2.55 万吨。在省内率先探索实施了生态补偿机制改革、扩权强镇改革和综合行政执法体制改革，积极推进了城乡一体化改革，实现了城乡环保一体化、城乡居民医保一体化、城乡文化设施一体化和城乡公交一体化。2009～2011 年，长沙县连续三年获得市对县两型社会建设绩效考核优秀成绩，连续三年入围中国十佳两型中小城市。

2011 年，全县实现地区生产总值 789.9 亿元，比上年增长 16.9%；完成财政总收入 120.6 亿元，比上年增长 60.7%；实现工业增加值 506.2 亿元，比上年增长 22.5%，其中规模以上工业企业增加值 416.4 亿元，增长 24.8%。按常住人口计算，全县人均地区生产总值达到 8.07 万元。城镇居民人均可支配收入达 24118 元，比上年增长 14.3%，农村居民人均纯收入 14237 元，增长 19.2%。在 2012 年度中国中小城市综合实力百强县中排名第 13 位，居中西部地区之首。先后荣获“国家卫生县城”“国家文明县城”“国家园林县城”“中国十佳两型中小城市”“全国最具投资潜力中小城市百强”“全国最具区域带动力中小城市百强”“中国最具幸福感城市（县级）”、“中国改革年度十佳县”等荣誉称号及“中国人居环境范例奖”。

一　长沙县两型发展的条件分析

长沙县是在工业化和城镇化快速发展中推进两型社会建设的，特别是近年来，长沙县经济连续保持两位数增长，如何在工业化尤其是重型工业快速发展的同时，实现资源节约和环境友好，是长沙县在加快发展、科学发展中面临的重大课题。

（一）长沙县产业结构及对两型发展的制约

改革开放以来，长沙县综合经济实力不断提升，但产业结构上第二产业比重过高，低碳环保的第三产业发展相对滞后，二产中传统制造业的比重较大，高科技、创新型产业和新兴产业发展相对滞后。优势产业中，工程机械和汽车及零部件等产业以及茶叶等农业产业产业链条的各个环节发展不够均衡，产业附加值还不够高。为生产制造提供生产性服务的技术研发、管理咨询、会计审计、工程和产品维修、运输仓储、网络通信、品牌设计、计算机和数据处理等环节还处于企业自发阶段，多数没有分离为独立的行业。

（二）长沙县能源资源消耗及对两型发展的影响

长沙县的工程机械和汽车等主导产业中，生产制造还处于产品生产价值链的中低端，要依赖大量的资源与能源消耗。2007 年，全县工业二氧化硫排放量达 981 万吨，工业废气排放总量 99824 万标立方米，工业烟尘排放量达标率为 58%，工业固体废物产生量 39.1 万吨。农村环境面貌较差，垃圾、污水、畜禽粪便污染较为严重。两型社会建设任务艰巨。

（三）长沙县空间环境状况及两型发展的困难

两型社会建设前，长沙主导产业发展的区域布局不够合理，存在着资源不节约、环境不友好、发展较粗放的问题，非工业园区内企业仍然较多，存在各村各镇均发展工业项目的情况，不利于基础设施的统一布局利用和污染物的集中治理。此外，长沙县县城是 20 世纪 90 年代移至现址新建，面临着新城规划建设和自然环境改造的双重任务。同时县域内南北反差强烈，北部以山区为主，经济发展滞后，南部以平原为主，又紧邻省会长沙，经济状况较好，多样化的地理环境和经济发展水平为两型发展增加了困难。

（四）经济社会发展不协调及对两型发展的影响

长沙县是传统的农业地区，在工业化、城镇化进程中，既要保持较高的经济增速，努力提高城乡群众的生活水平，又要实施产业转型，大力节能降耗，治理工业污染、农村面源污染及畜禽养殖等污染，面临着保增长、促发展、惠民生和转方式、调结构、提质量的矛盾。同时，全社会两型发展意识较为薄弱，思想认识未能高度统一，企业和群众在节约集约发展的实践上也缺乏自觉性。

二 长沙县两型发展的重大突破

几年来，长沙县坚持把两型社会建设作为县域经济科学发展和长远发展的重大战略和重要抓手，把资源节约、环境友好的举措和要求深入贯彻落实到经济建设和社会生活的各个方面、各个环节，两型发展取得了重大突破。

（一）突破区划界限，以主体功能区建设为引导，统筹规划县域发展布局

长沙县根据地理环境的特点和产业发展的实际，突出优化国土开发格局，按照宜农则农、宜工则工的思路和主体功能区建设的方针，贯彻两型发展理念，大力实施南工北农的发展战略，打破了行政区域限制，使各类生产要素实现了自由流动和优化配置。

根据这一战略，长沙县将南部靠近市区的星沙、泉塘、湘龙、榔梨、暮云、跳马、黄兴、干杉、江背、黄花、安沙等11个乡镇（街道）定位为工业和城市服务型乡镇，北部的春华、果园、路口、高桥、金井、双江、开慧、白沙、福临、青山铺、北山等11个乡镇定位为农业生态型乡镇。在南部工业发展区实施“一区（国家级长沙经济技术开发区）带七园（乡镇园区）”战略，工业项目一律进园区，以便于节约集约利用土地、统一实施污染防治、发挥基础设施规模利用效益。北

部农业生态乡镇不再引进工业项目，加大对北部乡镇的转移支付力度，将工作重心转移到现代农业发展和生态保护上来，出台优惠政策吸引城镇资本下乡，投资现代农业。同时，根据乡镇类别调整了绩效考核目标，大幅度提高环境保护和生态建设的考核分值，南部乡镇生态环保考核分值增加到15分，北部乡镇生态环保考核分值增加到22分，取消了对北部乡镇工业经济发展的考核，重点考核其现代农业发展。这一战略实施后，南部乡镇工业污水得到集中处理，基础设施建设成本大幅降低，土地利用率明显提升，全县实现了“用1%的建设用地创造了90%的财政收入”。北部乡镇实现农村土地流转30.5万亩，形成了水稻、茶叶、蔬菜、花木、特色瓜果、生态养殖、休闲观光等七大农业主导产业，“金井”等6个农产品商标获评中国驰名商标，全县生态环境显著提升。科学的政策导向实现了不同地理区域特色发展和基本公共服务均等化的同步推进，做到了经济建设和生态保护的协调发展。

（二）突破产业界限，以产业链为方向，率先推进产业结构调整

长沙县按照创新驱动、重点突破、市场主导、引领发展的要求，打破产业界限，延长产业链条，积极谋划培育发展战略性新兴产业，促进了产业结构的优化调整。

一是特色产业集群化。近年来，长沙县重点打造了以工程机械、汽车及零部件等为核心的先进制造业产业集群，6年来工程机械的增长速度年均超过60%，2011年工程机械、汽车及零部件两大产业完成总产值1116亿元，工程机械产业占全省3/5、全国1/7的市场份额，汽车产业集群也成为全国首个最完整汽车车系制造区域。2012年底，全县引进的世界500强企业达到25家，上市公司20家。

二是优势产业高端化。长沙县通过发展新能源汽车及零部件，提升汽车制造及配件产业层次，重点支持经开区、江背、榔梨、干杉、果园等园区的汽车企业，着力突破动力电池、驱动电机和电子控制领域关键核心技术，发展新能源汽车关键零部件。大力发展各类混合动力、纯电动和燃料电池汽车，力争2015年新能源汽车生产能力和技术水平进

入全国先进行列，产量占全部汽车产量的10%以上。

三是传统产业高新化。加速发展高端装备制造业，改造传统机械制造业。依托中联重科、三一集团、山河智能、中铁轨道等龙头企业带动作用，深度融合精密机械、电子信息等高新技术成果，实现机械制造成套装备的智能化、高端化和网络化，努力把装备制造业打造成长沙县的超级产业。组织联合攻关，着力突破高端功能性基础件和关键零部件制造核心技术，逐步改变了发动机、液压元件、特种钢板等关键零部件依靠进口的状况，提高了工程机械整体制造水平和配套能力。

四是新兴产业规模化。长沙县高度重视培育战略性新兴产业，以新材料为例，支持了众鑫科技、力元新材、瑞翔新材等企业的“新型储能电池及其材料研发与产业化”、“新能源汽车电池用磷酸铁锂正极材料产业化”、“三层复合铝箔抗塌陷性能纵深研究与产业化”项目，重点开发了电动汽车用大功率动力电池关键材料、汽车涂料、全钒液流电池材料、铝塑复合板、新型陶瓷材料、高档环保涂料、建筑节能材料等产品，大力延伸新材料产业链，推动新材料产业集聚，努力建设中部地区最具竞争优势的新材料产业基地。

（三）突破层级界限，以示范项目为样板，打造两型建设载体

长沙县大力开展两型示范活动，在乡镇、企业、学校、村庄、机关、社区等6个领域开展了两型示范单位创建工作，27家单位分别被评为五星两型示范单位、四星两型示范单位和两型示范创建工作积极单位，2012年底已累计创建县级两型单位58个，成功申报省级两型示范项目和示范单位9个。创建工作主要呈现了以下几个方面的特色。

一是制度完善，组织管理科学严谨。为确保两型示范单位创建工作的有序开展，各有关单位加强了创建工作的组织管理和制度建设。首先是部门联动共同推进。充分发挥职能部门的作用，由县发改局、县工信局、县教育局、县农办、县直机关工委、县民政局分别作为两型乡镇、企业、学校、村庄、机关、社区创建的牵头单位，各创建牵头单位结合自身职能，很好地发挥了组织指导作用，增强了创建工作的科学性和权

威性。其次是工作计划科学全面。县发改局制定了《长沙县两型社会示范单位创建工作实施细则》，明确了创建的工作分工、工作步骤、保障措施和验收标准，各创建牵头单位和两型示范创建单位相应制定了创建工作计划，确保了创建工作有章可循。再次是工作责任落实到位。各创建牵头单位和示范创建单位均成立了单位“一把手”挂帅的创建工作领导小组，明确了专门的责任领导和责任人，保障了两型示范单位创建工作的有效推进。最后是引入激励竞争机制，根据创建成效，评选五星级两型示范单位、四星级两型示范单位和两型示范创建工作积极单位，形成了你追我赶的创建工作态势。

二是单位重视，创建工作亮点纷呈。各创建单位对创建工作高度重视，结合自身工作特点，在资源节约、环境保护、宣传教育等方面做了大量创新性工作，形成了如下可推广、可复制的创建工作经验。

两型企业创建以创新升级为核心，通过技术研发、工艺升级等途径推动企业节能减排。其中，凌华印务充分利用边角余料，年节省纸张1000多吨，通过工艺改造，年节电145万千瓦时，节煤1000吨；万容科技通过对报废汽车及废旧电器进行资源化利用，节约了大量矿产资源；梅花汽车研发的纯电动客车已在珠海、长沙的公交系统试运行；远大科技研发可持续建筑，实现6倍节材、5倍节能，远大非电空调实现2倍节能；鹰宏环保建材的页岩烧结多孔砖获得了省新型墙体材料等多项认证，产品保温隔热效果好，生产过程中每年节煤10241吨。

两型村庄创建以农村农业为阵地，各村普遍开展了大规模农村环境整治工作，推广了生物诱杀除虫、化肥农药减量等生态农业技术，举办了环境清洁户评比活动。其中，金龙村组建了村用水者协会，民主管水、节约用水，通过土地整理和国土开发新增耕地155亩，全村农药和化肥的使用强度也分别降低到了2.7公斤/公顷和240公斤/公顷。路口村建设了日处理污水20吨的村级污水集中处理系统，新建庭院、道路绿化1万余平方米。

两型社区创建以志愿服务为旗帜，充分调动社区妇女、青少年、“五老”等群体力量，从两型文化宣传、环保志愿服务等方面着手开展工作，并大力开展了节能产品推广、环保设施完善等工作。其中，望仙桥社区年内推广财政补贴高效节能灯 14500 支；杨梅冲社区组建志愿者自行车队走街串巷规劝不文明行为、宣传环保知识；泉星社区投资 300 万元建设了“社区生活污水净化回用”项目，实现年减排污水 9.85 万立方米，减排污染物 28.21 吨，节约自来水 4.18 万立方米。

两型机关创建以工作职能为依托，充分发挥单位职能，在行政管理工作中贯彻两型理念。其中，县财政局在财政资金管理、项目投资评审、政府采购管理等方面贯彻两型理念，节约了大量财政资金，机关大院改造后绿化率提高到 45% 以上；县机关事务管理局通过合同能源管理等方式，有效开展了县委、县政府机关节能、节水改造。县委党校作为干部培训的摇篮，多次举办全县节能减排培训班、农村环境治理培训班等课程，邀请教授开展了两型专题讲座，并开展了两型社会建设课题调研。

两型学校创建以师生共建为手段，严格实施节水、节电、节纸、节粮等制度，借助两型主题班会、两型知识竞赛、两型知识讲座、两型实践活动、两型社会调查等方式和宣传栏、宣传标语、黑板报和广播站等媒介，提升了学生的两型理念，继而通过学生影响家庭，产生了联动效应。其中，东业晨曦小学开展了手工环保袋制作等比赛，让小学生发挥聪明才智，参与两型社会建设；县一中建设了直饮水系统和学生公寓太阳能热水设备，年节约水电、锅炉开支近 20 万元；星沙试验小学、石门中学开展了教材、教学辅导类图书资料的循环使用工作。

两型乡镇创建以生态建设为基石，三个示范乡镇均在环境综合治理、集镇提质改造、生态农业发展、企业节能减排、新能源推广应用等方面作出了很好的成效。其中，金井镇小流域水环境治理成效突出，因地制宜开展了居民集中居住工作，设置了公共自行车，关闭了制革企业 1 家。春华镇关停了 4 家落后的冶炼、制革、制砖企业。

三是联合验收，评选结果客观公正。由发改、农办、机关工委、工信、教育、民政等 6 个部门组成联合验收工作组，对各单位的创建工作进行验收评定。在验收过程中，各创建单位对创建工作进行了认真细致的总结回顾，验收资料齐全、内容翔实。联合验收组通过听汇报、看现场、查资料等方式，认真细致地对照《验收评定标准》进行逐项打分，并严格按照综合得分高低评选了五星级两型示范单位、四星级两型示范单位和两型示范创建积极单位，确保了验收结果的客观公正。

（四）突破城乡界限，以城乡一体化为目标，统筹城乡规划建设

结合两型社会建设，长沙县在县域范围内全面推进统筹城乡发展，打破城乡界限，着力改善城乡发展基础和公共服务水平。

一是统筹城乡规划管理，科学谋划县域空间布局。按照全城规划、全面规划的要求，科学编制了《长沙县城乡一体化规划》、300平方公里的星沙新城规划、19个乡镇（街道）的总体规划和所有村庄规划。在编制城乡规划过程中，努力按照组团式、网络化、生态型的要求，建立城乡一体的空间布局。同时，根据各乡镇的区位条件、环境资源状况和经济社会发展等实际情况，将全县23个乡镇（街道）划分为工业和城市服务型、农业生态型，实施区域分类发展，形成了不同的城镇发展风格。

二是统筹基础设施建设，全面增强城乡综合承载能力。近年来，长沙县开元东路东延、黄兴大道北延一期、芙蓉南路暮云段竣工通车，黄兴大道南延与北延二期、万家丽北路北延、人民东路东延、S207线南延等一系列重大项目相继启动，全县“八纵十六横”的路网格局基本成型。全面推进水、电、路、气、讯“五网下乡”工程，率先全国实现集镇污水处理设施全覆盖；率先全省实现镇镇通自来水、村村通水泥公路；城乡供电稳定率和用电质量大大提高；8个乡镇（街道）接通天然气；全面完成数字电视平移，有线电视城乡联网，实现数字电视全覆盖；开通了五条延伸到乡镇的城乡公交线路，逐步实现城乡公交一体化。

三是统筹公共服务供给，不断提升城乡居民的幸福感和满意度。县财政每年用于民生方面的支出达到一般预算支出的70%。按照保基本、广覆盖、可持续的原则，完善了以“五大社会保险”（养老、医疗、失

业、工伤、生育）、“五大社会救助”（最低生活保障、农村“五保”供养、大病医疗救助、教育扶贫助学、城市廉租住房）、“五大社会福利”（优抚、扶老、助残、救孤、济困）为主要内容的城乡社会保障体系，在全国率先实施“革命先烈后代幸福计划”，在全省率先实现城乡居民医保并轨、城乡居民养老保险全覆盖，率先启动“爱心助医”工程，率先实施城乡特困户医疗救助制度，并建立起社会保障水平与经济发展协调提高的同步增长机制。加快发展与经济实力相匹配的社会事业，率先建设“教育强县”，推进教育均衡发展，城区学校“大班额”问题逐步缓解，农村义务教育办学条件切实改善；启动基层医疗卫生机构综合配套改革，全面实施基本药物制度，开展免费门诊试点，把城乡居民的基本医疗和公共卫生服务落到实处；推进文化下乡，建成村级文体活动室197个、农家书屋204家，率先在全省实现乡镇文化站和村级农家书屋全覆盖。

四是统筹城乡产业发展，切实加快产业转型升级和融合互动步伐。坚持以两型社会建设为动力，以实现城乡资源要素双向对接为手段，以新型工业化带动新型城镇化和农业现代化，加快促进城乡产业链延伸和融合，不断夯实城乡发展一体化的经济基础。一是推动城市资金、人才、技术等生产要素向农村流动，促进农业生产向高产、优质、高效转变。二是整合园区资源，深入实施“千亿园区”和“千亿产业”战略，促进产业升级。三是推动城乡市场一体化。大力发展各类农产品批发市场和农村专业合作社，提升农业产业化水平；大力发展城乡现代商贸服务业，拉动城乡消费。

五是统筹生态环境保护，努力实现经济发展与资源环境相协调。以浏阳河、捞刀河流域治理为切入点，大力实施“截污、清淤、固堤、增绿、造景”工程，依托生态优势，发展生态经济，实现绿色增长，实现了农村生活垃圾处置全覆盖和城乡污水处理全覆盖。

六是统筹城乡管理体制，创新激活促进发展的内生动力和活力。创新户籍管理制度，吸引符合条件的城市居民在试点乡镇落户定居，带动城市的资本、产业和消费需求进入农村。积极探索“扩权强镇”和乡镇机构改革的有效路子，强化乡镇的公共服务和社会管理职能，全面建立城乡一体的规划审批、建设执法制度，深入推进规划、建设、城管、国土、环保“五位一体”管理。不断优化发展环境，打造阳光政府，实行政府决策全程公开，努力实现重大决策的科学化、民主化。建设开放型政府村级平台，使政府服务与政务公开前移到村。

（五）突破行政界限，以改革为动力，构建两型发展体制机制

改革是“两型发展”的强大动力，建设“两型社会”，必须坚定不移地走改革之路，激发内在动力和活力。为此，长沙县积极推进体制机制改革，激活“两型发展”的内生动力。

一是改革行政管理体制。近年来，相继实施了工业管理、行政审批、财税和投融资等体制机制改革，极大地增强了发展内生动力。进一步推进城市管理重心下移，加快数字化建设，推行网格化管理；积极推进“扩权强镇”和乡镇机构改革，赋予乡镇更大的自主权，激发乡镇发展活力；稳步实施行政执法改革，整合农业、商务卫生和食品药品、城乡建设、社会事务等领域执法资源，探索组建综合行政执法局，进一步提高执法效能。

二是改革权力监督机制。探索参与式治理模式，建立以“信息公开”和“公众参与”为核心的“开放型”政府制度体系。建立并严格执行招投标重大事项联审、国土会审、财政投资评审、工程变更会审和工程建设“黑名单”等制度，全县招投标连续多年保持零投诉。加强财政资金和政府投资项目各个环节管理，实现审计监督全覆盖。

三是改革投入保障机制。积极探索“用未来的钱、办现在的事、解决历史问题”的思路，建立了财政预算与市场融资、社会投资与“以奖代投”相结合的投入机制。组建星沙建设投资发展集团，创新资本运营模式，实行“多渠道进水、一个池子蓄水、一个龙头出水”。加强与央企对接，着力推进投资建设一体化运作。采取“建设—移交—回购”的方式，吸引本土企业参与民生工程和基础建设。

三 长沙县两型发展的基本经验

在科学发展观的指导下，长沙县以建设“两型社会”来创新经济社会重点领域和关键环节的体制机制，引领发展方式转变，推动产业结构、生产方式、消费模式的深刻变革，两型社会建设积累了宝贵的经验。

（一）坚持产业引领，夯实两型发展的经济基础

长沙县按照产业集聚、集约发展的原则，科学安排“南工北农”的产业布局，提高产业发展质量和效益，产业空间布局得到进一步的优化，走出了一条工业带动、三产联动、城乡互动、协调发展的新路子。三次产业结构比由2000年的19.5∶55∶25.5，调整为2011年的6.5∶73.2∶20.3，产业结构不断优化升级。

一是大力推进新型工业化。长沙县把新型工业化作为经济发展和“两型社会”建设的第一推动力，全力打造“工程机械之都”和“汽车产业集群新版块”，积极培育新材料、电动汽车、电子信息、节能环保等战略性新兴产业，提升产业层级，优化产业结构，促进工业多元化、集群化、高端化发展。三一重工研发投入高出行业平均水准3～5倍，研发团队达6000多人，1400项专利数居国内同行业之首，其生产的62米臂长泵车，在日本福岛核危机中大显身手。2012年底，其泵车臂架已经达到72米，并把生产基地建到了德国、美国。远大集团研发的可持续建筑，实现6倍节材、5倍节能、基本没有建筑垃圾，远大非电空调可实现2倍节能，每标台非电空调减排的二氧化碳相当于植树10万棵。2011年，全县万元地区生产总值能耗为0.687吨标准煤，万元规模工业增加值能耗仅为0.16吨标准煤，大大低于全国平均水平。

二是大力发展现代服务业。长沙县重点推进了“一商圈、四新城”建设。“一商圈”即由松雅湖高端商务区、长永高速城市商务区和星沙片区原有商业区提质改造构成的星沙核心商圈，主要发展商务服务、文

化娱乐、家庭服务、商贸餐饮等；“四新城”即黄兴高铁新城、暮云商贸新城、黄花空港新城和安沙物流新城，根据各自资源特色，分别发展商贸流通、楼宇经济、总部经济和现代物流业。长沙县还着力优化招商项目结构，大力发展工业地产、电子商务、服务外包、金融保险等生产性服务业，积极发展第三方、第四方物流，努力培育新的经济增长极。通过建设农村商贸综合体，在城市和乡村构建连锁商业体系，形成金字塔式网络结构，基本上形成了现代服务业布局。

三是大力提升城郊型农业。以占领长沙市场、辐射长株潭地区为目标，以城郊型农业为重点，提升粮食、蔬菜、花木、茶叶等优势产业，发展食用菌、瓜果等特色产业，引导城市资本、技术、人才等要素向农业农村聚集。坚持“企业＋基地＋农户”的组织形式，大力发展农产品精深加工，积极申报国家地理标志保护产品，大力创建无公害、绿色、有机农产品知名品牌，推动资源优势向品牌优势转变。重点推进国家级现代农业示范区建设，出台了蔬菜产业扶持政策，引导南部近郊蔬菜产业向北部远郊布局，建设了以金井等乡镇为重点的标准化生态有机茶叶基地、春华等乡镇的水稻高产示范片和高档优质稻生产基地、跳马等乡镇的花卉苗木产业基地。2012 年底，全县优质稻和超级稻达到 45 万亩，茶叶、蔬菜、时鲜水果分别达到 10 万亩，花卉苗木达到 18 万亩。北部的 10 万亩茶叶走廊和南部的 10 万亩花木走廊相互呼应，国道 107 线的生态休闲产业带、黄兴大道北延线的高档花木产业带和省道 207 线的蔬菜产业带纵列于县域北部。已批准建设的 50 个现代农庄已完成投入逾 20 亿元，涌现出了以九道湾、辰午、回龙湖、新江、华穗等现代农庄为代表的乡村生态休闲农业产业，推动农村耕地规模流转逾 20 万亩，带动 100 多项农业科技成果转化，引进近 1000 名农业科技人才和管理人才。

（二）坚持“三化”并举，探索两型发展的全新路径

长沙县坚持在工业化、城镇化的过程中推动农业现代化，积极创造农业发展条件，提高农民致富本领，改善农村生活环境，发展社会事

业，倡导文明新风，具有“两型发展”特色的社会主义新农村建设扎实推进。

一是以新型工业化带动农业现代化。以工业化带动农业产业化，是长沙县统筹城乡产业发展的成功路径。农业的根本出路在于工业化，离开工业化发展农业，既会影响农业现代化的进程，也会延缓工业化的进程。经验表明，解决农业问题，就要积极发展非农产业；解决农村问题，就要积极发展工业经济；解决农民致富问题，就要改变大多数人口搞农业的局面。以工业化带动农业产业化，重要的是把工业化理念、市场化运作引入农业和农村经济发展，走产业化发展之路，通过加快工业化速度，加大支农的力度，提高农业集约化程度，用大工业提升农业规模经营水平和经济集约化水平。为此，长沙县积极促进工农产业相互融合，创新农工商合作、联营、一体化经营体制，探索农业产业化模式，通过项目拉动、土地流转、规模经营，引导资金、科技、劳动力等生产要素向优势农业产业集聚。同时，打造现代农业创新示范区，在春华、路口、高桥、双江、白沙、开慧、福临、青山铺等8个农业发展重点乡镇和金井、果园、北山、安沙4个综合发展乡镇，规划1151.4平方公里的现代农业发展区，用现代物质条件装备农业、用现代科学技术改造农业、用现代产业体系和经营形式提升农业、用现代发展观念培育新型农民，加快了农业增效、农民增收的步伐。

二是以新型工业化、农业现代化带动城镇化。适应经济发展大趋势，以新型工业化和农业现代化带动城镇化，是区域现代化的关键。一方面，长沙县利用工业化的集聚效应，促进城乡资源集聚、企业集中、产业集群、一体发展。以办好工业园区为载体，促进城乡生产要素向园区集中，形成了集约化生产、规模化经营、集群化发展的格局，提升工业水平，加速城乡经济一体化进程。另一方面，通过发展现代农业，实行产业化经营和一体化战略，培育壮大农业优势产业集群，提高农业综合生产能力，延伸产业发展链条。通过建立“自愿平等、利益共享、风险共担”的经营机制，支持农业产业化龙头企业建设原料基地，逐步实现统一区域品种、统一收获技术、统一收购标准，增强龙头企业的辐射带动能力，2012年底全县50%的村形成了一个特色鲜明的主导产业，60%的农户都有一个增收致富的产业发展项目，涌现了蔬菜村、花卉苗木村、食用菌村、“农家乐”休闲村等95个专业村。在此基础上，长沙县开展了开慧“板仓小镇”、榔梨“绿色水乡古镇”、金井“茶乡小镇”等3个城乡一体化示范乡镇建设，推进经济发展方式、农民生产生活方式和城乡社会管理模式的转变，力争通过3～5年的努力，基本形成城乡一体化发展格局，探索出具有长沙特色的城乡一体化发展道路。三年来，三个乡镇共启动100多个项目，带动社会资本一起投入资金达20亿元，取得了明显的建设效果，三个乡镇财政收入均有大幅提升，榔梨镇财政收入五年增4倍，2011年超过4亿元。

三是以城乡一体化促进新型工业化。城乡一体化是以产业一体化为主体推进的，城乡产业一体发展的结果，既拓展了产业领域，创新了产业发展模式，也加速了产业升级，推动了新型工业化的进程。长沙县把城市整体规划与城乡经济发展结合起来，统筹城乡建设规划和产业规划，突出县城和经开区的辐射带动功能，强化周边卫星城镇和各中心集镇的开发建设，着力抓好以综合交通、能源供应、水资源保障和信息通信为主体的基础设施建设。围绕县城星沙，以黄兴大道南延带动黄兴现代市场群建设，以万家丽北路北延带动安沙现代物流园建设，以人民东路东延带动黄花空港城建设，以27个市县交通对接口建设加快融城步伐，以松雅湖建设促进星沙大商圈的现代服务业发展，300平方公里星沙新城已初具雏形。同时，长沙县全力推进城市基础设施向乡村延伸，大力推进供水、供气、污水处理、数字电视、公共交通“五网”下乡，为产业发展打下了良好的基础。

（三）坚持绿色发展，建设两型发展的常态机制

长沙县加大环保资金投入力度，着力推进生态环保项目建设，有效地改善了全县生态环境。

一是大力实施生态环保工程。按照“人在绿中，房在园中，城在林中”的理念，开展城市绿化总体规划和建设，精心打造绿地精品，形成

了中有通程广场，南有文化公园、电力绿化走廊，北有特立公园，西有生态公园“大珠小珠落玉盘”的绿化景观，构建了以公园为重点、道路绿化为骨架、庭院绿化为补充的绿化格局，2012年又开展了泉塘公园、星城公园和晓棠公园项目建设。特别是2008年启动的松雅湖，项目规划总面积16.97平方公里，成湖面积6000亩，已完成投资25亿元，2011年，松雅湖获批为“国家湿地公园”试点单位。以农户生活污水处理、垃圾资源化处理、畜禽养殖污水处理、集镇生活污水处理等“四项工程”为重点，深入开展农村生态环境综合治理。近两年，全县用于生态建设和保护的财政投入达4.5亿元，实施了25项环保项目。新建农户生活污水处理设施（人工湿地）4600个，累计建成5.3万个；新建沼气池4000个，累计建成8万个；完成卫生改厕5000户，累计4.8万户；新建农户垃圾收集池，累计建成2.64万个，农户配置垃圾桶16万个；新建乡镇垃圾压缩中转站和污水处理设施各18座；大力实施“百条河港堤岸、千里乡村公路、十万农家庭院”绿色愿景工程。近两年，共植树682.1万株，其中林业工程项目造林178万株，义务植树441.5万株，四旁绿化植树62.6万株（路旁、沟旁、渠旁和宅旁）。精心打造百里生态景观长廊，2009年以来，分别启动了金脱河、九溪河、胭脂港和金井河的生态治理工程，累计投入资金2000多万元。从2011年起，县财政连续5年每年安排1000万元以上资金补助植树造林。“十二五”期间，县财政计划投入15亿元用于农村生态环境工程，实现集中居住区自来水、燃气管网下村入户，散居农户生活污水净化排放，生活垃圾、医疗危废无害化处置，沼气能源综合利用、一体化管理。

二是广泛开展生态创建工作。大力开展生态乡镇、生态村建设，全县创建8个国家级生态乡镇，正在申报创建12个；创建省级生态乡镇20个；创建国家级生态村3个，正在申报创建15个；创建省级生态村19个；创建市级生态村93个，正在申报创建80个，实现市级生态村70%的创建目标。开展以“共建和谐·润绿长沙”为主题的十大绿色系列创建活动，涌现了一大批绿色学校、绿色机关、绿色社区、绿色酒店、绿色商店、绿色农家乐等绿色单位。开展了“两型乡镇、两型村庄、两型社区、两型学校、两型企业、两型机关”等6项两型示范单位创建活动，累计创建县级两型单位58个，成功申报省级两型示范项目和示范单位9个，创建数量居全省第一。2012年又启动了“每乡一个示范村、每村一个示范组、每组十家示范户”的生态环境示范村庄建设工程。该项工程的实施，极大地激发了广大群众自主美化家园的热情。据初步统计，两年来群众自主美化家园筹资达6.679亿元（其中村庄自主亮化投资474.7万元，自主硬化道路5537万元，庭院自主美化投资达5.78亿元，水域自主净化投资2977.05万元）。通过亲身感受创建活动所带来的好处，让看得见、摸得着的实惠触动群众的灵魂，点燃他们对美好生活的追求，变“要我建”为“我要建”，从而产生生态建设的巨大推动力。

三是全面激活社会力量参与。生态环境建设既是一项民生工程，又是一种教化活动。为提升全民生态环保意识，激活老百姓依托优美环境求发展的理念，长沙县在电视台、报社设立环保专栏；教育战线和妇联组织制定“三年生态环保行动计划”，实行生态环保知识“上课堂、进家庭”，开展“环保六个一”“爱卫月”和“废旧物品制作环保作品竞赛”等主题活动，构建了一个以学生、妇女为基础的推进体系。目前，“小手牵大手、生态环保行”和村、组、家庭卫生评比公示已呈常态化。不少社会热心人士自发组织和编排了演讲、快板、花鼓戏、小品等文艺节目，以群众喜闻乐见的方式宣传环保。通过积极引导和大力宣传，极大地激发了广大人民群众自主美化家园意识。涌现了李启雄捐资100万元建设社区花园，上千家单位和个人捐献花木美化县城，小学生担任整洁行动监督员，老年人自愿担任义务环保员等一大批先进典型事迹。全方位、多载体、持续不断的宣传，营造了“美化生态环境、建设幸福家园”的浓厚氛围，广大人民群众了解环保、参与绿化蔚然成风。

（四）坚持创新驱动，强化两型发展的动力支撑

创新是“两型社会”建设的根本动力。长沙县在两型发展过程中，

不断创新发展理念、技术手段和管理模式，破解了“两型社会”建设中的瓶颈制约。发展理念的创新，就是树立有利于可持续发展的价值理念，转变不适应可持续发展的经济发展方式；科学技术的创新，就是利用科学技术开发有利于可持续发展的新能源，或发明有利于节约和高效利用传统能源的新技术、新方法，如节能环保绿色动力技术的开发与利用等；管理模式的创新，就是改革政府、企业及社会组织的组织管理方式，使之有利于经济社会的可持续发展。

一是创新制度体系。长沙县地处“两型社会”建设的核心区，承担着探索方法、积累经验的重要使命。近年来，长沙县积极稳妥地推进了村级区划调整、县乡财政体制、教育体制、乡镇消赤减债、乡镇机构等改革；深化了园区管理体制改革，推进一区七园的规划、建设、环境治理、管理服务等多方面的统一；加快了产城融合，推进二、三产业的良性互动；逐步完成了管理模式的变革、创新，通过制度的创新，完善对经济社会发展的引导、支持和服务，促进了“两型社会”建设的持续快速发展。

二是创新融资方式。两型试验区获批之前，长沙县环保资金投入基本靠财政拨款，虽然每年财政都投入了数千万元环保资金，相对紧迫的环境形势而言，仍然是杯水车薪。2008 年，长沙县成立了县农村环境建设投资公司，通过市场化运作为环保项目筹措资金。同时，积极探索“用未来的钱、办现在的事、解决发展问题”的思路，建立了财政预算与市场融资、村民出资与政府“以奖代投”的投入机制。成立了环境建设投资有限公司，将年度财政预算、上级支持资金注入公司，统一管理，专项使用。引进北京桑德国际有限公司，打捆建设乡镇污水处理厂，有效解决了乡镇中心集镇污水处理的技术难题及资金瓶颈。整合村民出资、政府补贴、公司融资、银行贷款、上级支持等资金，合理安排环保项目，有序推进生态建设。

三是创新技术路线。长沙县采取综合措施，鼓励企业按照节约、集约的要求，研究新技术、开发新产品，着力突破一批重大关键技术，努力提高自主创新能力。湖南福来格生物科技有限公司研发的多个生物酶填补了国内外制药业技术空白，2个科研项目进入国家“863”计划，多个产品国内市场占有率达50%～80%，使国内各大型制药企业抗生素生产实现了由高能耗、高污染的化学工艺向无污染、低能耗的生物催化工艺转变，同时通过技术革新，公司每月产能提高166.7%，用水、耗能、原材料使用分别下降了64.4%、86.7%和41.7%。万容科技公司采用目前世界上最先进的“完全物理技术”回收废旧电器电子产品中的铜以及其他稀贵金属，经特殊设备处理与分选工艺，完全实现了金属与非金属的有效分离，金属回收率达到95%以上。整个生产过程处于全封闭状态下，没有废水、废渣及有害气体的排放。

四是创新运营模式。2008年，全国首个农村环保合作社在长沙县果园镇挂牌成立，目前已在全县乡镇全面普及、运行良好。环保合作社利用经济杠杆，引导农民分类垃圾，农户自行处理有机可降解垃圾；保洁员上门回收可利用垃圾；环保合作社无害化处理不可降解和有毒有害垃圾，创造了一条农村生活垃圾处置的低碳环保、循环处置之路。

五是创新工作机制。长沙县于2010年率先在全国县一级建立了生态补偿机制，规定全县除公益设施建设外的所有土地出让，每亩新增3万元用于生态建设和环境保护。通过加大财政投入、从土地出让收入中划拨资金等方式，筹资设立了生态补偿专项资金，重点对生态公益林保护、河流和水库沿线村庄、高山生态移民工程建设、农村环保合作社运作、重点污染企业退出等给予补偿，建立了“谁开发谁保护、谁破坏谁修复、谁受益谁补偿、谁污染谁治理、谁保护谁受益”的运行机制。生态补偿机制实施第一年，全县共计提取生态补偿基金5400万元，积极探索生态补偿和生态环境共建共享机制，逐步在饮用水源保护区和生态保护区实行生态补偿。

（五）坚持园区化战略，提高两型发展集约化水平

长沙县坚持“工业项目进园区”，按照“经营开发区、建设工业园，打造工业小区”的思路，用尽量少的土地资源，创造尽量大的效益。在突出开发区建设的同时，努力构建层次分明、衔接互补、分工协

作的园区体系，逐渐形成“一区七园”的基本格局，有力地促进了企业的集约化生产、规模化经营和集群化发展。“一区七园”已成为支撑长沙县经济蓬勃发展的主体基石和快速腾飞的强健翅膀。2012年底，全县300多家重点企业总用地面积不到20平方公里，却产生了90%以上的工业产值和税收，形成了“用1%的土地支撑经济发展，99%的土地保护生态环境”的良好格局。

一是培育优势企业。通过建设工业园区，吸引企业和项目到园区落户发展，有效地避免了“村村点火、户户冒烟”的局面。依靠园区的良好条件，重点发展优势企业，打造区域内相互依存的产业“生态”群落，形成了集中度高、互补性强、具有核心竞争力的优势产业集群，带动了县域经济腾飞。为此，在招商引资过程中，长沙县根据自身实际，找准定位，有所为有所不为，有意识地引导同类的产业、产品在同一园区内发展，拉长产业链条，以龙头企业或龙头项目为带动，提高产业集中度和关联度，催生“榕树效应”，促进行业集中、产业集聚，优化资源配置，降低投资成本，逐步形成自己的品牌和主导产业。

二是发展产业集群。长沙县确定了以经济技术开发区为中心，突出做好做大工程机械、汽车制造、电子信息及家电三大产业，同时全力推进安沙、黄花等专业园区为其配套的发展策略，并确立了“着力引大、以大引小、成龙配套、梯次推进”的招商引资战略方针。在具体工作中，他们把那些可以起到带动和示范作用的大企业作为“生命线”来对待，有选择性地按照产业规划引大企业、抓大项目，并按照“优势产业优先扶持”的原则，在资金、用地、优惠政策等方面予以倾斜。然后以这些骨干企业为核心，顺藤摸瓜，引进中小企业，很快就形成了特色鲜明、势头强劲的工程机械、汽车制造和电子信息及家电三大产业集群，取得了高成长性、高附加值、高就业能力的“三高”效果。目前，三大产业集群无论是规模、总量，还是质量、效益，都已成为全省同行业的排头兵。

三是做好配套服务。长沙县利用成为“全省承接产业转移、发展加工贸易重点县”的机遇，围绕优势产业和龙头企业，引进关联项目，发展属地配套。目前，在“一区七园”基础上，突出建设好星沙工业配套产业基地、同心产业配套园、伊莱克斯产业配套园、北汽福田产业配套园、星沙国际物流园等专业园区。鼓励支持具备条件的乡镇在规划集镇建设的同时，着力抓好产业基地建设，积极发展中小型企业和劳动密集型企业，努力优化全县工业布局，增强发展后劲。

2012 年底，长沙县工业园区内集中了长沙市 70% 的工程机械企业和 90% 的工程机械总产值。以长沙经济技术开发区为龙头的“一区七园”规模以上工业企业已达 200 余家，95% 的工业总量集聚园区，2011 年累计完成规模工业产值 604.4 亿元，同比增长 23.4%，其中“七园”实现产值 97.1 亿元，同比增长 24.3%。

（六）坚持系统推进，形成两型发展的联动效应

长沙县坚持系统推进，强化领导，机制先行，联动发展，县委、县政府始终把两型社会建设摆在重要议事日程，建立健全了一系列保障措施和长效机制，保障了两型社会建设长态有序开展。

一是强化组织保障。长沙县委、县政府对“两型社会”建设高度重视，高规格组建了两型工作机构。县两型社会建设综合配套改革领导小组由县长任组长，三名副县长任副组长，相关科局、乡镇“一把手”为成员。同时，成立了长沙县两型社会建设综合配套改革办公室，由县发改局局长任主任，并安排专职副主任 1 名、编制 4 人。形成了领导重视、发改牵头、部门联动的良好工作格局。

二是优化顶层设计。长沙县坚持“南工北农”的发展布局，按照“宜工则工、宜农则农”的原则，将县域南部乡镇定位于工业和城市服务型区域，重点发展先进制造业和现代服务业，着力增强综合服务功能；将县域北部乡镇定位于农业生态型区域，重点发展现代农业，加强生态环境保护，并配套实施了差异化的财政、土地、环保等政策。坚持分类指导，取消农业类乡镇工业招商引资、工业产值等考核指标，大幅提高了生态环境保护与建设在绩效考核中的权重。

三是健全保障机制。为了保障两型发展政策的有效落实，长沙县建

立了一系列两型工作保障机制。首先是建立了督察考核机制。将两型社会建设工作纳入县对乡镇和部门的绩效考核内容，县委督察室、县政府督察室定期开展工作督查。其次是建立了资金保障机制。县财政每年安排200万元两型社会建设引导资金，推进两型社会建设工作。再次是建立了项目前期工作会议制度，新引进项目需经多部门联合会商，达到环保、土地资源利用等多项指标方可引进。最后是建立了环保评估机制，新引进项目首先进行环保评估论证，评估合格才能批准立项，凡达不到环保要求的企业，坚决采取措施整改或关停。

四　长沙县两型发展模式的核心内涵

经过几年的努力，长沙县探索出了两型发展的宝贵经验，走出了一条独具长沙县特色的资源节约和环境友好的崭新发展模式，内涵深刻，发人深省。

（一）以科学发展为主题，发展节约型和集约型经济

在两型社会建设中，长沙县始终遵循科学发展的理念，使“两型社会”的建设坚持了正确方向。

一是把加快转变经济发展方式作为“两型社会”建设的紧迫任务。长沙县认为，“两型社会”建设的速度与质量取决于经济发展方式转变和产业结构调整的速度与质量。“两型社会”建设最为紧迫的任务，就是在科学发展观指导下，加快转变经济发展方式。为此，长沙县坚持以科学发展观为指导，把转方式、调结构作为经济工作主线，大力推进节能、节地、节水、节材和资源的综合利用、集约利用、高效利用，发展节约型经济和集约型经济，严格落实环境治理和生态保护措施，宁肯牺牲一点经济增速，也要把传统的发展方式尽快转变过来、把不合理的产业结构尽快调整过来。

二是把统筹兼顾作为“两型社会”建设的根本方法。统筹兼顾是科学发展观的根本方法，也是建设“两型社会”的根本方法。在“两

型社会”建设中坚持统筹兼顾，就是要统筹人与人和谐发展、人与社会和谐发展、人与自然和谐发展、经济社会与生态环境和谐发展。长沙县注重统筹兼顾促进经济增长与调整经济结构、转变经济发展方式的关系。经济增长是发展的重要目标，只有经济增长了，“两型社会”建设才能具备坚实的物质基础。与此同时，在发展中更加注重经济结构调整和经济发展方式转变，不断提高经济发展的质量和效益，提高低碳经济、绿色经济、循环经济等在国民经济中的比重，不为经济增长而走高投入、高耗能、低产出的老路，不以牺牲环境为代价来换取社会物质财富的增长。

三是把社会和谐作为“两型社会”建设的努力方向。长沙县以“两型社会”建设示范为契机，建设生态文明，保护生态环境，使绿色发展理念熔铸在城市精神之中，使生态、节约、环保成为广大市民的一种价值追求和生活方式，为促进社会和谐注入了新的动力和活力。

（二）以生态文明为引领，建立绿色生产方式和消费模式

生态文明是追求人的发展与生态环境和谐统一的新型文明，既区别于以牺牲环境为代价的传统工业文明，也不同于以牺牲人的发展而使人被动地从属于自然的早期文明。建设“两型社会”，促进能源资源的节约利用、实现人与自然环境的友好相处，是生态文明的重要特征，也是实现人的全面发展的重要基础。长沙县以生态文明为引领，大力构建生态产业支撑体系、生态安全保障体系、绿色人居支持体系、生态文化支持体系和生态制度约束体系，在建立绿色生产方式和消费模式方面在全省实现了“六个率先”。

一是率先实现城乡污水处理设施全覆盖。2011 年，县城已建成星沙污水处理中心及城北、城南污水处理厂，18 座乡镇污水处理设施通水运行，农村生活污水日处理能力达到 5 万吨以上，建立了全覆盖的城乡污水处理系统。

二是率先实现农村生活垃圾处置全覆盖。2010 年，全县建立“户有垃圾桶、组有收集池、村有回收点、镇有中转站”的垃圾处理基础设

施网络，按照“公共区间卫生员、生态环保监督员、资源垃圾回收员、一年四季宣传员”的要求，村村选聘培训专职保洁员，将城乡居民的生产、生活垃圾处置全面纳入政府公共服务的范畴，形成了“户分类减量、村主导消化、镇监管支持、县以奖代投”的生活垃圾处理新模式，即不可利用的植物作燃料，可喂养畜禽的作饲料，可降解的有机质作肥料，废弃的工业品保洁员上门收。

三是率先实现畜禽养殖总量控制和达标排放。长沙县是全国名列第二的生猪产出大县，养殖密度为全国第一，在2010年之前，每平方公里生猪产出达到1200头。根据环境承载容量，长沙县将县域划分为禁养区、一级限养区和二级限养区，平稳拆除禁养区、限养区近万户养殖设施99.7万平方米，发放养殖转产扶助资金7500万元，减少存栏120万头，实现了禁养区退出和限养区规模控制的目标。同时，倡导科学养殖、生态养殖。全县生猪养殖50头以上的均采用“室外零排放、沼气池加四池净化、种养平衡”方法实现达标排放，近三年县财政投入养殖治污补助近6000万元，带动养殖户投入近亿元建设各类经济、适用、高效的治污设施，基本解决了养殖治污直排问题。同时，与中国环境科学研究院合作，采用资源分离生态耦合技术，对100头以上养殖户实行排放监测，促进已建设施有效运转，降解养殖面源污染。

四是率先全面推广节能型路灯建设。在城市照明亮化建设中，坚持“节能减排、低碳生活”的理念，推广使用LED光源路灯和风光互补路灯，以实现节能目标。2010年以来，县城先后安装了7000余盏LED路灯和900余套风光互补路灯，基本实现了城区和安置小区节能路灯全覆盖，节省电量60%以上。

五是率先实施禁捕水陆野生动物专项行动。2012年，长沙县人民政府发布了《关于严禁非法捕杀、经营水陆野生动物的通告》，同时制定了治理非法捕捞、驯养、繁殖、经营水陆野生保护动物专项整治行动方案。共查处非法电捕鱼案件10起，收缴非法电捕鱼设备10套（发电机、柴油机、捕捞设备）、渔船4条，强制拆除迷魂阵、拦江网3000余米，收缴非法捕鱼网具11条（1200米），收缴并放生野生鱼类210公斤；清查涉嫌非法经营野生保护动物的餐馆、酒店、饭店165家，立案查处7起，没收并放生野生蛇类1200余条、其他野生动物活体258只（红白鼯鼠、猪獾、果子狸、石蛙等），罚款6000元，强制拆除非法捕鸟网1200平方米。

六是率先建立河流常态保洁体系。在全力消除水源敏感区高污染企业的同时，长沙县建立了20支河道保洁队伍，对捞刀河、浏阳河水系共323公里主要河港内的各种杂物进行日常打捞。同时，对全县范围内的主要河流划定了32个水质断面监测点，由环保部门每季检测一次，出境水质直接列入考核乡镇绩效的重要内容，形成了社会共担截污减排任务的管理机制。

（三）以质量效益为目标，提升经济发展水平

长沙县以提高经济发展的质量效益为目标，实施高端、优质、高效的产业发展战略，积极培育发展新型产业体系，夯实“两型社会”建设的产业基础，为构建“两型社会”经济发展模式创造了良好的条件。

一是加快经济结构由低端向高端、由单一发展向全面发展、由不平衡不协调向统筹协调发展转变。大力调整产业结构，坚持以构建“两型”产业体系为重点，积极推进传统产业的“两型化”改造和“两型”产业的规模化发展，积极发展清洁生产和循环经济，特别重视引导和扶持“两型化”战略性新兴产业，促进经济结构由低端向高端转型、发展方式由粗放向集约转变。大力调整需求结构，实现投资、消费协调拉动经济增长。大力调整收入分配结构，逐步提高居民收入在国民收入分配中的比重、劳动报酬在初次分配中的比重，普遍提高城乡居民收入特别是中低收入者的收入水平。

二是加快经济发展由要素驱动向创新驱动转变。不断解放思想，推进体制改革和科技创新。把体制机制创新作为重要保障，以“两型社会”建设作为深化改革的主攻方向，着力推进重点领域和关键环节的改革，构建有利于发展方式转变和“两型社会”建设的体制机制和政策导向，以制度创新促进发展方式转变。把科技进步和创新作为加快经济

发展方式转变的重要支撑，大力推进科技进步、技术创新和管理创新，增强自主创新能力，着力提高生产要素的质量和使用效率，发展创新型经济，建设创新星沙。

三是加快资源利用由高消耗、高排放、高污染的粗放型向低消耗、低排放、低污染的集约型转变。着力加强节能减排和生态建设，把资源节约、环境友好的要求贯彻到社会生产、建设、流通和消费的各个领域，落实到经济社会发展的各个方面，形成节约能源资源和保护生态环境的思想观念、产业结构、生产方式、生活方式和体制机制，促进经济社会发展与人口资源环境相协调，走生产发展、生活富裕、资源高效利用、生态环境良好的文明发展、绿色发展道路。

（四）以产城融合为路径，加快现代城市建设

长沙县在城市的建设和发展中，坚持产业与城市发展互动，产城融合式发展，加快了现代城市功能的完善和城市布局的优化。

一是高标准规划城市布局。近年来，长沙县制订完善了一系列城市规划体系。委托《长株潭城市群总体规划》编制单位——中国城市规划设计院编制了《星沙新城规划》，实现了城市发展规划与《长株潭城市群总体规划》的全面对接；编制了《长株潭城市群两型社会示范区安青片区总体规划》，谋划了安青示范片区发展蓝图；编制了《长沙县城乡一体化规划》，明确了长沙县城乡一体化的目标和路径；配合省两型办编制了《长株潭城市群生态绿心地区总体规划》，形成了系统完善的两型规划体系。

二是高水平完善城市功能。长沙县努力促进产业园区的生产性服务业发展和生活配套设施完善，实现了工业园区与城市生活区的融合与互动。统筹产业发展、基础设施建设和生态环境保护，按照“三个1/3”（即1/3的地方发展工业、1/3的地方发展生产性服务业、1/3的地方用于基础设施和商贸住宅）的思路，加快推进生产性和生活性服务业进驻园区，努力推动了“园区经济”向“城市经济”转变。

三是高起点打造特色乡镇。2010年上半年，长沙县开始建设榔梨、

金井和开慧三个特色乡镇，三年综合投资超过20亿元，形成了鲜明的乡镇发展特色。其中，金井镇以打造“茶乡小镇”为主题，大力推进特色现代农业发展和生态旅游区建设，培育了“金茶、金米、金菜、金薯”等四个“农”字号品牌和“金井”“湘丰”两个中国驰名商标，建成了乡村公共自行车系统，打造了20家示范性乡村客栈，形成了功能完善的乡村旅游载体。榔梨镇紧紧抓住“濒临和身居省会长沙城市区域”“千年古镇”“丰富的自然水资源生态体系”三大要素，强力推进新型工业化和新型城市化建设。开慧镇以“板仓小镇”作为实现城乡统筹的载体，把现代服务业、休闲观光业和现代农业结合起来，探索出了远郊乡镇吸引人才和资本下乡的顺畅通道。

（五）以改善民生为目的，创造和谐幸福新生活

长沙县加快把发展目标由偏重追求生产增长向促进人的全面发展转变，坚持从人民群众的根本利益出发谋发展、促发展，把以人为本的理念贯穿在经济社会发展和两型社会建设的全过程，努力实现居民生活水平提高和经济发展同步。积极打造服务型政府，大力发展社会事业，推进基本公共服务均等化，优化教育、文化、卫生等各项社会事业，切实解决人民群众最关心、最直接、最现实的利益问题，不断提高人民生活质量，让广大人民群众充分享受“两型社会”建设带来的实惠。

长沙县黄兴镇原有13家硫酸锰生产企业，硫酸锰产品占到世界同类产品的半壁河山，但同时对地下水造成了严重的污染，严重影响群众的饮水安全。针对这一情况，县委、县政府以壮士断腕的勇气，果断作出了全面关闭硫酸锰生产企业的决定，启动了黄兴镇硫酸锰污染治理工程。总投资38亿元的松雅湖项目建成后，县城星沙的防洪能力将提高到百年一遇，同时将大大提高水体自净能力，改善城市饮用水质，有效调节空气湿度，改善空气质量，减轻省城“热岛效应”，也为市民提供了一处优美的健身休闲场所。依靠这些大手笔项目的支撑，长沙县连续三年被评为全国县级“最具幸福感城市”。

第三章

两型发展的指标体系及评价办法

一　两型发展的宏观背景

（一）绿色革命与低碳发展

18 世纪西方工业革命以来，人类创造了高度的物质文明和精神文明，但也带来自然资源枯竭、生态环境恶化等一系列棘手问题。20 世纪 60 年代以来，尤其是 20 世纪 90 年代以来，人类环境意识逐步觉醒，德、美、日等工业发达国家大力发展循环经济，以资源的高效利用和循环利用为核心，以尽可能少的资源消耗和尽可能小的环境代价实现最大的发展效益。1992 年，联合国环境发展大会正式提出了“可持续发展”的概念，全球环境与发展峰会签署的“里约宣言——可持续发展计划”象征人类开始真正告别以工业哲学为思想基础的现代主义时代。随着联合国气候变化框架公约及京都议定书、蒙特利尔协议、巴厘岛路线图以及哥本哈根共识的签订和达成，可持续发展理念进一步深入人心，一场全球化的“绿色革命”悄然兴起，节约资源和保护环境已成为一种世界潮流，成为各国人民的共识。

改革开放以来，我国经济持续快速增长，并在 2010 年成为世界第二大经济体。我国的基本国情是人口众多，资源相对紧缺，耕地、淡水、能源、铁矿等主要资源的人均占有量不足世界平均水平的 1/4 ~ 1/2。在经济高速发展、综合国力大幅增强的同时，高投入、高消耗、高排放、低效率的问题十分突出，资源和环境代价很大。2010 年，中国 GDP 占世界总量的 9.5%，而一次能源消费占世界的 20.3%，其中煤炭消费量占 48.2%，水泥消费量占 56.2%，钢铁表观消费量占 44.9%。按照国际能源署（IEA，2011）发布的数据，2009 年中国 CO_2 排放量已占世界总量的 23.6%，尽管中国人均 CO_2 排放量只略高于世界平均水平，仅相当于 OECD 国家的 52.2%，单位 GDP 的 CO_2 排放强度却是世界平均水平的 3.19 倍，是 OECD 国家的 5.68 倍。因此，转变发展方式、节约资源和保护环境，已成为我国推进现代化建设化进程、全面建设小康社会和对人类发展负责、增加国际话语权的重大而严峻的课题。

（二）两型社会与科学发展

建设资源节约型、环境友好型社会，是我国适应新型工业化发展趋势、应对资源和环境的挑战和压力，走中国特色社会主义道路的重大战略选择。2004 年 3 月，胡锦涛同志在中央人口资源环境工作座谈会上的讲话中指出，“必须着力提高经济增长的质量和效益，努力实现速度和结构、质量、效益相统一，经济发展和人口、资源、环境相协调，不断保护和增强发展的可持续性”。2005 年 3 月，胡锦涛同志在中央人口资源环境工作座谈会上进一步明确提出，“努力建设资源节约型、环境友好型社会”。2005 年 10 月，党的十六届五中全会将建设资源节约型、环境友好型社会确定为我国中长期战略任务。2006 年 3 月十届全国人大四次会议审议通过的“十一五”规划纲要提出，落实节约资源和保护环境基本国策，建设低投入、高产出，低消耗、少排放，能循环、可持续的国民经济体系和资源节约型、环境友好型社会。自此，两型发展上升为我国的国家战略和基本国策。

党的十六届三中全会以来，尤其是十七大以来，科学发展观成为我国经济社会发展的根本指导思想。科学发展观的基本要求是全面、协调、可持续发展，是建立在优化结构、提高质量和效益基础上的发展。节约能源资源，实现环境友好，是坚持和落实科学发展观的必然要求。根据这一要求，我们必须充分认识加快建设资源节约型、环境友好型社会的重要性和紧迫性。实践证明，传统的高投入、高消耗、高排放、低效率的粗放型增长方式难以为继，将会使有限的资源加速耗竭，环境状况进一步恶化，资源存量和环境承载力两方面都将对经济社会发展产生严重制约。因此，我们必须加快建设资源节约型、环境友好型社会，在经济和社会发展的各个方面，切实合理利用各种资源，提高资源利用效率，切实保护好赖以生存的生态环境，以尽可能少的资源消耗和环境代价获得最大的经济效益和社会效益，保障经济社会的可持续发展。

二　区域发展环境

（一）中部崛起

中部地处中国内陆腹地，起着承东启西、接南进北，吸引四面、辐射八方的作用。中部依靠全国 10.7% 的土地，承载着全国 28.1% 的人口。加快中部地区发展是提高中国国家竞争力的重大战略举措，是促进东西融合、实现南北对接、推动区域经济发展的客观需要。

中部崛起战略实施以来，中部六省呈现出竞相发展、活力增强的发展态势。河南省的战略构想是，把加快中原城市群发展和县域经济发展作为实现中原崛起的两大支撑，推进工业化、城镇化和农业现代化进程。湖北省提出的战略目标是，把湖北建设成重要的农产品加工生产区、现代制造业聚集区、高新技术发展区、现代物流中心区。江西的战略定位是，把江西建设成沿海发达地区的“三个基地、一个后花园”，即把江西建成沿海发达地区产业梯度转移的承接基地、优质农副产品加工供应基地、劳务输出基地和旅游休闲的“后花园”。湖南省重点是做强长株潭城市群，建设湘中经济走廊，发展湘西经济带。同时实行南向战略，积极承接珠三角产业转移，实现与珠三角的交通互连、产业互补、市场互通、资源互享，并参与泛珠三角合作，扩大与港澳地区的交流。山西省针对产业结构重型化、产品初级化和高度依赖煤炭的情况，提出的战略思路是“建设全国新型能源基地和新型工业基地”。

2005年以来，中部地区的经济规模和市场份额快速提升，2008年河南、湖南、湖北三省GDP已经超过万亿元。2011年，在全国23个GDP过万亿元的省区市中，中部六省全部过万亿元，其中河南更是超过了2万亿元，中部地区经济发展潜力有效释放，城市化、工业化步伐加快，增速明显高于东部地区。面对国际金融危机，2008年中部各省GDP增速大都高于全国9%的平均增速，保持了较平稳的发展态势。与此同时，中部地区的社会消费品零售总额、进出口总额、财政收入等反映区域竞争力综合绩效的关键指标，增幅均高于全国平均水平。

（二）长株潭城市群两型社会建设

近年来，湖南省通过加快交通网络建设、鼓励自主创新以及强化与珠三角的产业对接，依托核心城市群、带动全省发展，成为中部地区发展较快的省份之一。2008年经济总量突破万亿元大关后，2009年更是直面金融危机的影响，实施“弯道超车”，经济增速达到12%，远超全国平均水平。

与湖南省加速发展相对应的是长株潭的超常规发展。2007年12月，经国务院批准，国家发改委正式下文确认长株潭城市群为“国家资源节约型、环境友好型社会建设配套改革实验区”。长株潭城市群的战略定位是：全国两型社会建设的示范区，中部崛起的重要增长极，全省新型城市化、新型工业化和新农村建设的引领区，具有国际品质的现代化生态型城市群。几年来，长株潭核心区“七纵七横”城际干道和外围区“两环六射”高速网络骨架雏形基本形成，芙蓉、红易大道、长株高速基本完工。各市结合棚户区改造等工程，对湘江两岸实施整治，大大提升了湘江及沿线城市的品位。谋划多年的长、株、潭三市通信一体化在2009年6月实现同号升位并网。大河西、天易、云龙等五大示范区建设全面启动，完成投资1000亿元，可望成为试验区建设的核心增长极。一些重点领域、关键环节的改革试点成效明显，节水型城市建设、集约节约用地、城乡统筹、行政管理体制、排污权交易、投融资市场化运作等一系列改革试点在各地展开，已初步形成一批新的亮点和模式。一批改革建设项目成为国家重点，湘江流域治理纳入长江中下游水污染治理规划，湘江流域重金属污染治理成为全国重金属污染治理试点，上升到国家层面，株洲34.4平方公里污染土地变性获得国家批准；《长株潭城市群城际轨道交通网规划（2009—2020）》正式获批，其建设进入了湖南省与铁道部的合作方案；3个新兴产业创投基金落户试验区。随着一批重大基础设施和“两型”产业项目的实施，“两型社会”试验区建设不但没有分散保增长的精力，而且在全省保增长、调结构、扩内需、促就业、强基础中发挥了引领带动的作用，确保了全省经济发展大局。

2008年8月，湖南省委、省政府明确指出，将以长株潭为中心，以一个半小时通勤为半径，在长株潭北起望城高塘岭、南至湘潭易俗河、西抵湘潭鹤岭镇、东到长沙黄花机场的4500平方公里范围内，加快建设核心城市紧密圈，辐射带动岳阳、常德、益阳、娄底、衡阳，构筑全省新型城市化密集区，建设“3+5”城市群。“3+5”城际铁路建设总长760公里、投资近1000亿元，建成后长株潭核心区通勤时间在30分钟以内，长株潭至“3+5”其他中心城市60分钟以内，将大大拉近八市的时空距离。至2012年底，“3+5”城市群的相关规划正在编制过程中，各相关城市已经依据城市群发展的总体安排在城市定位、产业发展等方面加强和与其他城市的对接。

三 两型产业的界定及其地位

两型产业发展是两型社会建设的核心和重点。探讨两型社会建设评价标准，首先要探讨两型产业的界定和评价问题。

（一）两型产业的内涵

两型产业是对资源消耗少、环境污染小的各类产业的总称。两型产业的基本特征包括：资源消耗少、环境污染小、赢利能力强、空间布局合理。

资源消耗少。指产业发展过程中对各类资源（尤其是不可再生资源）的耗费较少，可以以较少的资源消耗带来较高的产出。可从两个角度理解：一是对能源、水资源、土地资源等产业发展的战略性资源消耗较少，单位资源消耗的产出水平比较高；二是不可再生的战略性资源得到有序开发，产业发展的可持续性较好。

环境污染小。指产业发展对环境的负面影响降至较低水平，且产业发展不以牺牲环境质量为代价。可分为三个层次：第一层次是对环境质量改善有促进作用的产业，如环保产业、新能源产业等；第二层次是对环境有一定负面影响，但可以通过自然力的生态作用得以补偿的产业，如先进制造业、旅游业等；第三层次是对环境有较大损伤，但通过发展循环经济、清洁生产以及其他合理的治污防污手段，废弃物排放达到环境保护要求的产业，如采掘、冶炼、化工等产业。

赢利能力强。指产品适应市场需求，企业具有较强赢利能力，且产业的税收贡献较高。具体来说，有两个方面的要求：一是产品适销对路。生产出来的产品如果不能顺利销售出去，实际上是资源的最大浪费。因此，两型产业的产品特性应该能够满足广大目标顾客的物质与精神的需求，分销通路能够实现高度畅通，产品保持较高的销售率；二是有较高的利税水平。资源利用是否高效，最终体现在企业的赢利水平和税收贡献上。因此，以产业发展过程中的资源占用来衡量，两型产业的赢利能力必然较强，税收贡献必然较大。

空间布局合理。指因地制宜，发挥优势，集中发展。具体来说，可从以下两个角度理解：一是在布局上发挥地区优势，因地制宜发展，减少不合理运输等带来的资源浪费；二是尽量采取园区式的集中发展模式，确保产业发展用地的合理高效，减少产业发展过程中的环境污染防治成本。

依据两型产业的特征，可以将两型产业划分为三个层次。

基础层。是指资源消耗较少且对环境改善有一定帮助的产业，是两型产业中最为基础的部分。从根本上说，经济发展对资源的消耗和环境的影响不可避免，努力减少经济发展的负面影响，并从中发掘赢利机会，是这类产业的发展根本动力。这类产业可以实现经济效益、环境保护和资源节约的“三赢”，是推动其他产业两型化的根基，主要包括环保产业、新能源产业以及生态农业等。

主体层。是指对环境有一定的损伤，但这种损伤可通过自然力的生态作用得以补偿，对资源的消耗也不足以破坏自然界自身平衡的产业。主要包括农业中的大中型灌溉农业、大中型养殖业、设施农业；工业中的轻工业、先进制造业；服务业中的金融、保险、信息、旅游、商贸流通、餐饮业等。

拓展层。是指对资源消耗较大，对环境有较大损伤，但经过循环经济和清洁生产处理能基本符合环境要求的产业。主要包括工业中符合环保要求的大型采掘、冶炼、化工、火电、造纸、建材（推广循环经济和清洁生产后）；农业中的传统中小规模种植业、养殖业（推广和普及物理杀虫、生物防治和高效、低毒、低残留化学防治技术后）等。

（二）两型产业的界定标准

依据以上对两型产业内涵的剖析，可以分别制定“两型农业”“两型工业”“两型服务业”的界定标准。

1.“两型农业”的界定标准

依据农业生产特点，可从以下两个方面对“两型农业”进行界定。

过程控制指标。由于各地之间农业生产条件差异较大，因此不宜采用统一的经营规模指标作为“两型农业”的界定标准。但是“两型农业”生产过程中，必须遏制农药、化肥的过量使用，推广无公害农产品产地认证，普及物理杀虫、生物防治和高效、低毒、低残留化学防治技术。

经营效益指标。由于农业生产的特殊性，不同种植业之间经济效益也存在较大差距（如经济作物和粮食作物之间的差别）。因此，也不宜用亩均经济效益作为衡量标准。但是，农业的经营效益，可以通过另外两个指标反映出来：一是农产品加工率，二是特色农产品的销售率。

综合考虑各种因素，“两型农业”界定标准如表3－1所示。

表 3－1 “两型农业”界定标准

单位：%

序号	指标	标准
1	农产品农残抽检合格率	100
2	绿色农产品和有机农产品认证比率	≥50
3	农产品加工率	≥50
4	特色农产品销售率	≥95

2. “两型工业”的界定标准

依据工业生产特性，可从以下三个方面对“两型工业”进行界定。

资源节约水平指标。主要包括能耗、水耗和土地资源消耗的有关指标。

污染物控制指标。主要包括二氧化硫排放量、化学需氧量排放量，以及工业固体废弃物的综合利用率。

经营效益指标。可以采用资金利税率来对企业的经营效益进行综合衡量。

“两型工业”界定标准如表 3－2 所示。

表 3－2 “两型工业”界定标准

序号	指标	标准
1	万元工业增加值能耗（吨标准煤/万元）	≤1.5
2	亿元工业增加值水耗（立方米）	≤100
3	单位用地工业增加值（亿元/平方公里）	≥10
4	单位工业增加值 COD 排放量（公斤/万元）	≤3
5	单位工业增加值 SO_2 排放量（公斤/万元）	≤4.5
6	工业固体废弃物综合利用率（%）	≥50
7	资金利税率（%）	≥10

3. 指标解释

（1）单位工业增加值能耗：指工业生产创造每万元增加值所消耗的能源。该项指标越低，表明能源的使用效率越高。

（2）单位工业增加值用水量：指工业每生产万元增加值所消耗的水资源。用水量亦称取水量。取水量指工矿企业在生产过程中用于制造、加工、冷却、空调、净化等方面的用水，按新鲜水取用量计算，不包括企业内部的重复利用水量。该项指标越低，表明工业水资源利用效率越高。

（3）单位用地工业增加值：报告期内工业增加值与工业用地面积之比。

（4）单位工业增加值 COD 排放量：报告期内 COD 的最终排放量与工业增加值之比。COD 排放量是指企业工业生产废水 COD 排放量和企业劳动人口生活污水 COD 排放量两部分之和。

（5）单位工业增加值 SO_2排放量：报告期内 SO_2的最终排放量与工业增加值之比。SO_2排放量是指生产过程中燃料燃烧 SO_2直接排放量和生产过程中消耗电力能源（千瓦时），电耗需要分担电厂每生产相应千瓦时电量所排放的 SO_2间接排放量。

（6）工业固体废弃物综合利用率：指工业固体废物综合利用量占工业固体废物产生量的比值。该项指标越高，表明工业固体废物综合利用程度越高。

（7）资金利税率：指在一定时期内已实现的利润、税金总额与同期的资产（固定资产净值和流动资产）平均总额之比。该项指标体现了企业的全面经济效益和对国家财政所做的贡献。

标准值设立的依据主要包括：

A. 国家的相关标准

《节水型城市目标导则（2004）》

《生态工业示范园区规划指南（试行）（2003）》（国家环保局）

《行业类生态工业园区标准（试行）HJ/T 273 - 2006》

《综合类生态工业园区标准（试行）HJ/T 274 - 2006》

《静脉产业类生态工业园区标准（试行）HJ/T 275 - 2006》

《循环经济评价指标体系（2007）》

《关于〈循环经济评价指标体系（2007）〉的说明》

B. 国内发达城市循环经济、清洁生产的主要指标

《深圳市循环经济指标计算与使用方法》

《杭州市2005年试点单位循环经济建设参考指标体系》

《上海闵行区循环经济发展规划》

C. 国内其他城市工业发展中的资源消耗和废弃物排放的主要指标（如上海、北京、深圳）

长株潭工业发展中的资源消耗和废弃物排放的主要指标

娄底市工业发展资源消耗水平和废弃物排放的现状水平

4. “两型服务业”的标准界定

如上所述，服务业绝大多数属于“两型产业”的“主体层”。一方面，服务业包括众多产业，相互之间千差万别，很难为它们设定统一的标准；另一方面，多数服务业能耗和其他各种资源的消耗都比较低，环境污染小。因此，总体上说，服务业均可以归为“两型产业”，无须为其设定标准。

（三）两型产业的地位

《长株潭城市群资源节约型和环境友好型社会建设综合配套改革试验总体方案》提出，“到2015年，单位地区生产总值能耗比2007年降低35%，城市空气质量达标率为93%以上，饮用水源达标率为98%、水功能区水质达标率为95%，化学需氧量、二氧化硫排放量分别比2007年削减23%和12%”，“形成符合国情和区域特色的新型工业化、城市化发展模式，单位地区生产总值能耗和主要污染物排放强度低于全国平均水平，实现发展方式转变和经济社会发展与人口资源环境协调发展”。《长株潭城市群区域规划》提出，长株潭要“成为湖南省经济发

展的核心增长极、高新技术产业集聚区和现代化、生态型的网状城市群”“全国两型社会建设的示范区”，要“支持湖南省发挥后发优势，实施反梯度战略，统筹区域发展，提高湖南省在国内省份中的核心竞争力和区域整体实力”。

构建“两型产业”是践行科学发展观、实现经济发展方式转变的重要内容，是节约资源、保护环境、实现国民经济又好又快发展的根本途径。长株潭能否成为“全国两型社会建设的示范区”，能否支持湖南省实施反梯度战略，关键在于其能否形成两型产业体系。

基础层的两型产业面临空前机遇。目前，长株潭境内的湘江流域受镉、砷、铅、氨氮等污染因子影响，地表水功能区达标率较低，水环境容量已接近饱和。要尽快恢复水体功能，改善环境状况，就必须大量运用先进治污技术，发展环保产业。此外，要将传统产业改造为两型产业，也需要环保产业的支撑。随着工业化和城市化进程的加快，经济社会发展的能源需求快速增长，新的清洁能源的开发和利用受到广泛重视。此外，生态隔离带的建设和维护、生态农业的发展，也是推动长株潭两型社会试验区发展的重要环节。

主体层的两型产业已经成为区域经济发展的主要动力。近年来，长株潭以电子信息、光机电一体化、生物工程、新材料等为代表的高新技术产业呈快速发展态势，对湖南省经济发展和财政收入增长产生越来越明显的作用，完成了全省 80% 的装备工业、90% 的新材料、98% 的电子信息等产业增加值。从不同城市来看，长株潭各有特色。长沙的工程机械、汽车、电子信息等产业较好，聚集了三一重工、中联重科与山河智能三家工程机械上市公司。2009 年，工程机械、中成药及生物医药、新材料、汽车及零部件等六大产业集群对规模工业增长的贡献率达 49.0%，拉动长沙规模工业增长 9.7 个百分点。株洲以交通运输设备制造业、纺织服装鞋帽制造业和医药食品加工业为主，2009 年增加值分别增长 33.7%、39.2% 和 19.6%，对经济发展的支撑作用进一步增强。湘潭以先进装备制造及清洁能源装备制造产业、精品钢材及深加工产业、汽车及零部件产业、电子信息产业四大战略性产业为主，2009 年分别增长38.9%、1.7%、97.7%、193.2%，占全部规模工业增加值比重达55.8%。

循环经济、清洁生产的推广力度加大，两型产业正在向传统产业拓展。传统产业仍然在长株潭占据一定地位，湖南省90%的石化产品集中在该区域，株洲的有色冶金和化工、湘潭的化学纤维制造和黑色金属冶炼及压延加工都比较发达。为推动传统重化工业的改造和提升，长株潭正在加大循环经济、清洁生产的推广力度。长沙正在建设铜官循环经济工业基地，将长沙的化工能源产业集中起来，围绕“两型社会”建设目标，以大河西为依托，建设“两型社会”先导区，沿湘江东西两岸向纵深扩展。株洲的清水塘循环经济工业园区将通过节能减排，资源循环利用，大力发展循环经济，用10年左右时间将工业区打造成国家级循环经济样板试点区、长株潭“两型社会”建设示范区。

到2015年，长株潭三市的GDP将达到10720亿元（人均GDP达到6.7万元，总人口1600万人——依据《长株潭城市群资源节约型和环境友好型社会建设综合配套改革试验总体方案》），一、二、三产业比重将调整为4∶51∶45（以三产比重每年提高约0.5个百分点、一产比重每年下降0.5个百分点计算计），两型产业比重将达到77.6%（三产全部为两型产业，二产的两型产业比重为60%，一产两型产业的比重为50%）。

到2020年，长株潭三市的GDP将达到19800亿元（地区人均GDP达到11万元，三市总人口1800万人——依据《长株潭城市群资源节约型和环境友好型社会建设综合配套改革试验总体方案》），一、二、三产业比重调整为2∶47∶51（二产比重每年下降0.8个百分点，三产比重每年上升1.2个百分点），两型产业比重将达到90%（三产全部为两型产业，二产的两型产业比重为80%，一产两型产业的比重为70%）。

四　两型发展评价指标体系

如何对长沙县的两型发展状况进行科学评价？课题组认为，评价必须结合《长株潭城市群资源节约型和环境友好型社会建设综合配套改革试验总体方案》（以下简称《总体方案》）的要求和精神进行。两型发展评价，既是对长沙县近年来发展状况的评价，也是对《总体方案》落实情况的检阅。

《总体方案》提出，长株潭资源节约型和环境友好型社会建设的主要任务是要探索走出“六条新路子”：新型城市化规划与发展的新路子，新型工业化的新路子，资源节约和环境友好的新路子，综合基础设施建设的新路子，城乡统筹发展的新路子，体制机制创新的新路子。

依据上述要求，课题组从以下五个方面构建两型发展评价指标体系：经济发展、民生幸福、资源节约、环境友好、政府效率。

经济发展：当代中国首要的、基本的问题，仍然是发展问题。科学发展观仍然强调以经济建设为中心，经济发展是其他各项事业的物质基础。不论资源节约，还是环境友好，只有在发展的基础上去谈，才有实质意义。本部分包含“经济发展水平指数”和“经济发展质量指数”。“经济发展水平指数”，主要反映地方经济发展水平和发展速度的快慢，用人均 GDP、人均 GDP 增速、人均财政预算收入等三个指标衡量。“经济发展质量指数”用园区规模工业增加值占规模以上工业增加值的比重、高新技术产业增加值占 GDP 比重、研发投入占 GDP 比重等三个指标衡量。

民生幸福：提高人民群众生活水平，是社会主义事业发展的落脚点。关注群众生活品质和幸福感，是科学发展观的根本要求。幸福程度是社会发展成果和资源节约水平、环境友好水平的综合反映。本部分可以从客观和主观两方面进行衡量，客观指标主要包括城乡居民收入水平、恩格尔系数、城镇社会保障综合覆盖率、农村养老保险覆盖率等四个指标；主观指标主要是幸福感调查数据。

资源节约：本部分可以用万元 GDP 能耗、新能源比重、万元 GDP 新鲜水耗用量、工业“三废”综合利用率等四个指标来衡量。

环境友好：本部分可以用工业废水排放达标率、工业烟尘排放达标率、城镇污水处理率、生活垃圾无害化处理率等四个指标来衡量。

政府效率：政府效率是建设“两型社会”的重要影响因素，也是《总体方案》提出的体制机制创新的重要要求，可以用政府行为规范化指数和行政审批效率两个指标来衡量。

综上所述，课题组构建了两型发展评价的指标体系。

表 3－3　两型发展评价指标体系

一级指标	二级指标
经济发展	人均 GDP 人均 GDP 增速 人均财政预算收入 园区规模工业增加值占规模以上工业增加值的比重 高新技术产业增加值占 GDP 比重 研发投入占 GDP 比重
民生幸福	城乡居民收入水平 恩格尔系数 城镇社会保障综合覆盖率 农村养老保险覆盖率 居民幸福感指数
资源节约	万元 GDP 能耗 新能源比重 万元 GDP 新鲜水耗用量 工业“三废”综合利用率
环境友好	工业废水排放达标率 工业烟尘排放达标率 城镇污水处理率 生活垃圾无害化处理率
政府效率	政府行为规范化指数 行政审批效率

五　两型发展的评价方法和评价结果

在两型发展评价指标体系构建完毕之后，要对长沙县的两型发展水平进行科学评价，主要的问题是选择合适的参照系。

课题组选择了以下三个参照系，从不同角度来评价长沙县的两型发展水平。

（一）既定目标实现程度

《长株潭城市群资源节约型和环境友好型社会建设综合配套改革试验总体方案》以及《长沙县资源节约型和环境友好型社会建设综合配套改革试验五年行动计划（2008—2012）》为长沙县两型发展设定了一系列目标。截至2011年末，长沙县GDP达660亿元，财政收入达100亿元，工业总产值达1500亿元，提前一年实现或超过了既定经济发展目标。生态环境指标方面，2011年长沙县环境污染治理投资额34653万元，比上年（下同）增长72.8%；工业二氧化硫排放量3707吨，下降63.4%；工业废水排放总量1261万吨，工业废水排放达标率为99.7%，提高2.1个百分点；工业废气排放总量33813.8万标立方米，工业烟尘排放量达标率97.4%，提高3.2个百分点；工业固体废物产生量3.1万吨，工业固体废物综合利用量2.48万吨，“三废”综合利用产品产值27608.1万元，增长4%；城镇污水处理率为100%；全县生活垃圾无害化处理率为100%；县城空气质量优良率达93%，提高0.9个百分点，提前4年实现或基本实现了《长株潭城市群资源节约型和环境友好型社会建设综合配套改革试验总体方案》提出的2015年发展目标。

由此可见，长沙县在经济社会快速发展的基础上，对照《长株潭城市群资源节约型和环境友好型社会建设综合配套改革试验总体方案》提出的发展目标，已成为两型发展的先行地区。

（二）与全国平均发展水平的比较

从经济发展和民生幸福来看，长沙县的发展水平已经超过了全国平均水平。2003年以来，经济一直以超过15%的速度增长，远超同期全国平均水平。居民收入方面，长沙县城镇居民收入相当于全国平均水平的110%；农民居民收入相当于全国平均水平的204%，城乡居民收入比仅为 1.69，远低于全国平均的 3.13。

从资源节约和环境友好相关指标看，由于长沙县近年来环保投入比较大，因此经济结构调整成效显著，资源消耗强度逐步呈现下降的态势，经济发展对环境的影响日趋减少，生态环境整治和修复的成效也较为显著。从相关指标上分析，工业废水排放达标率、城镇污水处理率、生活垃圾无害化处理率、空气质量优良率均处于全国领先水平。

综上所述，长沙县在经济发展和民生幸福方面取得了显著成效，经济社会发展的主要指标高于全国平均水平；资源节约和环境友好方面，长沙县的主要指标已经在全国居领先水平。

（三）与周边县市发展水平的比较

总体上看，长沙市下辖各县市区近年来都发展较快，经济发展、民生幸福和资源节约、环境友好各项指标都获得了较快增长。

为了便于比较长沙县与周边县市区的发展水平，课题组以表 3－3 所列的指标体系为基础，分别对各项指标赋予权重，并依据“在比较中得出结论”的方法，计算出了得分（考虑到政府效率相关指标的数据无法获取，评价计算未考虑这一项；此外，幸福感的调查未能进行，权重设为 0）。

由于长沙县除个别指标（如城镇居民人均可支配收入）外，大多数指标在长沙市居领先水平，因此，长沙县的“两型发展指数”在长沙市下辖各县市区中也处于较高水平。运用 2011 年数据计算出的结果表明，长沙县“两型发展指数”为 91.5，在长沙市下辖各县市区中居第一位。

第四章

两型发展与新型工业化

改革开放以来，长沙县把握毗邻省会和交通便利的优势，积极吸引外来投资，大力建设工业园区，工业经济发展取得了令人瞩目的成就，由一个封闭型、温饱型的农业县转变为开放型、小康型的工业大县，成为著名的“三湘第一县”。2007年底，长株潭城市群获批全国资源节约型和环境友好型社会建设综合配套改革试验区后，长沙县抢抓两型社会建设的历史机遇，围绕“转变方式、调优结构、城乡一体、普惠民生”的总体要求，强力推进“领跑中西部，进军五十强”发展战略，以结构调整为主线，以创新发展为动力，以项目建设为抓手，以要素保障为支撑，不断提高工业发展的质量和效益，抢占“又好又快、科学跨越”的制高点，走出了一条集约发展、结构优化、科技支撑、高端迈进的新型工业化道路。

一　长沙县新型工业化的主要成就

（一）工业经济规模逐年扩大

工业总产值逐年迈上新台阶，2008年，全县工业总产值突破800亿元大关。到2010年，全县工业总产值达到1120亿元，比“十五”期末增长237.8%，年均增长27.9%；完成工业增加值345.7亿元，比“十五”期末增长256.3%；完成规模工业总产值1020亿元，比“十五”期末增长262.4%，年均增长29.7%；完成规模工业增加值312.9亿元，比“十五”期末增长262.2%。规模以上企业387家，比“十五”期末增加146家；亿元企业个数80家，比“十五”期末增加38家。

2011年，全县工业增幅进一步加快，实现工业总产值1556.5亿元，比上年增长30.2%，实现工业增加值506.2亿元，比上年增长22.5%，快于全县GDP增速5.6个百分点。工业增加值占地区生产总值的比重达到63.3%，比“十一五”初期提高18个百分点。全县主要工业品产量明显上升。2011年，生产挖掘、铲土运输机械1.7万台，比上年增长89.5%；混凝土机械1.7万台，同比增长69.4%；压实机械1831台，同比增长47.4%；纸制品96吨，同比增长38.1%；皮革服装37.7万件，同比增长25%；水泥503.5万吨，同比增长6.6%。

（二）工业经济效益持续增长

加快推进产业转型升级，全力打造“中国工程机械之都”和“湖南汽车产业基地”。通过积极推进广汽菲亚特、陕汽环通二期、众泰江南二期、山河智能叉车生产线等重大项目建设，工业发展实力全面提升，工业运行质量不断提高。2010年，规模以上工业实现主营业务收入1051.6亿元，比上年增长35.7%；实现利润123.4亿元，增长63.5%；实现利税169.2亿元，增长58.8%。工业经济效益综合指数达到304.6，比上年提高39.9个点。总资产贡献率20%，增长3.7个百分点；流动资产周转率1.9次；成本费用利润率13.1%，提高2.3个百分点；全员劳动生产率261449元/人，提高18.9%；产品销售率99.4%，提高1.4个百分点；资产负债率60.5%，提高1个百分点；资产保值增值率126.8%，下降0.1个百分点。

2011年，规模工业企业实现主营业务收入1459.9亿元，同比增长40%；实现利润总额153.2亿元，同比增长25.2%；实现利税总额212.4亿元，同比增长26.5%。赢利企业258家，赢利面91.8%。规模以上工业企业经济效益综合指数达319.1，比上年提高14.5个点；利润总额达 153.2 亿元，增长 25.2%；2011 年完成固定资产投资 369.4 亿元，同比增长 25.6%。完成工业技术改造投资 161 亿元，同比增长 62.3%。

（三）产业结构不断优化升级

通过兼并重组，战略引资，工业发展实力大大提升。到“十一五”期末，长沙县工程机械和汽车零部件制造产业产值分别达到 403.9 亿元和 155.7 亿元，增长了 43.6% 和 30.7%；两大产业在工业中的总比重达到 64%，占全部规模工业产值的 73.6%。建立起各类工程技术研究中心和企业技术中心 51 家，经济增长方式加快向依靠科技创新转变。2010 年，全县工业增加值占 GDP 的比重由“十五”末的 50.6% 上升至 59.5%，工业对全县经济增长的贡献率由 63.8% 上升至 77.4%，工业主导作用进一步凸显。

2011 年，长沙县规模以上重工业实现增加值 386.6 亿元，增长 36.3%，增速高于轻工业 27.3 个百分点。重工业增加值占规模工业增加值的比重达 92.8%。工程机械、汽车及零部件、电子信息三大产业分别实现产值 915.7 亿元、200.7 亿元和 18.1 亿元，分别增长 49%、6.1% 和 6.6%，三大支柱产业产值占全县规模以上工业总产值的 79.8%，对规模以上工业增长的贡献率达 88%，比 2010 年提高 3.3 个百分点；拉动全县规模以上工业增长 29.5 个百分点。

（四）园区工业和大企业带动作用明显

坚持走优化园区结构、促进产业集群发展的道路，全县形成了以长沙经济技术开发区为核心，以星沙产业基地、暮云、榔梨、干杉、江背、黄花、金井、安沙等八个工业园区为配套的“一区八园”产业格局。“一区八园”生产稳步增长，2011 年实现规模以上企业工业总产值 1377.2 亿元，比 2010 年增长 34.5%，占全县规模以上企业工业总产值的 97%。不断强化经开区的龙头作用。截至 2011 年底，区内拥有企业 482 家，其中规模以上企业 99 家，世界 500 强企业 26 家。经开区形成了以工程机械和汽车及零部件为主导，以电子信息、新材料等行业为辅助的产业格局。2011 年，经开区规模以上企业工业总产值达到 1191.6 亿元，比 2010 年增长 33.5%，占“一区八园”规模以上企业工业总产值的 86.5%。2010 年，三一、山河智能等 5 家企业跻身“国家级技术中心”行列，同心实业、北汽福田等 12 家企业被认定为“省级技术中心”。品牌建设取得新的突破，三一集团、山河智能、圣保罗地板等 10 家企业获得中国驰名商标，力元新材、果福车业、同心实业等 50 家企业获得湖南省著名商标；三一重工、远大空调、好韵味等 3 家企业获中国名牌产品称号，长丰汽车、千山制药、开元仪器等 36 家企业获得湖南省名牌产品称号，园区工业成为支撑工业经济增长的主导力量。

（五）工业化科技投入逐渐加大

近年来，长沙县工业研发投入力度不断增加。“十一五”期间，长沙县共投放工业发展资金 5060 万元，争取中央及省、市各项资金 1.92 亿元；累计开发新产品 1549 个，获得省市优秀新产品 89 个，累计投入研发费用 65.4 亿元。2011 年，规模工业企业提取技术开发费 34.5 亿元，占规模工业总产值的比重由 2010 年的 2.2% 提高至 2.4%。截至 2011 年底，全县拥有高新技术企业 95 家，占规模工业企业总数的比重为 33.8%；实现高新技术产业产值 1142 亿元，同比增长 35.7%；高新技术增加值为 347.8 亿元，增长了 37.7%，占规模以上工业增加值的比重由 2010 年的 77.4% 提高至 83.5%。工业企业的科技创新意识不断增强，科技进步对工业经济的推动作用日益明显。

（六）节能减排成效明显

长沙县把工业领域节能减排作为推动两型发展的突出重点，2008 年以来共关停金井宏伟造纸厂、长旺制革厂等高污染、高排放、高消耗企业 15 家，淘汰落后产能 117.4 万吨。全县规模以上工业企业能源消耗逐年下降，2010 年规模以上工业企业万元 GDP 能耗比“十五”末下降了 1.28 个单位。进入“十二五”，长沙县节能减排工作成绩更加突出。2011 年，单位规模工业增加值能耗比 2010 年降低了 19.09%。淘汰落后产能工作深入开展，粗略计算，年节约标准煤约 13 万吨，减少二氧化硫排放 8735 吨，减少 COD 排放 280 吨。

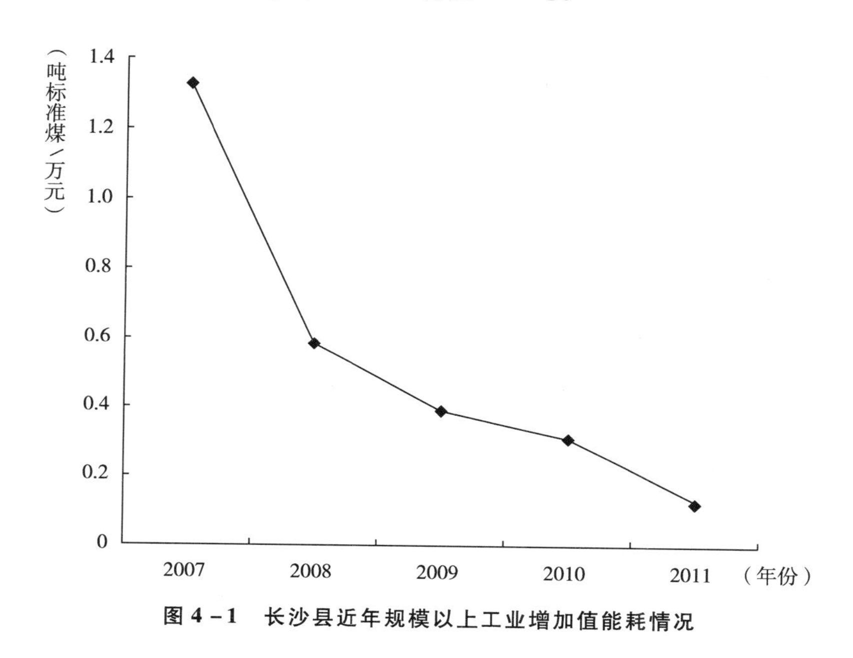

图 4-1　长沙县近年规模以上工业增加值能耗情况

二　长沙县推进新型工业化的基本做法

近年来，长沙县以两型社会建设为动力，建立健全工业经济发展的体制机制，实施产业分类发展，推进工业管理、城市管理、政府机构、行政审批、财税和投融资等体制机制改革，先后出台《关于鼓励和促进工业发展的若干规定》《进一步促进工业经济又好又快发展的若干规定》《建立工业产业发展长效机制的若干意见》等政策文件，率先在全省出台并实施重大事项决策程序规定，初步构建了重大事项“公众参与、专家论证、风险评估、合法性审查、集体决策”的决策机制，努力实现工业发展的“四个转变”：在指导思想上实现了从建设“工业大县”向建设“工业强县”转变，在发展战略上实现从“大抓工业”向

“抓大工业”转变，在项目引进上实现从“招商引资”向“招商选资”转变，在发展方向上实现从“速度扩张型”向“质量提升型”转变。

（一）实施“园区兴县”战略，做大做强优势产业集群

长沙县区位优越、交通便利，具备发展工业经济、建设工业园区的良好条件。在发展中，长沙县始终按照“工业聚合园区、园区振兴经济”的思路，全力推进包括国家级长沙经济技术开发区和暮云、黄花、榔梨、干杉、安沙、金井、江背、星沙等八个专业园区（基地）在内的“一区八园”建设，通过园区建设为先进制造业提供聚焦发展平台。在主城区和各工业园区大力推进道路及水、电、气、通信、现代物流等配套设施建设，着力营造一个个环境优美、配套完善、功能齐全的现代化新市镇和工业园。先后出台了《关于支持工业园区发展的若干意见》《关于加快工程机械、汽车制造等主导产业发展的若干意见》等政策，积极兑现鼓励企业做大做强、技术升级、品牌战略和园区发展等各项奖励政策。按照“积极稳妥、分步实施”的原则，不断推进和深化管理服务体制改革和行政审批制度改革，尽可能减少审批事项，精简审批环节，提高办事效率，黄花、榔梨工业园及星沙产业基地实现由经开区托管。重点推进经开区的汽车产业配套园、工程机械配套园等“园中园”建设以及星沙产业基地、榔梨工业园、干杉汽配工业小区等乡镇重点园区建设，吸引相关企业入园发展，努力壮大骨干企业，发展配套企业，构建横向成群、纵向成链的产业格局。至2012年底，园区在工程机械方面，先后引进和培育了三一重工、中联重科、山河智能、中铁轨道等一批大型工程机械制造企业，形成了优势明显、配套完善、发展势头强劲的产业集群。其中三一重工、中联重科、山河智能三家上市公司总市值于2007年突破1000亿元，超过国内其他工程类上市公司市值总和。三一重工和中联重科双双跻身世界工程机械50强行列。在汽车制造方面，引进了广汽长丰、北汽福田、众泰江南、陕汽环通和湖大同心等五大整车制造企业和德国博世、加拿大磐吉奥等一大批配套企业，全县汽车及零部件制造企业近200家，从业人员2万多人，并形成包括

整车、发动机、驾驶室、汽车电器、车架、货厢、汽车拉线、钢板弹簧、内饰件等较为完整的产业链条，汽车总产量占全省的六成。2012年底，工程机械和汽车及零部件两大产业产值占全县规模工业总产值的80%，两大产业无论是规模、总量，还是质量、效益，都已成为全省乃至全国同行业的排头兵。在抓好工程机械和汽车制造业发展的同时，长沙县还制订了战略性新兴产业发展规划，积极培育电子信息、新材料、电动汽车、节能环保等战略性新兴产业，促进工业产业向多元化、集群化、高端化发展。为壮大园区工业，长沙县专门出台了做好产业融资服务的政策措施，从资金支持与金融服务上，扶持优势产业和配套产业发展，广泛吸引投资、降低生产成本，提高企业应对市场风险的能力。

（二）实施"开放招商"战略，积极推进重大项目建设

随着"南工北农"发展格局的确立，长沙县以项目建设为抓手，围绕重点产业和重点项目，通过沪洽周、北京招商会等平台，吸引了一大批世界知名企业和战略投资者落户，对外开放水平大大提升。坚持开工一批、储备一批、策划一批，发挥重大项目带动作用，实现了项目向园区集聚。重点引进的广汽菲亚特、北汽福田、博世、住友轮胎、众泰江南、陕汽环通、中铁轨道等知名企业先后投产或加紧建设。突出抓好能带动产业发展的战略性新兴产业项目，能不断充实特色产业基地的创新项目，能够延伸产业链条的重大项目，着力打造"中国工程机械之都"和"汽车产业新版块"。在招商引资上始终坚持三个原则：工业项目必须进园区、必须先经招商引资领导小组批准、必须坚持环保一票否决制。着力招大引强，提高质量，突出做好项目的筛选和精选工作，严把项目准入关。2007～2011年，到位外商投资的年复合增长率达到15.5%，累计到位外商投资额达到13.1亿美元。2011年，共引进各类项目273个，比上年增加29个。其中外资项目23个，增加4个，实现到位外资33818万美元，增长16%；内资项目250个，增加25个，引进市外资金形成固定资产投资74.8亿元，增长23.5%；到位内资86.6亿元，增长13%。

同时，加大实施“走出去”战略。成立专门机构收集和研究各种招商信息，及时向企业传达国内外经贸洽谈会、研讨会、博览会等信息，近年还投入数千万元组织企业赴国（境）外考察、参展，积极鼓励企业向外开拓国际市场。三一重工近年先后在印度、美国、德国、巴西等地建立研发中心和制造基地，通过在全球吸收先进技术和高端人才、完善销售网络，抢占新的制高点。山河智能积极在东南亚、印度、巴西等新兴市场进行营销网络布局，公司海外销售额占整体销售额的比例超过10%。2011年，全县实现进出口总额22.1亿美元，比上年增长19.5%。其中出口8.4亿美元，增长10.5%；进口13.7亿美元，增长25.7%，企业国际化步伐不断加快。

（三）实施“自主创新”战略，加快经济发展方式转变

全面落实科学发展理念，狠抓企业技术改造，加快产业结构优化升级，推进经济增长方式转变，实现以提高企业自主创新能力为核心的内涵增长。通过引进智力资源、技术许可、成套先进设备、关键技术设备、合资合作开发等形式，取长补短，迅速提高企业的技术能力。在抓消化吸收先进技术的同时，注重企业自主研发能力的培养，掌握核心技术，衍生出一批国家级、省级企业技术（工程）中心。至2012年底，全县已建立各类工程技术研究中心和企业技术中心51家，其中国家级工程技术研究中心3家，各类高新技术企业69家。2011年，实现高新技术企业产值580亿元。一批重点企业的研发创新能力不断增强。三一重工专利累计申请量达1600多件，获得专利授权800多项，其高压力、超长度混凝土泵送技术已列世界的最前沿，并引领了整个中国工程机械行业的发展。加大知名品牌建设力度，积极推进企业技术创新和品牌创建，全县已拥有中国驰名商标7个、省著名商标51个、省名牌产品42个。加快推进产学研结合，全县上百家企业与60多家科研院所建立了战略合作伙伴关系。长沙县与清华大学汽车工程系联合成立了星沙汽车产业研究基地，建立了以政府为引导、企业为主体、高校为支撑的汽车产业技术合作平台。着力搞好与国家和省市的项目对接，争取一批项目

纳入国家、省市计划，形成园区持续快速发展的增长点，为推进新型工业化、提升核心竞争力奠定了坚实基础。

（四）实施“节能减排”工程，推进低碳循环发展

作为湖南省新型工业化的领军者，长沙县更加注重发展资源节约型和环境友好型经济，合理有效地开发、利用资源，努力实现经济效益、社会效益和环境效益的和谐统一。县财政每年安排工业节能资金300万元，推动工业节能减排。以水泥、造纸、冶炼、制革等高排放、高污染企业为重点，制定实施节能减排实施方案，大力淘汰落后产能。围绕用能设备的更新改造、高效节能技术及产品的推广应用，组织实施重点节能工程。2007~2011年，共有174家工业企业投资近7亿元进行节能技术改造并申报国家、省、市、县各级节能专项资金，有99家企业单位享受国家级、省级、市级节能专项资金支持1852.5万元（其中县级节能专项资金500万元）。上述企业的节能项目年节约标准煤达14.2万吨，减少废水排放15万余吨。2009~2011年，全县工业企业环保投入累计达6.44亿元。磐吉奥（湖南）工业有限公司投入400多万元用于地源源热泵及配套系统、碳氢清洗设备改造等方面节能技术改造，取得了显著的经济效益，每年直接或间接节约用电75万千瓦时，节水2000吨，节约原煤1500吨、玛泵润滑油365吨。围绕企业生产经营的各个环节，按照国家节能减排的相关政策和规定，从细微处着手，采取措施杜绝跑冒滴漏现象，减少资源浪费。严格执行高耗能产品限额标准，实施耗能设备能耗定额管理制度，对于新建、改建和扩建项目，按节能设计规划和用能标准建设，根据产业政策淘汰落后的高耗能、高污染工艺、设备和产品，安排节能研发专项资金并逐步增加，制定并实施完成年度节能技改计划。加强“三废”利用和处理，企业“三废”实现逐年减量与回收再利用，固体废弃物处置利用率和工业用水充分利用率有效提高，开发应用资源循环利用的关键技术，从资源消耗的源头减少排放，化害为利。建立环保评估机制，新引进项目首先进行环保评估论证，评估合格才能批准

立项，凡达不到环保要求的企业，坚决采取措施整改或关停。

（五）实施“典型引路”工程，组织两型企业示范创建活动

制订实施两型企业创建行动计划，广泛宣传国家有关节能环保的法律、法规和政策，加强对企业法人的两型发展教育和引导，大力宣传倡导节约型生产方式和消费方式。县政府成立了“两型企业”示范创建活动领导小组，全面分解落实企业示范创建工作的任务目标，深入企业研究解决示范创建工作中遇到的难题，加强对企业示范创建工作的检查考核，确保各企业将创建示范活动要求落到实处，带动长沙县企业积极参与两型企业建设，在全县工业经济领域营造了节约集约发展的良好氛围。2008 年，积极争取中央财政资金 675 万元支持印山实业集团印山台水泥有限公司建设的 10 兆瓦纯低温余热发电技改项目，投入运行之后年发电 6900 万千瓦时，相当于年节约标准煤 2.4 万吨。大力支持长沙河田白石建材有限公司建设日产 4000 吨熟料新型干法旋窑生产线，配套建设纯低温余热发电装置项目，该配套的余热发电项目总投资 3000 多万元，年发电量 2800 万千瓦时，年节约标准煤达 1 万吨。

三　长沙县工业发展存在的问题及展望

（一）存在的问题

1. 科技创新能力有待进一步增强

长沙县科技基础仍然比较薄弱。突出表现是科技人才机制不活，优秀人才流动较为频繁；科技投入体系不全，社会投入比例仍然过少，风险投资基金还需筹建。同时，科技服务平台不多，科技资源利用率仍然不高。2012 年底，长沙县规上工业拥有各类专业技术人员 22406 人，占规模以上工业企业从业人员的 15.3%，与其他创新型地区相比，差距较大。另外，尽管全县高新技术产业增加值达到 348.1 亿元，占 GDP 比重为 44.1%，但仍有较大发展空间。

2. 产业链还不够完善

长沙县工业产业处于产业链中端的还有较大比重，许多企业原材料、销售“两头在外”，产业链脱节问题严重。另外，企业产品结构较为单一，在应对强烈的市场波动时抗风险能力相对较弱。企业的市场核心产品还有待强化，市场竞争力不足。比如，长沙县汽车产业中汽车车身、车架等低技术含量的打磨型配件企业较多，而技术含量较高的发动机、变速器等核心配件生产企业还是空白。

3. 产业结构需要进一步优化

2011 年长沙县轻、重工业比为 7.9∶92.1，食品、建材传统产业分别占全县规模工业总产值的 5.1% 和 2.4%，而工程机械、汽车及零部件、电子信息三大产业占规模工业总产值的比重为 79.9%。产业单一化、轻重工业发展失衡等问题仍然是长沙县工业长期健康发展的隐忧。全县规模以上中小企业 280 家，占规模企业总数的 98.2%，而年产值 10 亿元以上的企业仅 14 家，发展具有核心竞争力、带动力的大企业集团仍是未来关注的重点。

4. 企业两型发展还有较大空间

部分企业管理较为粗放，节约集约发展意识比较淡漠，政府对节能减排等配套政策还有待完善，一些企业在转型升级过程中的资金投入、职工安置、资产和债权债务处置以及后续发展等方面困难较大，市、县两级财政安排的补助和引导资金较少。对新上项目的资源利用和环保标准还需要进一步调整和规范，以“减量化”为核心的企业清洁生产标准和规程还有待细化研究和全面推广，企业“三废”回收再利用率还不够高，资源循环利用的关键技术不足。环境综合执法力量和执法力度还有待进一步强化。

（二）发展趋势

1. 发展思路

“十二五”及未来一个时期，长沙县将进一步以落实国家和省市推动综合配套改革试验区建设的战略部署为动力，按照“率先基本建成两型城市”和“争当排头兵，领跑中西部，进军前十强”的目标要求，以促进资源节约、环境友好为主线，加快新型工业化进程，以新型工业化带动和支撑城镇化与农业现代化联动发展，夯实两型社会建设基础，全面提升可持续发展能力和科学发展水平。通过编制和完善工业两型标准、推广两型技术、加强设施建设、建立长效机制等途径，培育一批两型示范单位，形成可以复制推广的经验和模式，当好两型发展的先行者和排头兵。

2. 发展目标任务

到“十二五”期末，预计全县工业总产值达到3000亿元，年均增长23%，工业利税达280亿元，年递增率23%，努力打造工程机械、汽车及零部件两个“千亿产业集群”；全县工业投资累计超过1260亿元，年均增长30%；着力打造一大批亿元企业，其中工业年产值过500亿元的企业1家、过100亿元的企业5家、过50亿元的企业6家，亿元企业达到120家以上；万元GDP综合能耗和污染物排放指标显著下降，实现单位GDP综合能耗比“十一五”末期降低20%的目标。

汽车及零部件产业以长丰汽车、北汽福田、江南众泰、德国博世等企业为核心，随着陕汽重卡、广汽菲亚特的量产，上海大众的签约，长沙县汽车产业将有一个大的跨越。预计到2015年，汽车及零部件产业总产值将达到1000亿元，年均递增38%。工程机械产业以三一集团、中联浦沅、山河智能等核心企业为龙头，通过加快槊梨浦沅配套产业园建设，大力发展工程机械配套企业群，不断完善产业链。到2015年，工程机械总产值将达到1400亿元，年均递增21%。新材料产业方面着力发展以力元、瑞翔等核心企业的壮大，建立完善的产业集群。到2015年，新材料产业产值力争突破150亿元。农产品加工产业以湘丰集团、金山粮油等农业产业化龙头企业为核心，预计2015年产值将突破150亿元。

3. 发展措施

一是加强产业发展导向。按照落实科学发展观、走新型工业化道路的要求，鼓励发展高新技术产业和高端、高效、高辐射力的现代制造业。抓住国际产业转移机遇，围绕优势支柱产业，重点引进产业带动性大、环境友好的项目。坚持产业发展“有进有退”的原则，坚决退出高能耗、高物耗、高污染、低附加值产业；继续加大对非金属矿物质制造等传统产业的升级改造力度；依法淘汰落后工艺技术；坚决关闭破坏资源、污染环境和不具备安全生产条件的“五小”企业。

二是推进工业布局调整。以实施长沙县城市总体规划为契机，进一步优化全县工业布局。根据区域功能定位，确定产业差别化发展战略。经开区重点发展高新技术产业和制造业中的高端产业，各乡镇工业园区大力发展各自特色主导产业和配套产业，没有工业园区的乡镇重点发展现代农业和劳动密集型的农产品加工业等，进一步推动农村城镇化、现代化建设步伐，促进城乡协调发展。

三是建立产业筛选评价机制。建立和实施产业筛选评价机制、项目综合评价制度。转变增长方式，提高资源综合利用效率。以节能、节水、节材、节地为重点，制订并发布土地投资强度、产出效率、产业能耗水耗、环保、就业及产业带动效果等相关标准，作为产业培育、项目筛选的重要依据，实施差别化的区域准入政策，实现工业的协调、可持续发展。

四是提高各工业园区建设水平。深化工业园区管理体制改革。整合现有工业园区，加强管理、合理规划、有效开发，充分利用工业园区土地资源，进一步加快基础设施建设。完善产业布局导向。明确工业园区产业定位，突出产业特色，进一步推动园区专业化；强化产业空间约束，通过鼓励重大项目入园，大力推进工业向工业园区、产业基地集中；以产业链为基础，加速产业集聚，优化产业生态环境，形成若干特色突出的产业集群。搞好产业配套，搭建专业化的公共服务平台，促进人才、市场、技术、信息等方面的共享和流动。

五是增强自主创新能力。加强对企业自主创新的支持，促进高新技术成果产业化，充分发挥长沙市科研院所、高校的创新资源优势，建立产学研联合的长效机制；支持企业建立技术中心；鼓励企业以兼并收购国内外技术团队和科研平台等方式推动技术创新；扶持具有自主知识产权关键技术的产业，支持企业参与或发起制定国家标准及国际标准。加大品牌战略实施力度，制定加强工业品牌建设的措施，构建强有力的品牌培育平台，提升全县制造业的品牌孕育能力。

六是发展循环经济。强化政府导向作用。加快推广普及清洁生产，从企业层面推进以“减量化”为核心的清洁生产，结合长沙县实际制定并推行工业企业的清洁生产标准和固体废弃物分类标准；组织认定清洁生产的主要技术领域，通过项目示范，加强技术研发和推广。从区域循环减量化着手，改善工业园区的环保管理体系；搭建工业循环经济技术、信息平台，加强国内外技术交流与合作，加快循环经济重点技术难题的解决；出台工业系统再生资源产业发展的专项规划、政策法规和标准，制定工业废弃物综合利用的工作方案，研究制定节能降耗、资源再利用及相关环保产业的鼓励政策和支持措施。

第五章

两型发展与新型城镇化

《湖南省国民经济和社会发展十二五规划纲要》提出，“坚持走资源节约、环境友好、经济高效、大中小城市和小城镇协调发展、城乡互促共进的新型城镇化道路，把优化城镇布局与培育城市群主体形态结合起来，把增强城市综合承载能力与提升以城促乡辐射带动功能结合起来，促进城镇化快速、有序、健康发展”。长沙县地处长株潭城市群核心区，担当着大城市功能外溢的蓄水池功能，为大城市发展提供土地空间资源和基础条件，同时肩负着完善自身功能、融入长株潭城市群发展的重大任务。

近年来，长沙县充分发挥本县地理、人文、政策等优势，按照宜农则农、宜工则工、宜商则商、宜居则居、宜游则游的思路，坚持城乡居民点发展相对集中，适度分散，与城乡功能相结合，与自然生境相融合，积极探索空间布局合理、服务功能齐全的专业性、特色化城镇建设，初步形成符合“两型发展”规律的城镇化建设模式，努力使长沙县成为新型工业化、新型城市化的先行样板，成为节约集约发展和生态文明的示范窗口，成为具有国际品位的创新创业之都、宜居城市、幸福家园。

一　引导生产力和城乡居民点聚落体系合理布局

（一）以现代城市群规划理念为指导，全面推进与长沙市的融合发展

自 1996 年 1 月 30 日县治搬迁至星沙开发区以来，长沙县打破原开

发区以经济技术产业为主体的规划格局，按照全县的政治、经济、文化中心谋篇布局长远发展。长沙市总体规划（2003—2020）将星沙地区划入城市规划区，2005年长沙县城总体规划修编、2009年“长沙星沙新城概念规划”等全面落实长沙市总规要求，重点发展星沙新城。2011年制订的长沙县城乡一体化发展规划，进一步探索城乡一体化发展的路径与模式，合理布局城乡空间，促进城乡资源合理配置，经济社会要素自由流动，改善城乡二元经济关系，统筹城乡社会发展。规划提出构建“三轴、三区、通道+枢纽”的城乡空间结构，实现县城外与长沙市区全面融合、县域内分类发展。

1. 通过三轴全面对接长沙市区

一是继续加强北部现状城镇产业发展轴，随着轨道交通3号线的建设和长永高速北迁，进一步加强与长沙市联系。二是进一步加强中部长沙—机场发展轴，沿机场高速、远大路和轨道交通6号线形成中部发展地带。三是推动南部长沙—高铁—CBD发展轴，利用武广高铁站建设服务长株潭城市群的CBD地区，辐射干杉、江背等地区，成为长沙县域与长沙市区联系的重要发展轴。

2. 实施三区功能分类发展

一是中部新型城镇化地区。依托空港、高铁等战略资源和经开区的产业聚集优势，高效、集约化发展第二产业；发挥城市近郊区优势，重点发展乡村地区生态、休闲、居住等功能；建设现代化、网络式的城乡交通系统，实现“居住在乡村、工作在城镇”的新型生活、就业模式，以及与之对应的城乡空间格局。二是北部现代农业示范区。大力发展现代农业，依据自然条件培育若干专业化生产的农业区域；依据农业专业化发展的需求，建设小而精的新型农业城镇；建设快速交通干线，串联主要乡镇，形成点轴状村镇空间结构。三是南部创新发展地区。利用处在长、株、潭三市中心的区位优势和自然生态资源，发展旅游服务休闲产业、高新技术研发业、文化创意产业等高附加值、与生态环境高度融合、集中服务长株潭城市群的特色服务产业；形成绿色生态、经济繁荣、城乡有机融合的空间形态与特色化城镇发展路径。

3. 通道 + 枢纽，密切城乡联系

采取“通道 + 枢纽”的理念，建设高效、便捷的交通体系，促进城乡经济社会要素自由流动；将集约、紧凑和功能性强的中心镇作为服务广大乡村的枢纽，将城市服务设施和功能向乡村延伸，形成城乡互动的多种生活就业模式。

重点发挥高铁、空港的门户区位优势，加快城市功能集聚发展。星沙新城充分利用得天独厚的区位与交通优势，不断加快招商引资发展步伐。一是发挥武广高铁优势。2010 年建成通车武广高铁，极大地扩展了长沙县围绕高铁枢纽形成的两小时经济圈，部分新的区域商业活动迁入，引发与商务职能配套的商业、休闲、旅游等功能相应增长。京广高铁全线通车后，这一潜在优势将得到全面释放。二是发挥黄花机场空港优势。目前黄花机场客货量增长率均高于全国机场平均增长率，是中部地区最繁忙的枢纽机场。空港的建设发展促进了临空经济的发展，形成由空港区、紧邻空港区、临近空港区、外围辐射区等组成的临空经济区。一些高科技制造业、研发机构、商业贸易、客服中心以及仓储、批发零售、会展、金融银行、休闲娱乐、卫生保健等现代服务业在此布局发展。目前，星沙新城地区受武广高铁枢纽、长沙黄花机场的叠加作用，已经成为长株潭对外联系的重要门户地区，混合型高端服务业和先进制造业在此得到快速发展。尤其是国家级经济技术开发区与黄花空港、武广高铁客运站三大战略型资源在同一个区域聚集，更是星沙新城地区拥有的国内独一无二的战略空间资源优势，在科学规划指引下，必将进一步强化战略资源带动产业发展的乘数效应，成为长株潭区域经济发展的重要增长极。

（二）集中规划布局重大项目建设，努力探索产城一体、镇园融合发展新模式

以星沙新城为重点，集中谋划布局重大项目建设。星沙新城位于长株潭城市群核心区东北部，规划区东距长沙市中心区 12 公里，南距株洲市 25 公里，交通便利，有京珠高速、机场高速、107 国道、319 国道

等区域干线穿过。规划区总面积805平方公里，包括长沙县县城（星沙镇）、国家级长沙经济技术开发区以及榔梨镇、黄花镇、黄兴镇、果园镇、春花乡、干杉乡和黄花机场，是长沙县城乡一体化发展的核心经济区。2012年底，国家级长沙经济技术开发区依托三一重工、山河智能、中联重科、长丰、远大等一批本土自主品牌和自主知识产权的行业龙头企业，积极推动产业集群发展，不断延长产业链，增加产业附加值，初步形成了工程机械、汽车、电子信息、新型材料等四大支柱产业，尤其是工程机械具有国际性竞争实力。同时吸引百事可乐、可口可乐、博世等一大批世界500强企业进驻。

针对过去开发区产业布局严重重复、集群集聚效应不突出、产业升级任务艰巨，以及产业园区道路、管网、环保、物流等配套设施相对滞后等多方面发展问题，遵循“人本、低碳、宜居、创业”的理念，编制了星沙产业基地概念性规划，大力推进“园区经济”向“城市经济”发展转型。规划有针对性地提出“三个1/3”的均衡开发理念，即1/3发展工业，1/3发展基础设施建设、房地产和商贸服务业，1/3发展为生产配套的服务业。在大力引进优质工业项目的同时，将学校、医院、银行、商场等配套服务设施作为招商引资重点，引进“幸福家园”廉租房、湖南省技师学院、长沙县职业中专实训基地等项目，实现了产业基地的生产生活功能配套。妥善处理好各类用地需求。最大限度地保护基本农田和农民利益，保全自然地貌，保证产业发展和基础设施建设的用地需求。

在全县空间谋篇布局工业园区，加大现有园区提质转型整合力度。经过整合，形成以经开区为核心，以星沙产业基地、暮云、榔梨、干杉、江背、黄花、金井、安沙等八个工业园区为配套的“一区八园”产业格局。2011年，“一区八园”实现规模以上企业工业总产值1377.2亿元，比2010年增长34.5%，占全县规模以上企业工业总产值的97%。2007~2011年，“一区八园”规模以上企业工业总产值的年复合增长率达到32.5%。在新开发的星沙产业基地上进行产城融合试点。着力打造产城融合的典型示范园区。成立于2009年的星沙产业基地，规划总面积15.12平方公里，2012年底已成功入驻企业24家，其中上市公司4家，世界500强企业1家，总投资近100亿元，预计全部投产后年总产值约200亿元。狠抓经开区这一园区经济发展的龙头。截至2011年底，区内拥有企业482家，其中规模以上企业99家，年产值过亿元企业50家，其中世界500强企业26家。2011年，经开区规模以上企业工业总产值达到1191.6亿元，比2010年增长33.5%，占"一区八园"规模以上企业工业总产值的86.5%，占全县规模以上企业工业总产值年复合增长率的33.2%。2012年，经开区预计规模以上企业工业总产值可达到1400亿元，到2015年将形成两个千亿元规模的工业集群。

（三）围绕两型社会布局，规划发展紧凑型城镇和疏朗型乡村

两型社会建设本质上要求提高各类要素空间集聚效率，减少要素流动对空间的占有和对物资的消耗，形成要素的合理集聚与要素利用的高效化。因此，城乡空间结构的规划调整是不断提高要素使用效率的基础环节与重要手段。重点建制镇要形成集中紧凑的布局，规划发展紧凑密集的建成区，对广大的乡村地区也针对实际情况，努力实现空间上村落疏朗、建设上村庄相对集聚。

采用GIS技术，摸清了县域范围内自然村落和集镇的建设密度分布，除星沙城区、各乡镇所在地建设密度较大外，沿浏阳河、捞刀河、主要干线道路村镇分布比较密集，形成一定的连片建设区。规划针对现状村镇建设集聚程度，结合城乡交通、生态环境、发展条件、地域乡情等，选择确定了相对集中建设的中心城镇、集镇和中心村，提高了规划的科学性，减少了乡村居民点整合的难度。

1. 着力推进星沙城区建设

按照高起点、高标准、现代化、国际化的要求，持续加大对县城星沙的投入建设力度，至2012年底，星沙建成区面积已达53平方公里，常住人口35万。星沙道路交通达60多条，通车里程100多公里，黄兴大道北延一期、三一路跨线桥、滨湖路、博览路、特立西路、蟠龙路实

现通车，星沙产业基地基础设施建设加快推进，人民东路东延、万家丽北路北延、黄大道北延二期全面开工，黄兴大道南延前期工作进展顺利。城区主要干道与县域内的高速、国道、机场均实现互通，与长沙市区全面对接，商业、医疗、教育、文化、休闲、通信、环卫等基础设施日趋完善。县城东八线以西红绿灯、停车场、标线标牌、公交候车亭、公共厕所、垃圾站、治安岗亭、公益广告牌等配套设施建设有序铺开。特别是 2009 年启动了总投资 40 亿元、成湖面积 6300 多亩的松雅湖项目建设，该项目将按照生态、人文、宜居的理念，用三年时间建成湖南最大的城市生态湖泊，并通过对环湖区域的开发建设，将松雅湖建成集商贸、金融、会展、旅游、居住等功能于一体的核心经济区，成为新一轮加快城市建设和产业升级的重要起点。

2. 重点加强小城镇示范点建设

2010 年上半年，长沙市将长沙县的㮾梨、金井和开慧三个乡镇纳入全市城乡一体化示范乡镇。长沙县抓住机遇，及时出台了《关于支持㮾梨镇、金井镇、开慧乡城乡一体化试点建设的若干政策》，在规划、国土、财政、农民集中居住、项目建设等方面加大政策支持，同时将这 3 个乡镇作为扩权强镇的试点乡镇，在行政审批、财政、人事、编制、行政执法、管理等方面给予支持。至 2012 年底，三个示范乡镇三年综合投资超过 20 亿元。其中，金井镇以打造“茶乡小镇”为主题，大力推进特色现代农业发展和生态旅游区建设，培育了“金茶、金米、金菜、金薯”等四个“农”字号品牌和“金井”“湘丰”两个中国驰名商标，建成了乡村公共自行车系统，打造了 20 家示范性乡村客栈，形成了功能完善的乡村旅游载体。㮾梨镇紧紧抓住“濒临和身居省会长沙城市区域”“千年古镇”“丰富的自然水资源生态体系”三大要素，强力推进新型工业化和新型城市化建设，完成了房屋立面改造工程和“一点两线”沿线房屋整治工程，启动了城市防洪项目建设，并对汇集浏阳河的 4 条水系从水利工程、民生工程、景观工程三个角度确定了设计理念。2012 年㮾梨镇改为街道办事处以后，突出融城对接，强力推进城市化进程，年内街道范围内的工程项目达 55 项，总投资超过 15 亿元。开慧镇以“板仓小镇”作为实现城乡统筹的载体，把现代服务业、休闲观光业和现代农业结合起来，通过“市民下乡”探索出了远郊乡镇吸引人才和资本下乡的完整路径；斯洛特水街一改以往农村集镇只注重营商而忽视购物和居住环境的做法，突出强调产业发展与城镇建设、营商环境和宜居乐业的统一。

长沙县在特色小城镇建设中还涌现出金井镇金龙村、跳马镇石燕湖村等旅游名村。金井镇金龙村位于长沙县金井镇中心，占地6.1平方公里，22个自然组，629户，2347人，有效耕地面积2488亩，有生态有机茶园2291亩，村内有中心小学、幼儿园、农民学校、五保户公寓、村级卫生室、图书室、农家书屋、农民健身场地、农家乐等设施。村域内拥有民营企业5家，年产值超过10亿元。农业产业发展特色鲜明，已建成1000亩无公害蔬菜基地、1000亩超级优质稻示范区和2291亩生态有机生态茶园。目前，全村经济社会各项事业齐头并进、四个文明建设同步发展。跳马镇石燕湖村属丘陵地貌，山水交融，自然环境优美，地处长、株、潭金三角地带，交通便利发达，通信网络完善，水电资源丰富。全村总面积9.49平方公里（呈南北狭长地形），其中水田2648亩，旱地808亩，水面775亩；全村辖25个村民小组，农户920户，人口3488人。有村办集体企业1家、民营企业5家，上规模的“农家乐”有辰午山庄、雅园山庄、天赐园等，还建有享有盛名的石燕湖生态旅游公园、金茂大酒店。2005年被定为湖南省建设社会主义新农村示范村，2011年获评湖南省特色旅游名村。

3. 规范调整农村居民点

长沙县农村居民点分布非常分散，农民多沿水田边缘、山丘外沿散布。这与湘中丘陵地貌、传统农业生产方式、自给自足的生产生活环境密切相关。在两型发展中对农村居民点进行整合和集中建设，是统筹城乡发展的内在规律性要求。

在农村居民点整合布局规划中，一是顺应城镇化发展规律，适应农业生产方式、农村生活方式、农村社会结构和乡村治理结构的变化，通过政府公共服务设施、基础设施布局建设，引导农村居民点适度集中，形成“小集中、大分散”和疏朗型的乡村居民点格局。二是提高土地资源节约利用率，有针对性地降低农村人均建设用地指标，改善乡村人居环境，实现乡村生活现代化。三是构建以重点小城镇为中心的农村生产就业圈，以集镇为中心的农村生活圈，形成区域中心城镇—集镇—中心村—居民点四级城乡居民点体系。四是切实尊重农民意愿，将保护农民实际利益放在首要位置，在居民点整合布局中绝不搞政府大包大揽，绝不违背民意。

目前，长沙县村镇居民点整合主要有三种模式。一是集中发展式。现状集镇或中心村规模较大，周围有较多发展用地，且不占用良田，而其周边居民点比较分散、规模小。规划依托集镇或中心村集中发展乡村社区，引导周围居民点向中心村集聚，在中心位置建设相应的公共服务设施，发展社区中心，满足农产品加工业、旅游业、服务业等多种功能发展的需求。以果园镇为例，整合镇周边的田汉村和花果村的居民点，可腾退宅基地、增加耕地 180 公顷，使该镇人口增加 4000 人左右，既整合了农村居民点，又扩大了城镇规模，推进了城镇化进程，还节约了耕地，腾退的宅基地可以转换成城镇建设用地指标，进镇居住的部分村民仍可以从事农业生产，农业耕作半径不超过 2.5 公里。二是连片整合式。该模式适用于丘陵地区，选择交通区位优势明显、用地条件良好的村庄作为中心村，配置较为完善的公共服务设施，将周边沿不同沟谷分布的居民点分别集中，形成小型居住组团。三是城乡融合式。该模式适合城市周边村庄。积极推进城中村和城边村的改造，预留出村庄与城镇接轨的空间，把村庄建设转向社区建设，基础设施网络与城市相结合，将公共品供给纳入城镇管理范畴。

长沙县还根据资源禀赋和发展条件，将全县村庄分成五类进行指导发展。一是完善发展型村庄。发展型村庄即现状人口较多，规模较大，或随着交通等设施建设有一定发展潜力的村庄。引导这些村庄向乡村社区发展，加大公共财政投资力度，超前进行基础设施建设。并按照自身发展和迁并周边较小村庄的需要，预留发展用地，为乡村居民点重构创造有利条件。二是保留发展型村庄。对在规划内予以保留的村庄，实行规模控制、就地整治，形成良好人居环境和基础设施条件。三是特色发展型村庄。对有较好的自然景观风貌、人文旅游资源或特色产业的村庄，进一步突出特色，发展休闲旅游，在保证整体生态环境景观不被破坏的前提下，增加绿化率，适当扩大旅游接待能力。四是城镇化型村庄。即位于城镇规划建设区内的村庄，依据城镇总体规划推进村庄合并与改造，此类村庄在空间形态、建设方式、配套水平、社会管理等方面与城镇接轨。五是控制搬迁型村庄。即位于大型工程建设区（如机场扩建）或为保护生态环境需要整体搬迁的村庄。对这类村庄冻结一切建设活动，不再进行整治。

二　推动城乡经济社会和生态环境建设相协调

（一）统筹布局城乡产业发展

在城镇化进程中，长沙县提出“用城市化的理念建设新型农村，用工业化的办法发展现代农业”，2008 年确立了全县“南工北农”的总体格局，即在南部工业优势乡镇突出发展工业，在北部农业优势区域突出发展农业，重点打造生态型农业和城郊型农业。一是促进龙头企业强势增长。2012 年底，全县市级以上农业龙头企业总数达 60 家，2012 年新增授牌省级农业龙头企业 5 家。加大农业招商引资力度，2012 年全县共包装农业招商引资项目 42 个，新签约项目 14 个，增资续建项目 35 个，累计到位资金 5.92 亿元。二是发展农民专业合作社。截至 2012 年 6 月，全县农民专业合作社共有 803 家，比上年增加 277 家，其中花卉苗木专业合作社增长最快，超过 120 家。三是加大品牌建设。2012 年底，全县有“湘丰”“金井”等 6 个农业类中国驰名商标。回龙湖有机农业产业示范园种植的“博野”有机蔬菜拿到全国首枚有机“认证码”。四是全域推动现代农业旅游。农村生态休闲旅游在全县域内提速发展，金井镇完成游客服务中心、自行车租赁服务系统和 20 家乡村客栈；开慧镇启动国际露营基地建设和慧润客栈建设；北山镇上半年接待旅游人数6万人次，营业额达2000万元。五是持续推进土地流转。全县2012年上半年新增规模土地流转项目22个，新增土地流转总面积1.3万亩，其中耕地面积7600亩。2012年底，全县土地流转总面积已达35万亩，其中耕地流转面积达25万亩。

（二）加强村镇公共设施建设

集中推进供水、供气、污水处理、数字电视、公共交通“五网”下乡。在供水方面，根据长沙县城乡一体化供水规划，计划2012年底实现“镇镇通”自来水，2015年实现“村村通”自来水。2006～2011年，通过春华、果园供水工程和白鹭湖水厂管网延伸等一系列工程，全县共解决饮水不安全人口15万人，2010年全县85%以上农村人口饮用自来水。

在污水处理方面，长沙县农村集镇每年污水排放量达2500万吨，过去由于没有污水处理设施，污水直接排向塘坝、河流、水库，严重污染捞刀河、浏阳河等水体。从2008年开始，全县18个乡镇相继启动建设污水处理厂，总投资4.38亿元，建设规模为每天处理集镇生活污水8.66万吨。为解决资金、技术上的难题，长沙县成立了环境建设投（融）资管理中心，将BOT、BT、OM等先进建设经营管理模式引入污水处理厂建设中，既缩短了建设周期，又达到国内领先的乡镇污水处理水平。2012年底，一个以星沙污水处理净化中心为主体，城北、城南污水处理厂为两翼，乡镇和重点社区污水处理厂为网络的全县污水处理系统基本形成。在供气方面，大力推动以㮾梨、黄花、春华、江背、安沙等乡镇为重点的管道燃气建设，上述乡镇的天然气主管道均已实现生活供气，并向部分集镇的厂矿企业供气。在数字电视方面，全县有16.8万农户（占农户总数的76.5%）安装了数字电视。星天网络公司和各乡镇对特殊用户的有线电视收费实行了特殊减免与优惠。在公共交通方面，大力推进农村公路“村村通”工程。近年来，共投资4000万元改造50公里县乡道路，投资1.5亿元改造500公里村级道路，投资1000万元改造30座危桥。县级道硬化率100%，乡级道硬化率90%，村级道硬化率85%，农村公路通车里程、路网密度及硬化率均居全省之首，基本实现了村村通水泥路。自2011年起，陆续开通了城乡公交1号线（星沙至㮾梨）、2号线（星沙至黄花）、3号线（星沙至安沙）和城乡公交4号线（星沙汽车站至黄花机场）。2012年，投入1500万元建设城市公交候车亭203个、农村客运招呼站40个。

（三）完善农村公共服务体系

一是推进乡村学校建设。突出政府在民生工程中的主体责任，提出了“政府建校、学校办学”的工作要求，大力实施农村学校提质工程。近三年来，先后投入农村中小学建设资金31263万元，购置现代教育技术装备和仪器设备价值2250万元。二是加强农村医疗卫生设施建设。近几年，通过各级财政和政策支持，累计投入约1.4亿元，完成了大部分乡镇卫生院的新建和提质改造，按照一乡（镇）一院的原则，全面完成了乡镇医疗资源整合，全县2012年底已建成246个村卫生室。本着“满足功能、适度超前”的原则，近三年购置了数十件医疗设备，价值约4000万元，全部充实到各乡镇医院，整体上提高了各乡村医疗机构的设备装备水平。三是建设农村敬老院。长沙县逐年加大农村敬老院建设投入力度，累计投入资金7000万元，解决近900位五保老人的集中供养问题。供养标准由2008年的1560元/年提高到2011年的2160元/年。2012年底，全县共有高标准敬老院20所，其中县级敬老院1所，乡镇级敬老院19所。四是开展农村危房改造。从2004年开始，长沙县在全省率先实施农村危房改建工作，2012年计划资助600户危房改建，对一般援建户每户补助2万元，对农村低保户中因病、因灾、重残特殊困难自身无力建房户每户补助4万元。五是加强农村地区中心服务圈建设。2008年5月启动村镇商业网点建设提质工程，截至2011年底，县域范围内共有网点26748个，每千人拥有网点27个。政府投资建设城东、松雅、优之农、金茂路、㮾梨等5个骨干市场，企业投资建设了圆梦灰埠市场，私人业主租赁经营建设中南绿翠源、小塘、泉塘第一、邮苑、潇湘、筑城6个市场，12个市场共完成提质改造面积近

20000平方米，工程总投资4000余万元，其中市、县财政补贴资金约1400万元。

（四）努力为失地农民拓展就业门路

城镇化工业化发展不可避免地会占用部分农民的土地，如何解决这部分农民就业和稳定收入，是“两型社会”建设中必须面对的实际问题。为了促进失地农民和进城务工人员在县城及其乡镇就近就地就业，长沙县出台了针对农村劳动力的就业安置政策，将失地农民纳入国家就业再就业政策体系，从技能培训、职业推介等方面给予优惠待遇。2011年9月以来，共为失地农民举办计算机、电工、钳（焊）工、汽车驾驶、家电维修、美容美发、餐饮服务等各类技能培训班22期1183人次，其中936人次通过培训获得职业资格证书，培训后的“双江保姆”已成为长沙城内的驰名品牌，深受市民青睐。在星沙、黄花、榔梨等失地农民集中的地区进一步完善规范社区劳动保障管理服务中心工作程序与制度，规范发展以促进农村剩余劳动力就业为主的一批职业介绍机构，免费向失地农民提供用工需求信息，并优先推荐上岗。截至2011年，全县共转移农村劳动力15.8万人，从事职业涵盖建筑工程、机械制造、电子电器、制鞋针织、经商营销、家政服务、宾馆餐饮、休闲服务、保安等。2011年，全县农村居民人均纯收入14237元，比2009年增加4238元，年均增长率为19.3%。其中，工资性纯收入占农村居民纯收入的比重从2009年的35.4%提高到2011年的42.6%。

（五）加强城乡结合部环境综合整治

县财政安排环境综合整治资金12.5亿元，按照整治工作“全面铺开、突出重点、梯次推进、城乡同治、打造亮点”的要求，深入推进小城镇规划、住建、城管、国土、环保“五位一体”管理，重点实施开展对榔梨、黄兴、暮云、黄花、干杉、安沙、星沙、湘龙、泉塘等乡镇（街道）和机场高速入口片区、长永高速路沿线、107国道两侧，以及与长沙市连通的主要通道的环境综合整治工作，有效改变城乡接合部的脏、乱、差现象。共拆除违法建筑15万余平方米、违章户外广告2.8万平方米，拆除影响景观的搅拌场和砂石场33个。对机场沿线房屋立面全部进行提质改造，将沿线的各种网线全部下地。在机场高速和长永高速沿线共栽植乔木和灌木64000多株，铺设草皮36万多平方米。

（六）开展城乡水系生态环境治理

一是按百年一遇的洪水标准建设松雅湖防洪设施，切实根除困扰多年的内涝水患。通过建设具有丰富的生物多样性和高效生产力的湖泊湿地生态系统，为城市提供水资源、涵养水源、调节气候、调控空气湿度，改善空气质量，减轻城市“热岛效应”。据测算，松雅湖区域的气温在夏天比市中心要低5摄氏度左右，而负氧离子含量更是在50000个/立方厘米以上，是市中心的数十倍。二是开展浏阳河、捞刀河流域治理。对两条大河实施“截污、清淤、固堤、增绿、造景”工程，依托生态优势，发展生态经济，实现绿色增长。三是启动金脱河、九溪河、胭脂港和金井河的生态治理工程，自2009年开始，已累计投入资金2000多万元。

三　大力推进节约集约发展

（一）推进节约集约用地

长沙县把城镇化进程中的土地节约集约利用作为两型发展的重中之重，专门成立了由县长为组长，各主要职能部门为成员的县政府节约集约用地工作领导小组，通过认真落实规划、盘活存量土地、严格项目准入、创新用地模式等措施，最大限度地节约集约用地，保障了城镇化的用地需求和经济的可持续发展。经过几年的努力，全县共整理利用闲置土地18.536万亩，在集约节约用地方面取得了显著成效。

1. 强化土地利用规划管理

强化土地利用总体规划的整合控制作用，在供地规模有限的情况下，合理布局建设用地需求。按照节约集约用地的原则，确定各类建设用地的标准，将建设用地的需求转向城镇存量用地、未利用地和建设用地的结构调整上来。在新一轮规划中不再布局独立建设用地区，各类工业项目用地必须进入园区。严格控制农村居民点的规模和数量，引导农村居民由传统的散居向集中居住靠拢，提高了土地合理配置和利用效率。

2. 落实闲置土地处理措施，盘活存量土地

对国有建设用地土地闲置满两年的，坚决无偿收回，重新安排使用。对不符合法定收回条件的，采取改变用途、等价置换、安排临时使用、纳入政府储备等途径及时处置、充分利用。土地闲置满一年不满两年的，按出让或划拨土地价款的20%征收土地闲置费。严格执行国家有关政策，加大闲置土地处理力度，盘活闲置土地用于新的工业企业和招商引资项目。对改制企业闲置的土地资产，通过国有集体资产处置程序，或纳入土地储备体系，或进行土地整合整治置换到工业小区，或直接盘活用于招商引资项目供地。

3. 实施最严格的用地管理

严把项目用地预审关，从土地审批前即制止盲目投资和低水平重复建设。严格执行新的禁止、限制供地目录，优先发展产业政策鼓励的项目。禁止向违背国家产业政策、高耗能高污染、产出效率低的项目供地，禁止供应别墅类房地产、各类培训中心用地。提高项目进入园区的准入标准，单个项目每平方公里投资强度不低于20亿元，产出不低于40亿元，建筑面积不低于80万平方米。2012年底，园区每平方公里GDP达到36亿元，每平方公里税收达2亿元。

4. 积极探索节约集约用地新模式

一是以丁家安置区为代表的农民高层公寓式安置节地模式。丁家安置区位于原星沙镇丁家村，安置人口2441人，用地面积173亩。2009年，经政府引导、安置户自愿、村委会组织实施，打破传统安置模式，实行高层公寓式安置，在安置户住房建筑面积不减少的情况下，节约土地36亩用于生产，给安置户带来一定的经济效益。二是以“圣毅园”为代表的通过土地承包经营权流转，实现土地规模集中经营的新农村建设节地模式。三是在新农村建设中，按照两型社会建设的要求，通过土地整理，归并零散地块、平整土地、改良土壤、加强道路沟渠等配套设施建设，分片有序地推进田水路林村的综合整治，增加有效耕地面积，改善农业生产条件。

（二）推动建筑节能减排

1. 积极落实国家和省市的节能政策标准

2011 年，长沙县政府成立了长沙县可再生能源建筑应用工作领导小组，鼓励和扶持民用建筑项目采用太阳能、地热能、浅层地能、生物质能等可再生能源；2 万平方米以上的大型公共建筑和国有投资项目，建设单位应当选择一种以上合适的可再生能源，用于采暖、制冷、照明和热水供应等；建设可再生能源利用设施应当与建筑主体工程同步设计、同步施工、同步验收，在初步设计审批时严格把关节能设计审查，在施工图审查备案前进行节能设计审查备案。

2. 推动绿色建筑评定和现有建筑的节能改造

实施建筑节能以来，全县上下积极行动，全面落实建筑节能计划，特别是在各大型建设项目中积极推行建筑节能示范行动，比如星沙商务中心是县绿色建筑示范项目，已通过绿色二星建筑设计评审，并带头按设计要求施工。2012 年底，全县新建建筑节能设计率达 100%、节能合格率 100%、节能验收合格率 100%，实现了全县建筑节能项目节能 50% 的目标。同时，积极推动现有建筑节能改造。公共建筑的节能改造正在按照省里的能耗统计数据，编制改造计划，上报国家示范面积 12 万平方米；居住建筑主要对原有住宅进行节能改造，已上报市改造计划 38 万平方米。

3. 落实国家禁止使用实心黏土砖政策

按国家要求积极推广新型节能产品、新型墙体材料，加强对施工项目的监督管理，每年对施工项目进行两次全面的“禁实”节能专项检查。2012 年底，长沙县已全部采用新型墙体材料，现场使用新墙材率达 100%。

（三）推进节水型社会建设

近年来，长沙县积极开展创建国家节水型城市活动，县城节水水平有了较大提高。2011 年，万元地方生产总值取水量为 70 立方米，工业用水重复利用率为 82.9%，城市居民日生活用水 158 升/人，节水器具普及率 100%，工业用水排放达标率 100%，节水型企业覆盖率达 29.2%，城市再生水利用率达 14.2 %。

1. 大张旗鼓创建节水型县城

2007 年县编委正式下文，成立长沙县节约用水管理办公室，同时成立以 20 多家相关单位为成员的创建国家节水型城市工作领导小组，分解创建任务，责任落实到位到人，定期召开工作协调会。目前已经形成了政府、部门、企业以及企业内部的车间、班组的层级节水管理网络，从创建节水型企业、节水型单位、节水型社区入手，推动节水型城市创建工作的深入开展。为提高市民对节水重要性、必要性的认识，广泛开展节水宣传活动，共举办市民教育课堂 108 期，参与市民达 2 万余人次。

2. 建立照章办事的节水工作新秩序

一是加强节水制度建设。县政府制定实施了《长沙县县城节约用水管理办法》和《长沙县城市地下水管理办法》，使节水管理工作纳入制度化、规范化轨道。二是合理开发利用和保护水资源，使县城有限的水资源得到合理利用。坚持“节约为本，治污优先”的原则，组织开展了多项水资源、供水节水及污水资源化的科学研究，编制了《长沙县城节约用水发展中长期规划》《长沙县地下水资源规划》等多项专业规划，为科学合理开发利用水资源、加强水资源管理提供了依据。三是建立节水专项投入制度。2008 年和 2009 年县财政投入节水专项资金分别为 359 万元和 477 万元。

3. 推进节水工作常态化

全面推行用水定额管理。几年来，工业、生活等计划用水率一直保持在 100%。对照创建节水型企业的 24 条考核标准，大力创建节水型企业，通过引导、促使企业改造和建设合理用水工艺与设施，实现循环用水、一水多用、废水处理回用。2012 年底，节水型企业覆盖率达到 27.18%。娃哈哈长沙公司采取节水措施，一年可节约水 53 万吨。全面推进老旧用户的便器改造工程，在县城范围内淘汰更换了上导向直落式便器水箱等不符合节水要求的用水器具。2012 年底，市区已全部安装了节水型生活用水器具，普及率达到 100%。严把工程项目规划审批关，对新建、改建、扩建工程项目的节水设施与工程主体，做到同时设计、同时施工、同时投产使用。运用经济手段调节供水需求，对工业企业用水调整水价，对居民生活用水实行阶梯式水价管理。阶梯式水价价格级差系数为 1∶2∶3。设立再生水价格标准，2012 年底，中水临时价格标准为 1 元/立方米。

4. 合理利用水源，有效保护地下水

地下水是十分重要的战略性储备水源，必须合理开发利用和保护。一是实施取水许可制度，加强取水管理，认真做好取水许可审批管理和水资源有偿使用工作，严厉打击非法取水，维护水资源的开发利用秩序。对所有取水户按照新的收费标准征收水资源费。二是编制地下水资源规划，针对地下水资源开发利用过程中存在的主要问题，提出了治理和保护措施，为地下水资源开发利用与保护工作提供科学依据。三是逐步关闭自备井，在县城制定了关闭自备水源的实施计划。

5. 依托科技，变污为净

加快污水处理工程建设，改善水环境。长沙县农村集镇每年污水排放量达 2500 万吨，过去由于没有污水处理设施，污水直接排向塘坝、河流、水库，严重污染捞刀河、浏阳河等水体。从 2008 年开始，长沙县在全国率先实施乡镇污水处理设施全覆盖工程，在全县 18 个乡镇相继启动建设污水处理厂，该工程总投资 4.38 亿元，建设规模为每天处理集镇生活污水 8.66 万吨，为解决资金、技术上的难题，长沙县创新思路，成立环境建设投（融）资管理中心，将 BOT、BT、OM 等先进建设经营管理模式引入污水处理厂建设中，既缩短了建设周期，又引进了具有国内领先水平的乡镇污水处理技术。随着 18 个乡镇污水处理设施建设的完成，一个以星沙污水处理净化中心为主体，城北、城南污水处理厂为两翼，乡镇和重点社区污水处理厂为网络的全县污水处理系统基本形成。2012 年底，全县共建有污水处理设施 27 座，日处理能力达到 34 万吨。加快中水回用设施建设步伐，积极实施“雨污分流”工程，大力改造供水管网，降低管网漏损率。

四　推进城乡规划管理的体制机制建设

（一）全面建立城乡一体的规划审批和建设执法制度

1. 严格执行“一书两证”规划审批制度

建设项目选址、改变用地性质、国土部门出让土地前征询规划意见等事项，均按规划选址许可制度办理，由规划行政管理部门同时发放规划设计要点。在办理划拨地建设用地规划许可证前，按规划设计方案审查制度，严格审查用地范围内的规划设计平面，审核用地指标是否合理。按《建设用地规划许可证办理制度》办理建设用地规划许可证，限额以下的项目须先审查规划设计方案，限额以上的项目须要求建设单位进行修建性详细规划设计，并组织修建性详细规划的评审。规划设计方案审查合格时须出具审查合格的文件，如在图纸上签署意见并将图件存档。单体建筑或大型单项市政工程在办理建设工程规划许可证前，须送审建筑施工图方案和管线综合方案。所有建设项目均要办理“建设工程规划许可证”，不得以审签图纸的方式代替“建设工程规划许可证”。

2. 严格规划执法程序与责任

加强规划监察工作，每周对城市规划区域内的在建工程巡查一次，及时发现违规建设行为线索，制止处理违章违法建设。对需立案进行处罚的、影响城市规划的违章违法行为，严格执行案件报批程序，集体研究案情，依法裁量处罚。对阻挠城市规划实施后果严重的行为人，通过加强与有关执法机关的配合，予以联合查处，直至追究刑事责任。

3. 加强农村地区规划管理体系建设

针对长沙县农村地区存在的村镇规划管理体系不健全等问题，建立健全村镇规划管理机构，逐步配备专业人员从事村镇规划管理工作，加强对村镇管理人员、技术人员的培训，提高规划执法水平。制定和完善村镇规划的相关制度，使村镇规划管理有章可循，全面提高村镇规划管理机构的执法主体地位。同时，把乡镇规划纳入政府政绩考核，增强了乡镇领导对村镇规划的重视程度。

（二）明确乡镇政府为县以上投资的农村基础设施建设项目业主

为了加强对政府公共财政投资农村公共设施建设的管理和服务，长沙县2008年以来，公布了《长沙县政府投资管理办法》《关于加强财政专项（切块）资金管理的规定》《关于加强村级公路（桥梁）建设管理的若干意见》《长沙县村级工程建设管理办法》等政策文件，建立了乡镇政府为业主的系统的村级工程建设管理机制，保证了公共资金的使用效率，提高了工程建设的质量。

1. 加强组织领导，健全村级工程监管机制

明确村级工程建设实行“县级指导监督，乡镇（含街道，下同）组织实施，村级协调配合”的管理体制，规定村级组织活动场所、村级公路、村属水利设施建设均由乡镇政府组织建设管理，承担项目建设阶段主体责任。县政府投资管理领导小组（办公室设在县发改局）全面负责村级工程建设的指导、管理和监督。县发改局、监察局、财政局、审计局及项目主管部门根据《长沙县政府投资管理办法（修订稿）》的规定，不定期对村级工程开展监督检查。县直各行业主管部门按各自职责，对本行业村级工程建设开展业务指导和监督检查。各乡镇分别成立村级工程建设领导小组，由乡镇长（街道办事处主任）任组长，纪（工）委书记、分管建设的副镇长（副主任）任副组长。

2. 规范操作程序，创新村级工程监管方式

一是实施集体会审。所有村级工程建设项目必须由乡镇国土、规划、司法、财政等部门进行集体会审，报镇村级工程建设领导小组审批。凡是项目未获审批、资金来源未落实、村民代表大会未认可、可能影响规划和环境的建设项目，一律不得开工建设。为了防止村级盲目举债上马工程建设，从2010年开始，村级工程建设全部改由乡镇（街道）担任业主，并纳入政府投资项目库，实行全县统筹、统一管理。二是进行分类招标。规定投资100万元以上的工程由县招标采购局负责招标，10万元以上、100万元以下的工程由乡镇组织公开招投标，10万元以下的工程由村上召开村民代表大会确定招标方式并组织公开招标。同时，制定了村级工程建设的简易招标程序，减免了相关环节的收费，减轻了村组负担，提高了办事效率。三是加强变更审议和预决算审定。对村超过原造价10%的工程进行变更增补，须经党支部、村委会两委集体讨论，报乡镇村级工程建设领导小组审议，经公示无异议后方可实施。工程竣工后，100万元以下的建设项目由乡镇负责工程预决算，100万元以上工程的预决算由县财政投资评审中心审定。

3. 实行资产资源管理与工程建设监管“双同步”

针对个别村为了筹集村级工程建设资金，擅自处置集体资产的行为，先后制定了《长沙县公共资产处置和核销公示实施办法》《长沙县公共资产处置和核销程序有关规定》《关于对违反国有集体资产投资管理和资产处置相关规定的纪律处分意见》等规章制度，每年由乡镇（街道）组织进行集体资产清理盘点。规定集体土地、厂房、设备、设施等发生产权转移时，要做到“四个必须”，即必须先由有关部门进行科学评估、按市场原则定价；必须事先报经村民代表大会认可和乡镇批准；必须采取公开招标或竞价的方式；必须按规定进行公开、公示。特别是针对近年来农村集体土地流转增加、“以租代征”、擅自改变土地用途、非法占用耕地搭建违章建筑等滋生蔓延的现象，县委、县政府及时制定了加强国土、建房、户口迁入、婚姻情况变化管理的规章制度，建立健全了乡镇政府牵头负责，国土、规划、民政、公安等部门共同参与的联席会议制度，形成了乡镇负总责、部门联动的监管体制。

（三）全面加强乡村地区村级建设项目的群众参与监督

1. 积极拓展群众参与监督的渠道

狠抓村务公开和民主管理工作，切实保障群众对建设活动的知情权、决策权、参与权和监督权。明确了村级议事规划，准确界定了村民大会、村民代表会议和村支两委会议的决策权限，所有村级工程建设项目必须先经村民代表大会讨论决定方能报镇村级工程建设领导小组审批。对于超过原工程造价 10% 的工程变更，由村支两委集体讨论后，在公示无异议后方可报镇审议。对于特别大的变更，还须在村民代表大会上做出相应说明。村级工程建设的所有事务由村务公开监督小组、民主理财小组全程参与监督，有的村根据实际情况建立了村民理事会、议事会、老干部协会等机构，有权列席涉及村民利益的重要村务会议，参与村级工程建设的质量监督、验收付款、变更签证等工作，并就村民关心的问题提出询问与质询。工程竣工后，必须在村务公开栏中公布工程结算及付款情况，并向村民代表大会报告。工程建设过程中形成的各种资料，包括审批情况、会议纪要、各类证明文件、合同书、设计图纸、预决算书、招投标资料、工程变更情况和验收报告等，都及时归档整理，随时接受群众的查询。

2. 创新群众参与监督的方式

全县各乡镇（街道）都认真开展了村干部“勤廉双述”活动，并将村级工程建设的情况列为重点内容。活动采取“村干部人人上台述、村民公推的代表现场评、村民现场提出询问与质询、一户至少来一人参加投票测评、测评结果纳入绩效评价”的做法，拓展了农民群众的直接参与面。有的村建立了“四定一评”制度，年初组织村民代表和支部党员研究确定村干部的工作岗位、工作职责、工作任务、基本工资，半年度和年底组织村民代表和支部党员对其履行岗位职责、完成工作任务及是否廉洁等情况进行评议，评议结果向全村公开并与村干部的工资报酬挂钩。有的乡镇针对群众的信访反映，采取吸收农民群众代表参与调查、信访公开听证、信访办理结果在一定范围内公开等办法，让农民群众在参与中了解事实真相，增加双向了解，并认同信访调查结果，尽快息访。

3. 提升村干部和群众参与监督的水平

坚持每年都就如何搞好以村级工程建设为重点的村级工作，对全县村支部书记和村主任进行专题辅导。各乡镇（街道）党委同时加强对村级的指导，专门派人和群众代表一起开展工作，引导群众依法行使参与权、监督权。这些“无所不在、无时不有”的群众监督，有效地规范了村干部的行为，极大地提高了基层村干部的廉政意识，有力地促进了基层党风廉政建设的深入推进。

长沙县在农村基层治理方面，尤其是在农村地区建设活动与建设工程项目管理方面做了大量的积极认真的探索，反映了政府善治在农村地区工作中的经验，可供各地借鉴。

第六章

两型发展与农业现代化

2010 年 8 月，农业部将长沙县确定为首批国家现代农业示范区，这标志着长沙县的农业现代化跃上新的水平、站到新的历史起点上。近年来，长沙县进入工业化和城镇化快速推进、深入发展的时期。2008～2011 年，第一产业比重 3 年下降 4.8 个百分点，占三次产业比重的 6.7%；城镇化率 3 年上升近 8 个百分点，达到 53 %。在这个过程中，长沙县始终将农业现代化摆在突出位置，坚持工业反哺农业、城市支持农村，从自身实际出发，充分发挥比较优势，大力推进农业的产业化、专业化、品牌化，加快发展资源节约型、环境友好型农业，不断创新体制机制，在农业现代化建设上进行了许多有益探索，初步走出了一条大城市郊区农业现代化的路子。

一　长沙县农业现代化建设的主要成就

长沙县是工业大县、经济强县，财政收入 70% 来自工业。但同时是农业大县，农业人口占全县的 80%。全县农用地面积约 200 万亩，耕地 73 万亩，农业人口 69.7 万人，农林牧渔业总产值 84.9 亿元，近三年年均增长率超过 3%。近年来，长沙县农业现代化快速推进，有力支撑和促进了经济社会全面发展，在全国产生了较大影响。长沙县的现代农业建设，主要体现在以下几个方面。

（一）农业主导产业的区域优势布局基本形成

经过几年的培育、调整，长沙县已经形成了水稻、茶叶、蔬菜、花木、特色瓜果、生态养殖、休闲观光等七大农业主导产业。2012年底，全县优质稻和超级稻达到45万亩，茶叶、蔬菜、时鲜水果分别达到10万亩，花卉苗木达到18万亩。北部的10万亩茶叶走廊和南部的10万亩花木走廊相互呼应，国道107线的生态休闲带、黄兴大道北延线的高档花木产业带和省道207线的蔬菜产业带纵列于县域北部。长沙县连续四年被评为湖南省粮食生产先进（标兵）县；因蔬菜生产被农业部列为长江上中游冬春蔬菜重点区域基地县和国家标准菜园创建单位；百里茶廊被列为湖南省五大、长沙市四大优势产业带之一，并被评为“全国重点产茶县”和首批国家标准茶园基地县。全县花木基地占湖南省的1/3，为我国中南地区之最，是浏阳河百里花木走廊的主要组成部分，2011年销售收入20亿元；小水果、食用菌等产业快速发展，已成为农村经济新的增长点。

（二）一批农产品加工企业和著名品牌快速兴起

全县共有农产品加工企业252家，规模以上（产值2000万元以上）企业58家，其中国家级农业产业化龙头企业1家、省级15家、市级44家；产值过5亿元、过3亿元和过2亿元的企业各5家，过亿元的企业17家，全县农产品加工产值达126亿元。全县共有“湘丰”“金井”等6个品牌获中国驰名商标称号，“金山粮油”等12个企业的产品获得省名牌产品称号。“昌盛蜂蜜”“国进金针菇”“惠农腐乳”在中部（湖南）国际农业博览会上荣获金奖。

（三）农业的设施装备条件显著改善

全县机耕机收基本普及，农业机械总动力达128.2万千瓦，农业机械化综合水平达75.1%，比全国平均水平高出20多个百分点，率先在全省基本实现农业生产机械化。在农机购置补贴政策推动下，钢架大棚、智能温室、喷滴灌、频振式杀虫灯等设施装备全面推广，农业机械应用由农业生产环节向农产品加工环节延伸，农机装备水平、作业水平、安全水平、科技水平和服务水平得到全面提升。全县设施农业面积15.6万亩，食用菌工厂化栽培面积达200万平方米。大力实施以“除险保安、畅流节水、扩容升级、产业增效”为主要内容的“小康水利”建设，河道治理、骨干山塘加固步伐加快，3年累计完成山塘清淤近8000口、30000亩，改造灌区干、支渠道总长400公里，灌区改造面积15万余亩，建设了一大批高效节水灌溉工程，高效节水灌溉面积达11000多亩。农村公路路网密度达240公里/百平方公里、63公里/万人，均居湖南省之首。

（四）农业发展的质量和效益明显提高

经过几年的推进，长沙农业的产业结构、布局结构进一步优化，土地生产率、劳动生产率显著提升。2011年全县农民人均纯收入达14237元，比全国平均水平高出1倍多。据不完全统计，2011年，长沙水稻专业合作社以“品种+品牌”的优势，实现每亩平均增效170元；鲜食葡萄、酿酒葡萄种植业每亩平均收益分别达到6400元和3700元；南部乡镇蔬菜产业每亩平均产出达到6200元，刚刚起步的北部乡镇每亩平均产出也实现了3800元；百里茶叶走廊净增鲜叶产值1500万元，百里花卉苗木走廊实现年销售总收入23亿元；南部乡镇农民土地流转租金收益每亩平均超过1000元，北部乡镇每亩平均达到800元以上；农民专业合作社和各类农业生产企业直接发放农民工资超过1.5亿元。

（五）农业两型发展迈出重大步伐

全县所有耕地全部通过无公害农产品产地整体认定，获得农业部“三品”认证的农产品达118个（无公害农产品70个，绿色食品43个，有机食品5个）。通过灌区节水改造，渠系水利用系数提高到0.70以上，年节水量超过1200万立方米；在高效节水灌溉项目区，田间水利用系数从0.45提高到0.8～0.9，年均节约农业生产用水量500万立方米以上。养殖业加快向生态型养殖转变，畜禽养殖污染环境的势头得到有效遏制，全县人民的生活、生产环境明显好转，特别是浏阳河流域、捞刀河流域的水质得到了明显改善。

二　长沙县推进农业现代化的主要做法

农业现代化是一个长期的过程。长沙县几年之内能取得上述成就，确实来之不易。深入分析、认真研究长沙县的做法和经验，对各地区乃至全国都有重要意义。

（一）抓顶层设计，准确把握长沙农业的定位

长沙县从三面环绕湖南省会长沙市核心城区，是典型的大城市郊区；同时长沙县有73万亩耕地、70万农业人口，又是典型的农业大县。如何在这样的地方发展现代农业？长沙县要发展什么样的农业？长沙县委、县政府充分借鉴国内外经验，聘请国家级团队进行研究、规划，准确地把握了长沙县农业的特点、定位和方向，这一点十分重要。

第一，长沙县农业是多功能的农业。大城市郊区的农业是服务型农业，要着眼于满足城市巨量人口的需求。长沙市250万的市区人口，蕴藏着对农业的巨大多样化需求。因而，长沙县农业的功能不仅仅是提供粮食和食品，而且包括休闲旅游功能、教育体验功能、景观维护功能、生态保护功能等。唯有如此，才能为长沙农业开拓发展空间。

第二，长沙县农业是高效益、高附加值的农业。长沙县邻近消费地，资本的投资机会多，劳动的就业机会多，土地紧缺，资源要素的机会成本高。农业如果不能获得较高投资回报，就会因缺少投资而逐渐衰败。因此，长沙县的农业不能像一般县的农业那样，搞简单的、粗放的大田种植，而必须在提高效益上做文章，努力使73万亩耕地和200万亩农用地的效益最大化。

第三，长沙县农业是高度组织化、专业化的农业。要实现农业的高效益，就必须在专业化和组织化上做文章。只有专业，才能更好地发挥

分工优势，做深做精做强；只有组织，才能提高专业化水平，提高抗风险能力。从种植区域到主打产品，从生产经营到社会服务，从组织方式到经营形式，都要适应组织化和专业化的要求。

第四，长沙县农业是资源节约型、环境友好型的农业。农业是自然再生产与经济再生产的结合，对大自然和资源生态环境影响很大。大城市郊区农业，非常重要的功能是满足市民的休闲娱乐需求，同时要保障城市的水资源安全和生态环境安全。大城市郊区农业必须把资源生态环境保护作为重要使命。可以说，能否坚持资源节约、环境友好的方向，是大城市郊区农业的生命线。

（二）抓科学规划，促进长沙农业高起点发展

如何把对农业的准确定位变成现实，长沙县把着力点放在科学规划上，以规划落实大定位、以规划确定大格局、以规划促进大发展。长沙县坚持“城郊型现代农业”的基本定位，按照“南工北农、一县两区”的发展思路，本着“幸福与经济共同增长，乡村与城市共同繁荣，生态宜居与发展建设共同推进”的发展理念，先后编制了《长沙县国家现代农业示范区十二五发展规划》《长沙县农业（种植业）十二五发展规划》《长沙县关于加快蔬菜产业发展的意见》，引导产业合理布局，促进产业持续发展。2012 年底，长沙县已初步形成了“一个核心、两大走廊、三条主轴、七个产业、九大工程、百个农庄”的现代农业产业总体发展格局。“一个核心”——长沙县国家现代农业示范区核心示范园区（高桥镇）；“两大走廊”——百里茶业走廊和百里苗木走廊；“三条主轴”——省道 S207 线、黄兴大道、国道 107 线三条纵贯县域南北的现代农业示范带；“七个产业”——粮食、蔬菜、茶叶、瓜果、花卉苗木、生态养殖、生态休闲旅游观光；“九大工程”——椝梨“水乡古镇”建设工程、金井“茶乡小镇”建设工程、开慧“板仓小镇”建设工程、浔龙河生态小镇建设工程、“三一·春华生态新城”建设工程、农业科学院（高桥）现代农业技术创新基地示范工程、麻林温泉度假村建设工程、惠农村“两型”新农村建设示范工程、开慧“骄阳天下”

养生养老项目工程；“百个农庄”——自2008年开始，为创新发展而大力推进的100个现代农庄建设项目。这样一个基本格局，明确了长沙农业建设的思路和重点，使长沙现代农业从一开始就站在了较高的起点和平台上。

（三）抓龙头企业和基地建设，带动提高农业产业化水平

实行农业产业化经营，培育壮大农业优势产业集群，提高农业综合生产能力和农民收入水平，是现代农业发展的必然方向。长沙县抓住龙头企业和基地建设这两个农业产业化的关键，取得了很大成效。他们坚持以建立“自愿平等、利益共享、风险共担”的经营机制为目标，支持龙头企业建设原料基地，逐步实现统一区域品种、统一收获技术、统一收购标准，延伸产业链，增强龙头企业的辐射带动能力。全县拥有国家级农业产业化龙头企业1家，省级龙头企业15家、市级龙头企业44家。农产品基地建设走在全省前列，七大主导产业优势布局基地都已形成规模，并呈现出良好的发展势头。

（四）抓合作社，提高农业组织化和农民收入水平

现代农业建设的一个重大任务，就是如何提高农业组织化程度和农民收入水平。这些年的实践证明，农民专业合作社是适应市场经济发展要求、适应农民需要的一种有效经营机制，是推进现代农业建设的一种有效组织形式。长沙县紧紧围绕农业主导产业和优势农产品基地建设，大力发展农民专业合作社，现已规范发展各类专业合作社或协会800多家，入社农户8万多户。全县50%的村形成了一个特色鲜明的主导产业，60%的农户都有一个增收致富的产业发展项目，涌现了蔬菜村、花卉苗木村、食用菌村、“农家乐”休闲村等95个专业村。随着农民组织化程度提高，长沙县农产品的市场竞争力日益增强。以花木产业为例，2012年上半年，全县花木产业销售收入达10亿元，同比增长25%；花木专业合作社达106家，同比增加46家；专业苗圃近1000家，同比增长550家；从业人员12万人，主产区人均收入过2万元，

是南部乡镇农民创收致富的主要途径。通过农民专业合作社，打造“产业链”，建设“流通链”，结成“利益链”，培植“要素链”，有效地发挥了土地、资金和人力等生产要素的集聚效应，提高了农业生产和经营的组织化程度，增加了农民收入。

（五）抓现代农庄，促进资源要素流向农业

推进农业现代化，很关键的一条是如何破解农业的资金、人才、技术、管理等要素制约。要解决这个问题，一方面需要从根本上提升农业的产业形态，提高农业的投资报酬率；另一方面需要从根本上再造农业的组织形式，为城市资本、人才、技术、管理等先进生产要素进入农业农村奠定组织基础。正是在这种背景下，长沙县在实践中探索出了现代农庄这样一种新的组织形式和新的产业形态。现代农庄是长沙县在推进农业产业化进程中所倡导的全新业态，是长沙县农业农村经济创新发展的一项重要举措。它是以发展现代农业产业为主体，以环境友好型和资源节约型农业建设为目标，以土地流转为手段，通过资源有效组合和集约经营，实现农业产业化经营、专业化生产、市场化运作，集生态、观光、体验、休闲于一体的现代农业产业园。经过几年的发展，现代农庄已经成为长沙县有效聚集城市资本下乡、工商企业下乡和专业人才下乡的重要平台和载体。近年来，长沙县批准立项现代农庄 50 家，总投资额达 60 亿元，已完成投入过 20 亿元，涌现出了以九道湾、辰午、回龙湖、新江、华穗等现代农庄为代表的乡村生态休闲农业产业，推动农村耕地规模流转逾 20 万亩，带动 100 多项农业科技成果转化，引进近 1000 名农业科技和管理人才。按照规划，全县拟建设 100 个现代农庄和 200 个精品“农家乐”。

（六）抓科技支撑，从根本上提高农业质量效益

提高农业的投资报酬率，根本出路在于科技。长沙县积极与各类科研院所合作，引进农业科技人才和团队，将科学研究与成果转化和推广有机融合。与省农业科学院全面对接，在高桥镇建设一个规划面积 2 平

方公里的湖南现代农业技术创新基地，将其打造成为一个集农业高科技应用、新品种新技术研发推广以及孵化、农产品规模化经营和工厂化生产以及市场营销、农民职业技术培训、农业观光旅游、新农村建设于一体的现代农业创新示范区。至2012年底，已经吸引14个农业科研院所落户。重点引进名特优农作物新品种，促进品种更新换代和提质增产增效，近三年共引进各类农作物新品种165个，示范推广面积近150万亩。同时，对地方传统优良品种“东山光皮辣椒”“跳马苦瓜”“黄兴藤蕹”“罗代黑猪”等进行提纯复壮，并加以重点保护和推广。至2012年底，长沙县农业新技术普及率达95%以上，科技成果转化率达45%。2011年，推广测土配方施肥144万亩，在17个乡镇成立了各类专业化防治组织20个，早、晚稻完成病虫害专业化统防统治33.9万亩，在粮食、茶叶、蔬菜上推广病虫害绿色防控面积25万亩。大力开展农村劳动力培训，四年来投入项目资金374万元，组织开展农民培训35.2万人次。积极组织电工、焊工、花卉苗木工、绿化工的技能认证培训工作，颁发初级、中级职业技能等级证书共1207本。同时，按照“围绕主导产业、培训专业农民、进村办班指导、发展一村一品”的要求，积极扩大农民教育培训基地，提高了培训质量。

（七）抓生态环保，夯实大城市郊区农业发展的基础

长沙县坚持将生态环保作为农业的重要功能，作为农业发展的生命线，全方位治理农业污染、改善农业生态环境。一是全面开展以浏阳河流域和捞刀河流域为重点的农村环境综合治理工程，率先在全省提出治理养殖污染和发展生态养殖，划定畜禽养殖禁养区和限养区，逐步实行畜禽养殖转产减量，拆除养殖设施56万平方米，扶助退出生猪养殖5621户，成功关闭大型临河养殖场10家，全县生猪常年存栏量逐步下降。实施主要河流清污保洁，依法关停排污企业和作坊130余家，浏阳河流域和捞刀河流域水质明显改善。二是率先在全省建立生态补偿机制，探索农村生活垃圾“户分类减量、村集中处理、镇监管支持、县以奖代投”的新模式，所有乡镇成立农村环保合作社，实现集镇污水处理

设施全覆盖，农村环境面貌得到较大改观，农业可持续发展得到有力保障。三是大力推进农业标准化生产。以优质稻、茶叶、蔬菜、瓜果等主要农产品为重点，建成市级、县级农业标准化生产基地 39 个，总面积 30 万亩。在确保生猪调出大县的基础上，大力推广标准化养殖，扶持蛋鸡、地方品种猪（大围子猪）的发展。5 个规模养殖场通过国家级（农业部）标准化养殖场验收，3 个规模养殖场通过省级标准化养殖场验收，26 个规模场创建为市级畜禽标准化养殖场，11 个规模场正在进行市级畜禽标准化养殖场创建。四是全面推广无公害生产栽培技术，加大“无公害”“绿色”“有机”农产品等“三品”认证力度。五是加强农产品质量安全监测体系建设，建立完善了县级检测中心，建立农药残留快速检测室 17 个，在星沙城区 6 个超市和 11 个市场建立农残速测室、安装电子显示屏，实施农产品日检测日公示制度，形成“县级检测中心 + 大型超市 + 农贸市场 + 生产基地”的四位一体农产品质量安全检测体系；同时严格产地环境、投入品使用、生产过程和产品质量全程监控，实施基地准出和市场准入制度。

（八）抓金融创新，破解现代农业发展难题

资金从哪里来，始终是现代农业发展的瓶颈制约。长沙县近四年相继出台了《关于推进社会主义新农村建设的意见》等四个一号文件，全面部署农业农村工作。在此基础上，专门出台了《鼓励现代农业发展投资暂行办法》和《鼓励板仓小镇建设的若干意见》，积极鼓励社会资本、工商企业到农村投资农业规模经营项目，2010 年又出台了《关于支持㮾梨镇、金井镇、开慧乡城乡一体化试点建设的若干政策》，探索城乡统筹发展的路径。在具体工作上，高度重视打通融资渠道。积极与上海浦发银行长沙支行沟通对接，与浦发银行签订了《花卉苗木发展合作框架协议》，第一批授信额度 5000 万元。中国民生银行长沙分行也在长沙县成立民生银行跳马花卉苗木合作社，已发放贷款 6000 多万元。两家银行资本的进入，破解了花卉苗木融资瓶颈，打通了花木产业融资之路，对扶持和壮大花木产业发展具有重要意义。

三　长沙县农业现代化建设的几点启示

（一）必须坚持在工业化城镇化深入发展中同步推进农业现代化

我国农业基础本来薄弱，当前又处于工业化、城镇化快速推进阶段，存在着农业要素流失的强大诱因。工业化、城镇化有市场拉动和政府推动的双重动力，农业则由于比较效益低、税收贡献小而自发动力不足，因此稍有松懈就很容易导致农业凋敝，反过来影响工业化、城镇化进程。日本在工业化、城市化快速推进时期，粮食食品自给率由1960年的80%左右快速下降到1980年的30%左右，20年下降50个百分点，这个教训值得我们认真汲取。因此，越是在这个时候，越要高度重视农业发展，越要加快推进农业现代化。长沙县是全国工业强县，2012年列中国中小城市综合实力百强县第13位，居中西部地区之首，但长沙县在发展工业过程中始终没有放松农业。相反，长沙县把农业现代化摆在突出重要的位置，把“三农”工作真正作为全部工作的重中之重，县委、县政府主要领导亲自抓，像抓工业那样抓农业，像支持城市建设那样支持现代农业发展。这正是长沙县的成功之处，可供各地学习借鉴。

（二）必须高度重视农业的多种功能

农业是人类社会最古老的产业，从最早期的采集、狩猎，到后来的种植、养殖，是农业最基本的内容。随着经济社会发展，农业的功能越来越得到拓展，不仅表现为食物保障、原料供给、就业增收等三大传统功能，而且生态保护、景观维护、观光休闲、教育体验、文化传承等功能日益彰显。实际上，在欧、美、日等发达国家，作为第一产业的农业仅占GDP的1%左右，但提供食品的产业往往占到GDP的17%左右；在英国，农村地区的GDP和就业占20%左右，农业排放的水污染占80%左右，农场主管理全国绝大多数的保护区，他们非常强调农业的景观、生态等功能，英国将他们的农业主管部门定名为“环境、食品和农村事务部”，可见他们对农业多功能的重视。重视农业的多种功能，就意味着农业将被时代赋予新内涵、新使命，也意味着现代农业将拓展出新的空间，我们将可以从新的角度向多功能农业要效益、要收入。

（三）必须切实尊重农民意愿，保护好农民的合法权益

近年来，随着现代农业的发展，我国土地承包经营权流转得到较快发展，目前土地流转率已达到17%左右。但是，必须清醒地看到，我国家庭小规模经营的国情短期内很难改变，即使将来城镇化水平达到70%，也还有几亿人在农村，农业的家庭经营规模再扩大1倍，也只有1公顷左右。因此，我国的现代农业发展，应当在坚持家庭经营的基础上，把发展农业社会化服务、扩大外部经营规模作为主导方向。土地流转和适度规模经营的推进，要确保既积极又稳妥，必须坚持依法、自愿、有偿的原则，保护好农民的土地权益，让农民从土地流转中得到更多实惠。长沙县在推进土地流转过程中，重视规范土地流转市场，规范土地租金标准，有效保护了农民利益。必须强调的是，要善于把推进农业产业化、现代化与保护农民土地权益统一起来，处理好发展农业、富裕农民与尊重农民意愿的关系，不能替农民做主、代农民决策，更不能搞强迫命令；即使是给农民办好事，也要允许农民有一个认识和接受的过程，不要追求整齐划一、一步到位，尤其不能为了引进工商企业或者为追求“成片推进”的政绩工程和形象工程，而强迫农民流转土地。

（四）必须坚守保护耕地这条底线

发展现代化农业设施，发展旅游观光农业，是现代农业发展的一个重要方向。但是，必须清醒地看到，人多地少是我国的基本国情，立足国内基本解决13亿人吃饭问题是我国的基本国策，坚守18亿亩耕地红线是国家大局和长远战略的必然要求，必须坚定不移地执行。长沙县在发展现代农业的过程中，设施农业和旅游观光农业都搞得很成功，搞成了气候、搞出了规模、搞出了水平，成为农业现代化的突出亮点。他们

的可贵之处在于，确实是为了搞农业而建设施，而不像有些地方那样，打着农业的旗号搞房地产开发，把设施农业变成规避土地管制政策的借口。发展现代农业，必须有可持续发展的理念，坚持保护资源和提高资源利用率并举，把耕地保护作为底线，实行最严格的耕地保护制度，确保耕地总量不减少、质量有提升。

（五）必须把资源节约型、环境友好型农业作为现代农业发展的重要方向

农业是一个自然再生产与经济再生产相结合、相统一的过程，农业生产与生态环境间的相互影响更为直接、更为显著。这些年，我国采取了一系列重要举措，实现了历史罕见的粮食“八连增”，但同时要看到，未来资源环境的制约日益凸显。我们以世界9%的耕地，养活了世界20%的人口，却消耗了世界30%以上的化肥。每亩化肥施用量是世界平均水平的3倍多，而且还在增加。除了农业面源污染外，畜禽养殖场污染，农村生活垃圾、污水等污染也十分严重，在总氮、总磷、COD等污染物中，农业农村排放已经占到相当比例，有的已成为第一污染源。未来农业的发展，必须在资源节约、环境保护上下大功夫，作出大文章。长沙县的实践使我们看到了希望，他们不仅从农业中获得了经济效益，而且促进了资源环境生态的保护和改善，把传统的农业改造成了经济效益、生态改善、身心愉悦数者兼得的新型产业。

第七章

两型发展与创新驱动

长沙县是国家"长株潭城市群两型社会综合配套改革试验区"的核心区域。在近五年的实践中，长沙县坚持两型发展与科技创新相结合，大力开展创新型县区建设，把科技进步和技术创新作为加快转变经济发展方式、推动两型发展的重要支撑，有效地促进了经济社会发展向主要依靠科技进步、劳动者素质提高、管理创新的转变，全面提升了县域经济社会的科学发展质量和水平。

一　强化企业主体地位，着力推进技术创新

（一）促进产学研结合

把产学研合作作为强化企业技术创新的重要举措，积极推动企业与高等院校、科研院所在技术创新和成果转化中的合作。县政府于2011年起，在科学技术奖励办法中设立了产学研合作和成果转化奖，每年评定一次，奖金10万元；从2008年起对创建工程技术研究中心的企业，按国家、省、市级别分别奖励30万元、10万元、2万元，对创建企业技术中心的按国家、省、市级别分别奖励30万元、10万元、2万元；在县本级科技计划项目评审中设置产学研合作的加分标准，特别是对于中国（长沙）科技成果转化交易会上的签约项目，县里专门给予重点支持。通过奖励和引导，全县各类企业与高等院校、科研院所的联系和

合作明显增强，有的企业提前介入了高等院校、科研院所的研究、开发，有的企业将试验室建到了大学里面，特别是长沙县汽车及零部件产业的32家企业与湖南大学、长沙理工大学等6家高等院校、科研院所紧密结合，成立了长沙汽车产业技术创新联盟。至2011年底，全县有300多家企业与国内高等院校和科研院所建立了产学研关系，共创建了国家级企业技术中心4个、省级17个、市级40个，创建省级工程技术研究中心5个、市级12个。几年来，通过产学研合作，企业共实施各级政府科技计划项目近200项、申请专利2500项、掌握关键核心技术200多项、鉴定科技成果60余项、转化科技成果400多项、获得各级政府科技进步奖励30余项，促进了企业的转型升级和产品更新换代。

（二）推进高新技术企业发展

通过积极宣传贯彻落实国家政策、开展认定操作培训、组织知识产权服务、重点科技型企业培育、科技计划项目引导和支持等措施，引导、支持和帮助企业按照高新技术企业的标准、条件，规范企业的科技投入、引进和培养人才、开展技术创新和成果转化活动、保护创新成果等措施，使企业的自主创新能力不断提高、自主创新主体地位不断巩固、市场竞争能力不断增强。几年来，县科技部门共统一举办培训班10期，培训企业人员500多人；组织知识产权服务8次、服务企业20家；重点培育科技型企业60多家。在县本级科技计划项目评审中设置高新技术企业加分标准，在申报上级科技计划项目时重点推荐高新技术企业项目。2008～2011年，通过引导和培育共认定高新技术企业95家，全县计划项目、获奖项目、专利申请、专利授权大多数是高新技术企业获得。如2011年，县里重点培育的4家企业，共承担县级科技计划项目4项（资金120万元）、市级项目3项（资金80万元），获得县级科技进步奖励3项。纳入计划的金阳机械、天能电机、凌华印务、陕西汽车集团长沙环通汽车制造有限公司全部获得高新技术企业认定。注重利用高新技术产业税收优惠政策、企业研究开发费用加计扣除政策、技术贸易税收优惠政策，引导企业自主加大技术创新投入，开展技术研究和开发活动，使企业成为技术创新的主体。近年来，高新技术企业的研发投入占销售额的4%～6%，全县每年减征企业所得税5亿～7亿元，研究开发费用加计扣除减征所得税近亿元。2011年，全县高新技术产业总产值达1142.04亿元，增加值达348亿元，占当年GDP的44.08%，高新技术企业已成为县域最具活力和后劲的企业。

（三）鼓励科技人员创办科技型企业

从2009年开始，长沙县在创业富民资金中设立科技人员创业扶助专项，每年有300万元左右资金通过科技计划项目形式支持15～20个科技人员创办科技型企业，有力地支持了科技人员的技术创新和成果转化，也直接促进了企业在技术创新中的主体地位。几年来，在科技人员创办的企业中涌现了山河智能、开元仪器等上市公司，培育了湖南顶立科技有限公司、长沙尚唐古道科技有限公司等一批高新技术企业，孵化了长沙节安电器有限公司等一批科技型企业。

二　大力培育新兴产业，努力形成发展新优势

（一）确立重点发展的六大产业

一是汽车及零部件产业。依托广汽集团、北汽福田、陕汽环通等整车企业，发挥优势、整合资源，基本实现结构趋合理、创新能力强、技术水平高、规模效益好的国内领先、国际竞争力强的汽车制造基地。大力发展节能型乘用车制造，着力突破动力电池、驱动电机和电子控制领域关键核心技术，推动新能源汽车跨越发展；重点发展混合动力大巴、混合动力轿车、纯电动轿车、节能型轿车等。二是工程机械产业。以经开区为载体，依托三一集团、山河智能、中铁轨道等企业，着力突破高端功能性基础件和关键零部件制造核心技术，提高工程机械整体水平和配套能力，努力把装备制造业打造成长沙县的超级产业；重点发展混凝土机械装备、压实与路面机械装备、工程与建筑起重机械装备以及混合

动力和纯电动工程等机械装备。三是电子信息产业。依托维胜科技、长城信息、蓝思科技等企业，抓住“三网”融合的机遇，集中力量重点突破，积极承接产业转移，振兴电子信息产品制造业，着力培育光电产业，打造电子元器件、电子信息材料、嵌入式软件、光伏四大电子信息产业，重点发展超高亮度 LED、“三网”融合增值服务、信息服务外包、新型电池等产业。四是新材料产业。支持众鑫科技、力元新材、瑞翔新材等企业的“新型储能电池及其材料研发与产业化”“新能源汽车电池用磷酸铁锂正极材料产业化”等项目建设。重点开发电动汽车用大功率动力电池关键材料、高档环保涂料、建筑节能材料等产品，延伸新材料产业链，推动新材料产业集聚，建设中部最具竞争优势的新材料产业基地。五是文化创意产业。发挥湖湘文化特色，构建以动漫影视、湘绣文化、旅游文化和印刷科技产业为主导，相关产业联动发展、结构优化的文化创意产业体系，打造具有集聚效应的文化创意产业园区，提升长沙县创意产业的核心竞争力。六是临空型产业。以黄花机场为核心，突出空港城“知识型现代服务业生态城”的发展定位，构筑空港经济区，开展保税物流吸引电子信息、创新金融、楼宇经济和总部经济等临空型产业在保税港周边集聚，并将相关产业园纳入保税范畴，构建和完善航空物流产业链，将长沙东部地区的人流、物流、信息流整合起来，使其成为长沙县对外交流的形象窗口和长沙东部地区的经济枢纽。

（二）实施五大推进工程

一是新兴产业集聚工程。加快汽车及零部件、工程机械、电子信息等战略性新兴产业的集聚，培育高效益的产业链和产业集群，提升产业基地和园区的承载力，打造经济发展新的增长极。二是优势企业培育工程。通过战略性新兴产业重大项目建设、税收减免等措施扶持三一重工、中联重科、山河智能和广汽菲亚特等重点企业的发展，鼓励企业跨国经营，加强国际科技合作与交流。三是核心技术攻关工程。集中攻克大功率发动机、工程机械、新型平板显示器等技术，推进一批关键核心技术的产业化，提升产业的核心竞争力，抢占经济发展桥头堡，为战略性新兴产业发展保驾护航。四是名牌产品创建工程。通过运用政策、资金、宣传等手段，强化技术创新、标准化建设和企业文化创建，加强国际认证合作，培育国际化品牌，扩大市场占有率，提升品牌的无形资产价值。五是人力资源开发工程。通过引进产业发展急需的领军人物及团队、建立校企联合培养机制和完善创新创业人才的使用机制等措施，鼓励高端人才参与重大项目、关键技术攻关，为战略性新兴产业提供人才保障和智力支持。

几年来，长沙县逐步形成了一批在省内乃至全国领先的战略性新兴产业。至2011年底，全县共有湖南省战略性新兴产业百强企业13家，其中先进装备制造产业4家：三一集团有限公司、湖南山河智能机械股份有限公司、长丰（集团）有限责任公司、北汽福田汽车股份有限公司长沙汽车厂；新材料产业2家：湖南科力远新能源股份有限公司、湖南瑞翔新材有限公司；文化创意产业1家：湖南宏梦卡通传播有限公司；生物产业1家：湖南佳和农牧有限公司；信息产业1家：长城信息产业股份有限公司；节能环保产业4家：湖南九方科技有限公司、长沙凯天环保科技有限公司、湖南三锦节能环保科技有限公司、湖南万容科技有限公司。

高技术服务业也是长沙县战略性新兴产业发展的一个亮点。县政府专门出台了《关于加快现代服务业发展的若干优惠政策》文件，从财政支持、税收优惠等方面引导和支持生产性服务业发展，全县生产性服务企业达到20多家。最具代表性的是长沙尚唐古道科技有限公司和长沙麦都网络科技有限公司。长沙尚唐古道科技有限公司成立于2008年10月，由十余名具有深厚海外留学背景和多学科专业技术人员组成，是一家致力于道路交通安全智能交通车联网和移动互联网电子商务的海归公司。公司产品为全信息化道路安全和信息服务 ihighway 云计算海量信息远程监控处理平台，以及用于路况信息采集、发布和移动搜索的交通传感器车载云终端 ishield 护身符。公司开发新一代信息技术，实现车联网、车车数据通信、车路数据协调、人车路一体化，为减少道路交通死伤事故和缓解交通拥堵及节能减排服务。公司目前正在承担交通运输部、公安部和科技部三部委联合展开的科技重大支撑项目的《国家道路交通安全科技行动计划》中构建高速公路安全信息服务走廊的技术开发和系统原型集成工作，还承担了交通运输部西部课题“预防超载超限的桥梁荷载和安全监控”项目物联网解决方案工作。公司在湖南长沙完成了覆盖道路的“无线星沙”智慧城市无线互联网项目和智能交通应用，建立了车联网校车安全 GPS 卫星和视频远程监控平台、城管执法车辆卫星和视频远程监控平台及公安执法车辆卫星和视频远程监控平台。2012 年底公司拥有交通安全和车联网专利 12 项。长沙麦都网络科技有限公司是中国领先的互联网创新应用产品的开发和运营的互联网企业。自 2008 年以来，麦都网络致力于互联网教育平台的研发，实现了人工智能技术与知识系统的完美融合，教育产品覆盖公务员考试、法律、建筑、医学等领域。2012 年底，麦都网络已经拥有自主知识产权的题库训练系统和专家指导学习系统 10 余个。公司在北京、上海、深圳、广州等地设有合作研发中心，产品辐射中国 31 个省市区，形成了强大的销售和服务网络，产品用户达 300 万人。

三　以“三化”为重点，加快农业技术创新

（一）建设特色产业科技示范基地，推进农业技术集成化

从 2008 年起，在粮食、茶叶、养猪、时鲜水果、肉牛养殖、有机蔬菜、食用菌、观赏鱼等生产经营领域，以农业产业化龙头企业牵动，建设了 12 个在全市有影响的农业特色产业科技示范基地，总面积近 10 万亩，涉及农户 5 万多户。在科技示范基地的建设中，通过控制生产流程、产品质量、收购价格等措施，推广应用了大量先进适用的农业技术，有力有效地推进了农业技术集成化。同时，通过推行标准化生产，推进农业技术的集成与应用。在种植业上建立了高档优质稻、绿色蔬菜、有机茶叶、小水果等农业标准化生产基地 25 个，总面积 20 万亩。全县已有 101 个农产品获得“三品”认证（其中无公害农产品 70 个，

绿色食品26个，有机食品5个）。“回龙湖”和“宇田”的蔬菜、粮食获有机食品转换认证，“隆平”“宇田”“国进”等12家企业的产品进行了贴标上市。在养殖业上主要围绕品种良种化、养殖设施化、生产规范化、防疫制度化、环境生态化开展规模养殖场标准化建设和标准化生产，大力推广应用现代养畜配套技术集成、畜禽高效饲养技术集成、集约化饲养规范技术集成、重大动物疫病防治技术集成、优质饲料种植技术集成。积极开发和试验、示范、推广当前畜牧产业发展的急需技术，如胚胎移植技术、动物疫病监测技术、饲料生产监控技术、无公害生产技术、畜产品深加工技术等，形成集成技术后全面推广。

（二）以政府投入为引导，推进农业机械化

2004年以来，长沙县就开始了农机购置补贴工作，到2012年上半年，全县共争取中央财政补贴资金5598万元，带动省、市、县配套资金402万元，拉动农民投资近2亿元，受益农户和农机服务组织达1.6万户，补贴各类农机具1.8万台（套）。补贴范围涵盖了耕整地机械、种植施肥机械、田间管理机械、收获机械、收获后处理机械、农产品初加工机械、排灌机械、畜牧水产养殖机械、动力机械、农田基本建设机械、设施农业设备和其他机械等12大类31个小类79个品目机具。在补贴政策引导下，农民购机积极性提高了，各种新型、高性能的农业机械广泛应用在粮食生产、设施农业、农产品加工、运输、排灌、畜牧、水产、养殖、林果业等领域，加快了机械化生产进程。至2011年底，耕、种、收三大水稻生产环节的机械化作业水平分别达99.9%、17.4%、99.6%，农业综合机械化生产水平达75.1%。全县农机社会化服务水平大幅提高，农业机械在农业生产、农村经济、农民收入“三个增长”中发挥了重要作用。

（三）以“12396科技助农直通车”工程为牵动，推进农业信息化

近年来，长沙县着力实施“星火科技12396长沙科技助农直通车信息工程”，经过多年的努力，在基本设施建设、体制机制建设和配套服

务等方面，形成了较为完善的工作基础，实现了“直通车”助农的有效对接服务。截至2011年底，共有涉农网站10个、农业科技数据库2个，县级信息服务站6个、乡镇信息服务站21个，村、企业、合作社信息服务站35个，市级示范站7个，服务专家118名、核心示范户380户、辐射大户1320户。此外，在动物防疫体系和畜禽标准化养殖中建立了动物标识及疫病可追溯系统和动物防疫远程网络管理平台，实现了动物防检疫工作各有关环节信息的即时传输、汇总和管理，提高了重大动物疫病防控能力和水平，促进了畜牧业持续健康发展。长沙县还建立了农产品市场信息手机发送平台，为农产品交易提供适时市场信息。

四　推广先进节能产品和技术，推进低碳循环发展

（一）推广补贴高效照明产品

从2009年开始，长沙县对使用高效照明产品实行财政适当补贴，以推动节能降耗。县里制订了推行补贴高效照明产品的任务并分解到各级部门、各单位，在各村和社区设立节能灯推广站，并通过电视和报纸公告、手机短信提示、召开村社（区）会议、发放宣传资料等方式，积极推广补贴高效照明产品。三年来，全县累计销售财政补贴节能灯26万余支，每年可省电1250万千瓦时，减排二氧化碳12500吨及大量废气、粉尘。

（二）强化房屋节能设计和推广节能降耗材料及施工技术

首先是设计严格把关，要求设计单位编制节能和新能源与可再生能源应用专篇，在施工图审查备案前进行节能设计审查备案，使节能设计率达100%。其二是鼓励和扶持民用建筑项目采用太阳能、地热能、浅层地能、生物质能等可再生能源，对2万平方米以上的大型公共建筑和国有投资项目，建设单位应当选择一种以上合适的可再生能源，用于采暖、制冷、照明和热水供应等。建设可再生能源利用设施应当与建筑主

体工程同步设计、同步施工、同步验收。新建居住建筑 12 层以下（含 12 层）具备条件的，应当统一设计和安装太阳能热水系统。鼓励新建居住建筑 12 层以上在技术经济和环境条件允许的情况下统一设计和安装太阳能热水系统。其三是指令性推广节能降耗材料及施工技术，重点建立和实行了建筑材料必须有长沙市节能办的备案证明、节能信息公示，实行定期检查等制度。三年来，全县建筑节能设计率 100%，节能合格率 100%，节能验收合格率 100%，所有节能项目均达到了节能 50% 的效果。

（三）推广农业节水灌溉技术

先后建成金井湘丰、金井茶叶基地喷灌工程，金井镇隆平高科蔬菜基地喷灌工程，春华镇宇田蔬菜基地喷灌工程，路口镇龙华山蔬菜基地喷灌工程，白沙乡小水果基地微滴灌工程，金井镇金龙村管道灌溉工程等一大批高效节水灌溉工程，总面积已达 11000 亩。高效节水项目建设的引导和示范，促进了农业种植结构调整，扩大了茶叶、水果、蔬菜、优质稻等经济作物的种植面积，大大提高了农业的效益，保证了种养殖业技术集成的推进和实现。目前，长沙县已获批为全国第三批小农水重点县（高效节水灌溉示范县），每年将建成高效节水灌溉面积 2 万亩以上。根据长沙县水利规划，未来十年计划发展 20 万亩以管灌、喷灌、微滴灌为主的高效节水灌溉工程。

（四）强化污染物减排和治理

自 2008 年以来，长沙县加大了减排工作力度，成立了县节能减排领导机构，统筹协调全县的污染物减排和治理工作，通过逐步弱化和淘汰能耗高、污染重、产出低的产业和积极鼓励企业优化升级等手段，加大对养殖、造纸、制革等涉水排污大户的治理，共关停机砖厂 5 家、化工企业 4 家、水泥企业 3 家、养殖企业 5 家，指导 20 多家企业进行技术改造，实现达标排放。2012 年底，全县的制革厂已全部关停，规模养殖户已全部治理达标，4 年来累计完成二氧化硫减排 5768.79 吨，顺利完成了省、市下达的二氧化硫减排任务。以污水处理厂建设和涉水排污企业达标治理来推进 COD 减排，使县城生活污水处理率达 90% 以上，累计完成 COD 减排 3156.59 吨。

（五）健全资源循环利用回收体系

在农业生产方面，重点抓住农村沼气建设和利用环节，在实现资源循环利用的同时，改善农村生产生活环境，提高农民生活质量、减少畜禽污染。2008～2012 年，长沙县被纳为国家发改委、农业部沼气国债项目建设县，投资 5366.54 万元（其中中央补助 1528 万元），在全县新建沼气池 13336 个，新建大中型沼气工程 4 个，小区 30 个、联户 90 个。2012 年底，全县 10 万户沼气池年产沼气 5000 万立方米，相当于节约标准煤 8 万多吨，减排二氧化碳 20 多万吨，相当于封山育林 30 多万亩，年产优质有机肥 90 多万吨，每年为农民节支增收 1 亿元。在工业生产方面，重点在国家税收优惠政策引导下，开展资源综合利用的认定工作。2012 年底，全县已有 17 家企业通过了资源综合利用的认定，并享受了国家的税收优惠政策。根据国家《重金属污染综合防治“十二五”规划》《湘江流域重金属污染综合治理实施方案》和湖南省《湘江流域工业企业清洁生产实施方案》的标准和要求，推进清洁生产审核工作，裳海迪瑞特、同心实业等 8 家企业被列入省级试点企业名单，并已组织 12 家企业开展清洁生产申报工作。

五　实施科教兴县和人才强县战略，壮大创新人才队伍

长沙县委、县政府始终把教育工作摆在优先发展的战略地位，提出了“湖南一流、中部先进、全国有特色”的教育发展目标，创新教育理念，突出均衡发展，全面推进素质教育，先后被评为“湖南省首批教育先进县”、教育部“全国阳光体育先进县”。

一是不断加大教育投入。2010 年教育预算 6.03 亿元，义务教育投入 54521 万元；全县基本建设项目支出 1.35 亿元，用于义务教育中小

学建设资金24332万元。2011年教育预算7.2亿元，其中义务教育投入62819万元；全县基本建设项目支出2.45亿元，用于农村中小学建设资金14988万元。二是推进素质教育。重点是树立以德治校、以德育人、以德修身的理念，促进家长与学校互动，加强学校体育工作，开展科技活动。三是加快职教发展步伐。构建了政府主导、社会参与的具有职教特点的管理机制、建立了职业教育经费投入保障机制、适应职业教育特点的用人机制，构建了面向市场办学的发展机制。四是大力引进大中专院校。几年来，先后有湖南大众传媒学院、湖南警察学院、贺龙体校、湖南信息科学技术学院、湖南机电工程技术学院、长沙师范学院、长沙卫校、长沙明照日本语专修学院等20多所大中专院校成功落户星沙，显示了一座现代化城市巨大的精神容量和资源承载能力。同时，为全县突破人才与科技瓶颈、促进高位发展、繁荣社会经济起到了积极的推动作用。

在人才强县方面，县委出台了《长沙县引进高层次人才的若干规定》和《关于人才引进“3235”工程实施意见》，通过政策引导，几年来共引进培养经营人才、管理人才、技术人才和技能人才等各类人才3000多名，其中2011年引进82名高层次人才，含海外留学归国人才11名。2012年底，全县专业技术人员达到30000万人，为长沙县经济社会的快速发展提供强大的智力支撑。

六 长沙县创新发展的主要经验

进入“十二五”，中国经济社会处于转型发展的关键时期，必须把科技创新作为加快转变发展方式、推动经济社会持续稳定健康发展的重大课题和重要任务。这不仅是立足当前、应对危机的权宜之计，更是面向未来、着眼长远的重大战略抉择。几年来，长沙县以建设创新型县区为载体，在两型发展中不断抢占科技制高点，优化产业布局，推进经济社会协调发展，进一步形成了科学发展的新优势。长沙县创新发展的经验主要有以下几点。

（一）发挥政府引导作用，统筹创新发展全局

县委、县政府制订了科技创新规划，明确了依靠自主创新，打造全国科技进步示范县、新型工业化强县、现代化农业强县、绿色生态示范县、现代化教育强县、文化事业强县、最佳人居环境示范县等目标。成立了建设创新型县区领导小组及办公室，制订年度计划，完善产业、财税、金融、土地等方面的推进措施，着力构建科技创新的政策支撑体系，综合推进以产业为重点的经济领域和社会事业的创新发展。

（二）构建创新平台，加强企业创新能力建设

依托重点骨干企业，围绕核心技术的研发和攻关，建立具有国内国际领先水平的工程化平台和技术服务平台，促进科研活动与产业集群的有机结合，形成产学研相结合，多主体、多层次、开放互动和协调发展的自主创新体系。围绕主导产业、重点领域、核心技术的突破创新，引导企业建立技术研发中心，组织实施前沿性技术研究、关键共性技术攻关，促进高新技术产业化，实现长沙县传统产业的改造升级和战略性新兴产业的跨越式发展。

（三）加强相关配套服务，优化创新发展环境

以主导产业、战略性新兴产业的重点项目建设为重点，集中解决企业发展中的实际困难和问题，积极加强对资金和水、电、路、气等要素的调度协调，为企业创新发展保驾护航。充分发挥金融机构、企业及各类社会组织在创新发展投融资中的主体作用，构建多层次的投融资体系。支持金融机构创新信贷品种、改进融资服务，对符合条件的产业化项目、园区基础设施项目和公共服务平台项目提供信贷支持；研究设立创业投资、科技投资、风险投资等引导基金和中小企业信用担保及再担保基金，支持科技型企业进行研发、中试和产业化；支持和推动实力强、成长性好的高新技术企业在国内中小企业板、创业板或境外上市融资。组织专题产业对接洽谈和推广活动，支持企业展览展示和市场开

拓，在形象展示、产品展销、网络推广等方面予以优先安排，适当补助推广经费，对新认定的名牌企业落实奖励措施。

（四）实施典型引路，开展创新型单位建设试点

从 2008 年开始，长沙县在有条件和有要求的乡镇、企业、机关、学校、医院、社区中，每年选择 10 个单位，作为全县创新型单位建设的试点示范单位，并从建设的规划和方案编制、工作推进、经验总结等方面给予指导、帮助及适当的经费支持。同时，先后推荐了 27 个单位作为长沙市创新型建设的试点单位。通过近 70 个试点单位的引导和示范作用，不断明确创新方向，提高了创新质量，积累了创新经验，强化了全县上下创新氛围。

（五）完善人才工作机制，提供创新智力保障

注重加强与高校联合，采取定向培训等方式，培养具有战略眼光、创新意识、现代经营管理水平的创新型企业家。重点引进掌握关键核心技术，带动新兴学科和产业发展急需的战略科学家、领军人才和企业经营管理人才，对有突出贡献的高技能创新人才，实行政府津贴、企业津贴制度。解决好高素质人才的餐饮、孩子入托入学、娱乐、休闲等需求，形成一流的人居环境。健全和落实科研人员技术入股、研发人员持股、知识产权归属等激励措施，鼓励科技人员自主创业和从事科技成果产业化活动。落实科技人员服务企业技术创新行动，动员高校院所科技人员带技术带成果进企业，开展技术服务。完善人才综合服务机构，设立人才服务大厅，为人才提供“一站式”服务。支持和鼓励社会中介服务机构发展，健全人才信息服务体系。

第八章

两型发展与城乡一体化

中央确定长株潭城市群和武汉城市圈作为资源节约型、环境友好型社会建设综合配套改革试验区，体现了在新的历史时期协调区域发展和城乡发展关系的战略考量。长沙县地处长株潭城市群的地理中心区，在两型社会建设中统筹城乡发展，创新城乡一体化发展，构建以城带乡、以工促农、城乡居民平等分享发展成果的新格局，缩小了城乡差距；在统筹城乡发展、推进城乡一体化发展中，突出转变发展方式和机制体制创新，着力改善城乡发展的基础，扎实推进节能减排、生态建设和环境保护，进一步夯实了两型社会建设的基础。长沙县两型社会建设和城乡一体化发展良性互动、相辅相成的发展路径，成效显著，具有普遍借鉴价值。

一　坚持规划先行，增强城乡综合承载力

建设两型社会是我国现代化建设的必由之路，而以工业化、城市化和农业现代化为基本内涵的现代化建设，既是经济社会发展水平极大提高的途径，又是对人与自然关系和城乡关系的重大调整。科学的发展规划不仅是经济社会发展的蓝图和协调人与自然关系的依据，而且是少走弯路、减少内耗、实现社会财富快速积累的重要保证。长沙县下辖国土面积近 2000 平方公里，有常住人口近 100 万人，预计 2030 年前后常住人口将在现状基础上再增长 50%。要在有限的土地上承载不断增长的

城乡发展需要，科学编制城乡发展规划并严格执行，是长沙县实现城乡发展一盘棋、建设管理一张图的重要前提。

（一）优化空间格局

根据各乡镇的区位条件、资源环境禀赋和经济社会发展基础等，长沙县编制了《城乡一体化规划》，确定了“南工北农”的总体布局。北部依托自然资源优势条件，建设现代农业示范区，根据发展专业化现代农业的要求建设特色村镇，突出生产、生活服务功能，建设快速交通系统，串联城乡，形成点轴状村镇空间结构。中部依托其机场、高铁和经济开发区产业聚集的优势，编制了300平方公里的星沙新城总体规划，建设现代化城区，发挥近郊乡村优势，融居住、休闲、生态环境保护等功能于一体，实现城乡功能协调与互补。南部依托地处长株潭三市地理中心区位和自然生态资源优势，发展高新产业和服务于长株潭城市群的特色旅游休闲服务业。

（二）坚持规划城乡全覆盖

长沙县贯彻全域规划、全面规划的原则，全面推进城乡产业发展一体化，城乡基础设施建设一体化，城乡公共服务体系建设一体化，城乡环境保护一体化。按照组团化、网络化、生态化的要求，编制了所有乡镇（街道）的总体规划和村庄规划，形成相互配套、全面对接的城乡规划体系。一方面全面对接长沙市区，构建北部开元路、长永路沿线，中部长沙—机场沿线，南部长沙—高铁—CBD沿线等三条轴线的发展空间；另一方面，建设县域内高效便捷的交通体系，把中心镇区作为服务乡村的节点，促进城市服务设施向农村延伸和城乡要素的自由流动。

（三）加强规划管理

长沙县严格规范城乡建设项目决策程序，努力防止和避免随意性现象，强化规划的执行监督检查，严肃查处违反规划的行为。同时加大国土卫片执法检查力度，严格遏制违法违规建设。仅2011年全县就拆除违章建筑6.76万平方米。

综合承载力是一定区域内满足一定数量人口生产生活基本条件的总和，既与该区域内自然资源禀赋密切相关，又是各种基础设施建设发挥综合效用的结果。当前，我国城乡差距首先表现为基础设施建设上的差距。长沙县合理配置快速工业化、城市化积累的公共财力，统筹安排建设项目，促进基础设施向农村延伸，逐步推进城乡公共基础设施全覆盖。近年来，先后启动和实施了开元东路东延、黄兴大道北延一期、芙蓉南路暮云段、黄兴大道南延和北延二期、万家丽北路北延、人民东路东延、S207线南延等重大项目，县域内的“八纵十六横”路网格局基本形成，城区空间大幅度拓展，综合承载力大幅度提升。全面推进水、电、路、气、讯“五网下乡”工程，实现了镇镇通自来水、村村通水泥公路，城乡供电稳定率和用电质量大幅度提高，已有8个乡镇（街道）接通天然气，全面完成了数字电视平移，有线电视城乡联网，实现了城乡全覆盖。2011年，全县又完成投资8.5亿元，实施“百条乡村公路，千里河港堤岸，万户农家庭院”三大绿色愿景工程，不仅为农村居民平等分享发展成果提供了基础设施保证，而且优化了农村发展环境，直接提升了农村居民的生活质量。未来10年，长沙县将投资76亿元用于农田水利基本建设。

建设两型社会，城市是点，农村是面；治理污染，保护环境，城市是重心，农村是基础。长沙县统筹城乡生态环境保护，率先实践“生态县”创建。以浏阳河、捞刀河流域治理为切入点，实施“截污、清淤、固堤、增绿、造景”工程，依托生态优势，发展循环经济，实现绿色增长。2011年，涉及9个乡镇、42个村的连片整治工程已经基本完成，水源敏感区污染企业已停止排放。在全省率先建立生态补偿机制，2011年，计提生态补偿基金5400万元。实施城乡污水处理设施全覆盖、农村生活垃圾处理全覆盖、畜禽分区养殖和污染治理。禁养区退出生猪养殖，一级限养区散户养殖规模控制在20头以下的目标已经实现。各乡镇组建农村环保合作社，村村配备保洁员。全县新建四池净化系统近5万个，沼气池1.28万座，卫生改厕5618座，农村分散居民生活污水处理率达40%。全面推进城乡绿化、农村安全饮水工程和推广节能型路灯建设。不仅改善了长沙县农村环境质量，提升了农村现代化建设水平，而且增强了全县城乡环境承载力，进一步夯实了两型社会建设的基础。

二　坚持以工促农，促进农村产业转型发展

建设两型社会要求提高城乡资源配置效率，城乡一体化发展的中心任务是加快农村发展，实现农村居民收入水平的较快增长。增加农民收入的基本途径有两条，一是发展农村产业，二是促进农村劳动力向非农产业转移，包括农民工进城就业。但农民工进城就业的收入在本质上已不再是农村居民收入，所以提高农村居民收入水平的基础还在于农村产业的快速发展。长沙县以促进城乡资源要素双向流动为切入点，大力推进以工促农战略，切实转变农业增长方式，积极培育新型农业市场主体，推进农村经济向特色化、规模化、市场化方向发展，不断夯实城乡一体化发展和农民增收的基础。

（一）吸引城市要素向农村流动

2008年，长沙县出台了《鼓励现代农业发展投资暂行办法》政府文件，规定经营面积200亩、注册资金300万元以上的新建现代农庄以及在现代农业园区新办的注册资本在500万元以上的现代农业企业，且总投资超过5000万元或纳税县级收入超过200万元的新上现代农业生产性项目，由县委、县政府采取“一事一议”“一项一策”给予支持。经主管部门认定批准的现代农业生产基地，经营耕地连片100亩以上的前三年每亩补助300元，新办现代农业企业所得税地方留成部分，投产后两个纳税年度由县财政等额奖励，第三年至第五年给予50%的奖励；其所开展的试验推广项目，引进的良种、种苗、种畜（禽）免征进口增值税；被国家有关部门认定的高新技术企业，从获利年度起减按15%税率征收所得税。在“2011年中国·长沙（深圳）城乡一体化建

设投资推介会”上，长沙县共有5个项目现场签约，签约金额达194.77亿元。

（二）发展特色现代农业

依托自然资源禀赋，围绕粮食、蔬菜、茶叶、水果等七大主导产品，着力打造特色、规模、品牌优势，促进农业升级和现代化。加快国家现代农业示范区建设，被国家农业部列为双季稻高产创建整县建制推进试点县，建成水稻万亩高产示范片20个，获“湖南省粮食生产标兵县”称号。启动三年新扩2万亩蔬菜标准化基地建设计划，2011年已经完成8033亩，隆平高科、惠农农庄等农产品生产的有机化、专业化、标准化进一步提高。宇田现代农庄投资2400万元建设高标准设施化蔬菜生产基地，采取有机栽培、生物防治，成为香港金明菜场的重要合作伙伴。建设湖南省百里茶廊有机茶科技特色产业基地，不断扩大优质茶叶产业示范规模，提升品牌知名度。推广茶园测土配方施肥、频振式杀虫灯等先进适用技术，已被认定为国家级茶叶标准化示范区。“金井”牌白露茶获国际（瑞士）有机茶认证，被评为中国驰名商标。2011年长沙县全县无公害农产品产地认定面积达66.2万亩，其中水稻44万亩、蔬菜11.6万亩、茶叶5万亩、水果5.6万亩；全县农产品“三品”认证118个，其中无公害农产品70个，绿色农产品43个，有机农产品5个，认证数量与面积均居湖南省首位。

（三）加快农村非农产业发展

延伸优势农业产业链，发展农产品加工业和服务业。全县规模以上农产品加工企业已达58家，榘梨镇的亚林“小瓜子炒出了大产业”，成为国家级农业龙头企业。发展各类农产品批发市场和品牌产品直销连锁店，推进销售网络建设，发展城乡现代商贸、餐饮、旅游、休闲等服务业，拉动城乡消费。金井镇仅2011年就新增商铺120家，投资3亿元的青山国际狩猎场项目建设已完成立项，全镇农村经济总收入中80%以上来自非农产业。湘丰茶庄引进优良品种和先进生产设备，打造水晶粉品牌，带动了红薯种植业，农民耕地经营每亩收入增加2000元。

（四）创新农业经营机制

长沙县以发展现代农业、建设两型农业为目标，以土地流转为契机，以建设现代农庄为平台，创新经营机制，整合资源要素，推进农业产业（企业）化经营、专业化生产、市场化运作。2012年，长沙县百亩集中连片的现代农业项目已发展到190个，其中现代农庄已有50家；流转土地35万亩，其中耕地流转面积25万亩，几乎涉及所有自然村近8.5万农户，先后有联想集团、香港枫林公司等一批境内外企业参与土地流转和现代农庄建设，合同投资总额超过200亿元。曙光山城葡萄产业园投资3000万元建设标准化核心示范基地，带动全县葡萄种植面积7000亩，农户每亩收入增加6000多元。长沙县以科技进步为动力，加快农村产业发展，提高了农民收入水平，缩小了城乡差距。2011年，全县农村居民人均纯收入14327元，比上年增长19.2%；城乡居民收入比由2008年的2.0∶1下降为不足1.7∶1，与全国持续扩大的城乡收入差距形成了明显的对照。

三　坚持以城带乡，推进社会主义新农村建设

新型工业化和新型城市化是两型社会建设的动力和载体，农业和农村现代化是两型社会建设的基础。工业和服务业的空间聚集既是城市化的动力，又是工业化的客观规律，而城市化为工业和服务业的聚集发展、规模发展和集群发展提供依托，农业和农村的现代化为工业化和城市化提供资源保证和生态环境支撑。长沙县以科学发展观为总揽，坚持“兴工强县、南工北农、产城融合、城乡统筹”战略，坚持“幸福与经济共同增长、乡村与城市共同繁荣、生态宜居与发展建设共同推进”的科学发展理念，扎实推进社会主义新农村建设，推动两型社会建设向纵深发展。

（一）集中打造特色乡镇，为社会主义新农村建设提供示范

2010年上半年，榔梨、金井、开慧三个乡镇被长沙市纳入城乡一体化示范乡镇，长沙县结合三个乡镇的实际出台了《关于支持榔梨镇、金井镇、开慧乡城乡一体化试点建设的若干政策》，提出了“资本集中下乡、产业集中发展、土地集中流转、农民集中居住、生态集中保护、公共服务集中推进”的城乡一体化建设总体要求，在行政审批、财政人事、编制、行政执法、管理等方面扩大乡镇权限。到2012年年中，三个示范乡镇三年累计投资达18亿元，实现了镇区提质升级，发挥了城乡连接的枢纽作用；农村环境面貌焕然一新，发展特色鲜明。金井镇以建设“茶乡小镇”为主题，发展特色现代农业和生态旅游业，培育了“金茶、金米、金菜、金薯”等四个农产品品牌和“金井”“湘丰”两个中国驰名商标；建成了乡村公共自行车系统，打造了20家示范乡村客栈，形成了乡村旅游载体。榔梨镇依托毗邻长沙市区区位、千年古镇、自然水生态系统三大优势，突出与市区对接，强力推进新型工业化和城市化建设，完成了房屋立面改造工程和“一点两线”沿线房屋整治工程，对汇集浏阳河的4条水系从城市防洪、改善民生、美化景观角度确定了设计理念。开慧镇以建设“板仓小镇”为重点，融现代服务业、休闲观光和现代农业于一体，探索远郊农村吸引城市市民、人才、资本下乡的路径；斯洛特水街突出产业发展与城镇建设、营商环境和宜居乐业的统一，开慧纪念馆升级为4A级景区，提升了乡村旅游的品位。

（二）改善农村居住环境，提升农民精气神

长沙县以创建“全国生态县”为目标，投资11亿元启动农村环境综合整治工程，实施以“清洁水源、清洁田园、清洁能源、清洁家园”为内容的“四洁农村”工程，“户分类减量、村主导消化、镇监督支持，县以奖代投”的农村生活垃圾处理模式已经基本形成；将全县划分为禁止养殖区、限制养殖区和适宜养殖区，达到了全县畜禽养殖数量与

环境承载能力相适应。金井镇金龙村通过集中区整体改造和集中新建片区两种形式，累计完成居民住房改造400户，新建68户，同步配套道路改建、路灯安装、庭院绿化，一个极具江南水乡特色的秀美金龙村已经呈现在世人面前，参观人群络绎不绝。同时全镇建立“兼顾四边、四级联动、五位一体”的农村环境治理机制，逐步转变群众的生产生活方式，农村环境面貌大为改善。

（三）提升中心集镇的凝聚力

中心集镇（小城镇）是城乡交流的节点，上接城市的辐射，下为周边农村提供生产生活服务。长沙县在积极支持𣗋梨镇、金井镇和开慧乡进行城乡一体化试点的基础上，高度重视中心集镇建设，突出规划布局，拓展发展空间，增强小城镇的吸引力和承载力。𣗋梨镇加强与经济开发区的对接，促进城乡融合，计划经过5～10年的努力，全镇建设成为新城区，实现农民变市民、农村变城区。现“一街三路”景观改造和道路升质工程已经完成，一个明清风格的江南古镇即将再展风姿。金井镇以建设省会北部卫星城定位，先后聘请专业规划设计部门编制了金井镇城乡一体化总体规划，集镇控制性详细规划等1个总规、10个子规，以现代简约风格对临街居民楼进行立面改造、统一招牌；对镇区进行绿化、美化、亮化等提质改造，商业利润和集镇商业价值大幅度提升。开慧镇制定“三年行动计划”，聘请专业规划机构对规划范围内19.2平方公里做了集镇建设总体规划（2010—2030年），提出了以“三心、三轴、五点”为空间结构的板仓小镇建设规划，计划用5～10年把板仓小镇打造成湘北“经贸重镇、旅游强镇、文化名镇、生态美镇”。现投资2600万元的骄杨路景观改造，给水、污水管铺设，电力电信下地和沿线房屋立面改造已经完工；投资1920万元、占地15亩的斯洛特水街工程已经启动。城乡一体化试点乡镇原则上不批准农民在集中居住点之外新建住房，不鼓励农民在原址改建、扩建房屋，鼓励农民建房向规划的居民点集中，由此形成吸引分散居住的农村居民向集镇聚集和相对集中居住的合力。

（四）构建农村社会保障和公共服务体系

2008～2011年，长沙县财政总收入增加了近2倍。以快速工业化积累的公共财力支持农村公共服务体系建设是长沙县建设社会主义新农村的重要方面。近年来，长沙县财政支出逐步扩展范围，加大投入力度、提高标准，构建覆盖城乡包括农村低保、新型农村合作医疗、新型农民养老保险等在内的社会保障体系，提高城乡公共服务均等化水平。全面推广“免费门诊”，实施基本药物制度，减轻了农民就医看病负担，基本上实现了“小病不花钱，人人享有基本医疗服务”的目标。推进城乡教育一体化，促进城乡教育均衡发展。改善边远乡镇教师工作生活环境，启动乡镇公立幼儿园建设。逐步密切与社会保险、社会救助、社会福利的衔接和协调，提高农村社会保障统筹层次和保障标准。突出农村文化建设，一个县、乡（镇）、村（社区）三级公共文化设施网络正在构建之中。各乡镇综合文化站已经建成，农家书屋已经实现村级全覆盖，2015年全县村级文化活动室建设将全部完成。全县农村地区实现了无线数字电视无缝隙无盲区覆盖。推进城乡公交一体化，城乡公交站点和线路坚持“五统一”，即统一许可政策、统一经营方式、统一车辆规格、统一标志标识、统一服务标准，已有五条城乡公交开通运行。

四 坚持改革创新，构建城乡一体化制度体系

两型社会建设中心任务是节约资源、保护生态环境，其根本目的是提高城乡居民的福祉；城乡一体化是通过加快农村发展，实现城乡居民平等分享发展成果。两者终极目标高度一致。在两型社会建设中协调城乡发展的关系，在城乡一体化发展中突出节能减排，实现环境友好，均有赖于体制机制的保证。长沙县在两型发展中坚持以改革为动力，不断创新体制机制，以较为完善的体制机制对各利益主体施以正确的引导和规范，确保两型社会建设和城乡一体化发展顺利推进。

（一）扩权强镇

乡镇是推进城乡一体化发展的基础性行政层级。长沙县每个乡镇下辖数十个行政村、上百平方公里辖区和数万人口。完善乡镇职权、激发乡镇活力，对于推动长沙县两型社会建设和城乡一体化发展具有重要意义。2011年，中共长沙县委、县政府出台了《关于积极推进扩权强镇工作的若干意见》，规定按照权利与责任相统一、财政与事权相匹配、用人与任务相适应的原则，乡镇可以根据工作重心和发展需要，在核定的机构、编制数额范围内调整内设机构，乡镇新进临时编外用工人员由乡镇自行组织招聘、续聘、解聘，增加乡镇党委、政府对干部职工绩效奖金和绩效工资的内部调控额度。对乡镇财政所、动物防疫站、水管站、林业站等逐步实行“县乡共管、以乡为主”的管理体制，不再实行“乡财县管乡用”体制；小城镇建设、小水利、村级公路、农村社区建设、安居工程、村级公益事业“一事一议”财政奖补等项目的计划安排权下放到乡镇，农民集中居住点的规划执行权下放到乡镇；加大乡镇对城镇管理、城乡建设、商务卫生和食品药品、农业、社会事务等领域中各类行政违法行为的巡查监管力度，配合县级行政执法机关开展联合执法；对城乡一体化试点乡镇有区别地下放部分行政审批权。

（二）改革城乡公共服务和社会管理体制

在《长沙县资源节约型和环境友好型社会建设综合配套改革试验实施方案》中，把城乡公共服务体制改革和社会管理体制改革作为两型社会建设配套改革试验的重要内容。确定扩大财政对新农村建设的投入规模和比重，支持基础设施向农村延伸，实现城乡基础设施对接；推进城乡教育均等化发展，构建城乡统筹的公共卫生体系，加快建立低费率、广覆盖、可转移、与现行城镇制度相衔接的新型农村社会养老保险制度，完善城乡一体化的社会救助体系，逐步扩大财政对社会救助的投入；创新社会管理理念和方式，推进社会管理由政府无所不包的一元化管理向政府主导的，有社区、村镇、社会中介组织、行业协会参与的多元化管理转变，强化政府公共服务功能，建立健全社会预警体系和应急救援机制，有效解决各类社会矛盾和不稳定因素。

（三）创新土地利用机制

在当代，土地不仅是财富之母和各类生产生活活动的物质载体，是资产、资本和生产要素，而且是社会再分配、调节各种利益关系的重要介质，是实施发展规划和进行宏观调控的杠杆。工业化、城市化过程是非农业用地大量增加和农业用地大量减少时期。土地利用空间结构的大变动，必然引发多种利益矛盾和冲突。长沙县顺应时代要求，不断创新土地利用机制，协调各种利益关系，促进和谐发展。一是坚持南工北农空间发展战略，按照城乡一体化规划，推进农业用地向规模经营集中、工业向园区集中、农村居民向城镇集中。鼓励引导资本下乡和农民依法、自愿、有偿流转承包土地。全县累计流转土地30.5万亩，其中耕地20.1万亩，约占耕地实有面积的30%，实现了农民增收、农业用地集约、农业产业化（企业化）和现代化水平提高。二是依法征地拆迁、规范征地拆迁，维护征地拆迁户合法权益。对征地拆迁做到精心组织，周密安排，严格工作程序，执行政策不走样。贯彻公开、公正、公平的原则，确保征地拆迁工作透明化，信息公开化。落实“三公告一登记”制度和公示制度，所有拆迁项目在进场前发布《征收土地方案公告》，就项目推进情况适时发布《征地补偿安置方案征求意见公告》和《征地补偿安置方案实施公告》。所有征地拆迁补偿数据和补偿金额实行三榜公示：摸底人口和补偿资金在村委会公示5天，无异议后由村委会签具意见存档；下达到户的拆迁、腾地通知书，付款前公示5天，无异议后由村委会签具意见存档；所有补偿项目在县局域网上公示。实行项目资金审核制和点对点支付，个人拆迁补偿费通过个人身份证，由银行支付，集体补偿费则打到乡管村账上，乡村共管。畅通群众征地拆迁上访渠道，变上访为下访，做到不推诿，不扯皮，有问必答，有访必接，事事有落实。2011年，全县共承接征地拆迁项目78个，涉及1403户，涉地12338亩，拆除建筑面积54.8万平方米，没有发生一件大规模群体事件，实现了和谐征地拆迁。

（四）出台生态扶贫移民政策

人群贫困的原因多种多样，地区贫困的根源则在于人与生产要素的不匹配。长沙县三面环山，属亚热带季风性湿润气候，雨量充沛，保护山区生态环境具有全局意义；而偏远山区生存条件差，水库周边地区发展生产受到限制，扶持当地居民脱贫解困成为城乡一体化发展的重要一环。长沙县高瞻远瞩，对北山、福临等7个乡镇自然环境恶劣、基础设施薄弱、交通不便、生活水平低和易受地质灾害影响的群众实施生态扶贫移民。具体包括水库库区，生产资料匮乏或发展生产必须以破坏生态环境为代价，不利于封山育林、退耕还林和水源涵养的农户；偏远山区，交通不便、就学难、通信难、供电难等基本生活条件恶劣的农户；列入自然生态保护区规划范围内的农户。生态扶贫移民总体把握两个原则：一是自愿搬迁，政府补助。县政府按人均5万元的标准进行补助。二是科学安置，有序推进。对实施生态扶贫移民的地方，以自然村和聚集点为单位，引导整体搬迁，统一规划，分步实施。有条件的乡镇规划建设移民新村或移民公寓，集中安置；鼓励移民自行购房或投亲靠友，向城镇迁移；三无人员由乡镇安排到敬老院。生态扶贫移民功在当代，利在千秋。长沙县生态扶贫移民政策的出台与实施，不仅为生态脆弱地区和生态敏感地区的环境可持续保护奠定了稳固的基础，而且永久性地解决了资源性贫困问题，提升了政府扶贫投资的效果，实现了两型社会建设与城乡一体化发展的完美结合。

第九章

两型发展与节约集约用地

一　长沙县节约集约用地背景

（一）城镇空间发展与耕地保护、生态建设矛盾突出，是长沙县节约集约用地的内在需求

一方面，长沙县作为长沙市近郊县，承担长沙市城市部分职能，为城镇化人口和工业化企业进驻提供必要的生活、生产空间，建设用地需求量较大。2011 年，全县实现地区生产总值 789.9 亿元，同比增长 16.9%；财政总收入 120.6 亿元，同比增长 60.7%，成为全省首个财政收入百亿元县。强劲的经济增速需要持续的土地保障作为支撑。2011 年，长沙县共获审批建设项目用地 122 宗，总用地面积达 1097.08 公顷。截至 2011 年，建设用地占土地总面积的比重为 12.97%，超出长沙市平均水平 2.03 个百分点，比湖南省平均水平高 8.10 个百分点。另一方面，长沙县作为湖南省粮食主产区、长沙市重要的“菜篮子”基地，肩负着为长沙市提供粮食和各类时鲜农产品的重任，必须保有相当数量的耕地尤其是基本农田；长沙县大部分现有城镇，特别是中南部以星沙城区为中心的经济发展较快的城镇，分布在地形平坦、资源环境优越的捞刀河、浏阳河河谷地带，城镇周边分布着大量优质耕地，城镇扩展势必占用周边优质农田，使得城镇空间扩展与耕地保护的矛盾十分突出。长沙县后备资源有限，完成占补平衡难度逐年加大。按照规划，2006～

2020年全县新增建设用地占用耕地预计为5193.19公顷，而2011年长沙县耕地后备资源仅2422.8公顷。从2009年起，长沙县已经停止土地开发，耕地占补平衡主要依靠异地补充来完成。另外，长沙县作为长沙市城区的“东门”，必须保留相当规模的生态用地，用以保障长沙市生态安全。解决长沙县日益突出的土地供需矛盾，节约集约用地是必然出路。

（二）城乡建设用地利用总体粗放，既是长沙县土地利用的现实问题，也是节约集约用地的潜力所在

低效利用土地的现象在长沙县各乡（镇）都较为普遍。在早些年的招商引资过程中，部分乡（镇）一度强调“营造政策洼地，放宽土地使用门槛”，利用压低地价等方法来吸引外来资金，低廉的土地成本助长了部分企业多用地、用好地和宽打宽用的风气，导致目前乡（镇）单位工业用地工业总产值偏低，工业企业土地利用低效。2011年，长沙县城镇工矿用地总面积为4497.13公顷，人均城镇工矿建设用地面积为131平方米，超出《城镇规划人均建设用地指标（GBJ137）》规定的120平方米/人的上限。原有农村宅基地管理政策宽松，导致目前乡（镇）人均居民点面积偏大，农村居民点用地较为粗放。2011年，长沙县农村居民点用地面积为16924.74公顷，人均用地面积为345.70平方米，远远超出《镇规划标准》（GB50188-2007）规定的人均140平方米的上限标准。农村居民点布局分散，聚居农户五户以下的农村居民点个数达到34780个，占全县农村居民点总个数的68.02%。

（三）国家设立长株潭两型社会综合配套改革试验区，为推进长沙县节约集约用地提供了大好机遇

2007年12月14日，国务院批准长株潭城市群为“全国资源节约型和环境友好型社会综合配套改革试验区”。为了推进两型社会建设，长沙县明确提出了探索节约集约用地的体制机制，主要内容包括：一是实施土地综合整治，推进土地集约利用和市场化配置。二是积极稳妥开

展城镇建设用地增加和农村建设用地减少挂钩试点。三是推行城市土地投资强度分级分类控制。四是探索农村承包经营土地流转机制，推动农村集体建设用地使用权流转。五是创新耕地保护机制，探索实现耕地占补平衡的各种途径和方式。在长沙县制定的综合配套改革实验五年（2008—2012）行动计划中，提出实施节约集约用地示范工程，重点抓好长沙经开区创业孵化基地、暮云工业园、椤梨工业小区节约集约示范基地建设，积极探索以“利用地下空间、建设多层厂房”为核心的节约集约用地模式。五年行动计划还提出，完善国土资源节约集约的激励机制和约束机制，主要内容包括：一是实行城镇土地投资强度分级分类控制，建立节约集约用地的税费奖惩机制，实行差别化的土地税费政策，鼓励建设多层厂房。二是建立耕地保护基金，开展农用地分类保护和耕地有偿保护试点。三是完善耕地整理复垦制度，开展农用地与非农用地统筹综合整理，探索实现耕地占补平衡的多种途径和方式。四是制定并实施农村集体建设用地使用权流转的管理办法。五是稳步推进城乡建设用地增减挂钩和“先征后转”工作。六是完善土地储备制度，建立土地储备基金，实行建设用地“熟地”出让。

（四）国家、湖南省和长沙市出台的相关文件为推动长沙县节约集约用地提供了有力的政策指导

为全面落实最严格的节约集约用地政策，加快构建节约集约用地长效机制，国务院于2008年1月发布了《国务院关于促进节约集约用地的通知》（国发〔2008〕3号）；同年12月，湖南省人民政府办公厅发布了《湖南省人民政府办公厅关于进一步做好节约集约用地工作的通知》（湘政办发〔2008〕29号）；长沙市人民政府办公厅于2010年2月发布了《长沙市人民政府办公厅关于促进节约集约用地的通知》（长政办发〔2010〕6号）。这些政策文件为长沙县推进节约集约用地提供了政策依据，贯彻落实这些政策文件成为推动长沙县节约集约用地的强大动力。

二　长沙县节约集约用地的主要做法

长沙县把土地节约集约用地切实摆上县委、县政府的重要议事日程，县政府成立了以县长亲自任组长，各主要职能部门为成员的长沙县节约集约用地工作领导小组，县国土资源局组建了节约集约用地管理机构，负责对全县节约集约用地相关的协调指导、监督执法和综合汇总等工作，从而在组织领导层面为节约集约用地提供了可靠保障。

（一）搞好组织动员，建立责任考核机制

一是广泛宣传发动，努力营造节约集约用地的氛围。县里和各乡镇召开动员会议、举办学习班，开展“4·22 地球日”“6·25 土地日”“12·4 法制宣传日”等活动，充分利用电视、网络、报刊等媒体，广泛开展形式多样的节约集约用地宣传活动，在干部群众及企业法人中积极统一思想、达成共识，尤其是努力调动企业参与节约集约用地的积极性，使少占土地、盘活挖潜、规范和高效用地的土地管理新理念不断深入人心。二是从招商引资、项目建设的土地出让等环节研究土地节约集约利用措施。认真落实《长沙市建设用地节约集约利用考核办法》，出台了《长沙县招商引资规程》，变“招商引资”为“招商选资”，严把项目用地预审关，防止盲目投资和低水平重复建设。三是构建节约集约用地的共同责任机制，县政府通过制定单位 GDP 和固定资产投资规模增长的新增建设用地消耗考核办法，实行县政府对乡（镇）政府用地情况的专项考核，考核结果作为下达土地利用年度计划的依据。

（二）把科学规划、合理布局放在首位

长沙县注重从科学规划入手，促进土地节约集约利用。坚持南工北农的发展布局，将县城及南部的城郊乡镇定位为工业和城市服务型区域，以经济开发区为龙头，重点发展先进制造业和现代服务业；将县域北部乡镇定位为农业生态型区域，以国家现代农业示范区为载体，重点

发展现代农业，加强生态环境保护。近年来，长沙县抓住新一轮土地利用总体规划修编这一机遇，超前预测，充分论证，进一步科学划定土地用途区域，从严控制建设用地规模；强化土地利用规划对区域、产业、基础设施建设的空间控制作用；积极开辟建设用地新空间，将建设用地的需求转向盘活城镇存量用地、开发未利用地和调整建设用地结构上，努力提高保障经济发展用地的能力。

（三）严把项目准入标准和条件

坚持严把项目用地预审关，土地审批前即制止盲目投资和低水平重复建设。严格执行新的禁止、限制供地目录，优先发展产业政策鼓励的项目；坚决禁止向违背国家产业政策、高耗能高污染、产出效率低的项目供地；坚决禁止向别墅类房地产、各类培训中心供地。各类用地必须按《长沙市建设用地节约集约利用评价标准》控制用地规模。重点控制工业项目用地标准，根据《建设用地定额指标》严格控制工业项目厂区绿化率不高于20%，避免圈占土地搞“花园式工厂”，严格控制容积率不低于1.0，建筑系数不低于30%，明确工业项目投资强度不低于250万元/亩。

（四）对经营性项目全面实行市场化配置

2004年根据国土资源部71号文件，长沙县启动了经营性土地“招拍挂”出让，2007年7月1日启动了工业用地“招拍挂”，所有国有土地使用权出让方案都必须上报县国有建设用地使用权出让监管领导小组会议（国土会审会）和政府常务会议批准，确定土地用途、容积率、供地方式、土地评估价、出让起始价、地价款缴款原则等出让要求，坚持做到国有建设用地出让公开、公平、公正。目前，土地出让“招拍挂”程序和制度已比较完善，长沙县被列入全国土地网上招拍挂试点县。

（五）加大闲置土地分配处置，实施“腾笼换鸟”

对国有建设用地，严格落实国家对处理国有建设用地闲置土地的政策措施，对土地闲置满两年应无偿收回的，坚决无偿收回，重新安排使用；不符合法定收回条件的，采取改变用途、等价置换、安排临时使用、纳入政府储备等途径，及时处置、充分利用。土地闲置满一年不满两年的，按出让或划拨土地价款的20%征收土地闲置费。闲置工业用地处置后，原则上用于工业生产项目。对已批未供地，根据用地计划逐步供出。对改制企业闲置资产，通过国有集体资产处置程序，或纳入土地储备体系，或进行土地整合整治置换到工业小区，或直接盘活用于招商引资项目供地。对其他农村集体建设用地，比如废弃学校、村部等，区别不同情况进行置换。

三 长沙县重点领域节约集约用地的基本情况

（一）长沙经开区节约集约用地情况

为推进园区节约集约用地，长沙经济技术开发区出台了《关于促进节约集约用地的创新政策和措施》《建设用地开发利用监管制度》等文件，同时建立了节约集约用地评价机制，每两年按《开发区土地集约利用评价规程（试行）》进行一次评价。2012年底，长沙经开区工业用地固定资产投入强度为2897.6万元/公顷，工业用地产出强度为6298.87万元/公顷，在全省是比较高的。

1. 坚持“工业项目进园区”，加大项目用地保障力度

以项目的集中布局实现土地节约集约，实现了“用1%的土地创造90%的财富”。在新一轮规划中不再布局独立建设用地区，北部乡镇不再发展工业，工业项目用地在前置审核中，明确规定项目用地必须进入园区，必须先经招商引资领导小组批准，不得游离其外，必须坚持环保一票否决制，加强对环境的监管，不再批准独立建设用地。2005年，开发区规划面积由2000年的12平方公里扩大到38.6平方公里，实际已建成面积22.5平方公里。2005～2011年，开发区共批准征用土地1199.33公顷，供应土地183宗1160.40公顷，其中2011

年共获批土地5082亩，完成供地41宗3114亩。几年来，开发区通过与湘西土家族苗族自治州建立土地战略合作关系，取得耕地占补平衡指标2294亩，有效保障了项目用地。近期，开发区为拓展空间，规划面积拟由38.6平方公里扩展至100平方公里，并由省政府上报国务院报批。

2. 严格执行土地利用总体规划和土地利用年度计划

坚持强化土地利用总体规划的整体性控制作用，开发区各类与土地利用相关的规划都与土地利用总体规划相衔接，所确定的建设用地规模必须符合土地利用总体规划的安排。积极引导建设项目用地单位根据节约集约用地原则编制修建性详规，认真开展各项控制性规划编制工作，合理确定各类用地布局。进一步优化用地结构，工业类园区内的生产和基础设施用地比例不得低于70%，工业项目用地中生活设施、后勤保障、办公服务等配套用地面积不得超过项目总用地的7%。基础设施建设要统一规划，集中安排行政管理用地，合理布置公益性和服务性设施，并由开发区（园区）统一规划、统一建设，提高区域性社会资源的共享程度。凡不符合土地利用总体规划和土地利用年度计划的项目，一律不上报。对正在报批或修编的相关规划，根据节约集约用地原则，一律按照土地利用总体规划的安排进行严格审查和科学敲定。

3. 认真执行供地政策，严格控制项目用地标准和规模

严把供地政策关。按照国土资源部《限制用地项目目录》《禁止用地项目目录》等规定，选择符合园区产业发展方向及与园区支柱产业相配套的项目，或者是国家扶持的新型产业发展项目及高新技术产业项目进行招商，相关产业或配套产业从紧控制供地数量；同时，在项目引进、土地供应等环节，国土部门严把项目准入关。严格执行国家、省、市关于土地投资强度的相关规定，开发区土地投资强度不低于2700万元/公顷，对进入开发区的固定资产投资额小于500万元的项目，一般不再单独供地，主要通过建设标准厂房来解决。几年来，先后建设了国阳科技园、国顺科技园、和祥科技园、蓝色置业、物丰科技、新动力科技园等标准厂房，有效地解决了企业用地紧张问题。

4. 鼓励乡镇园区和开发区建设多层厂房

出台多层厂房建设的财税鼓励政策，对建设多层厂房的，可以考虑给予适当的税费优惠，减免报建费用。对现有工业用地，在符合规划、不改变用途的前提下，提高土地利用率和增加容积率的，不再收取或调整土地出让价款。对新增工业用地，进一步提高工业用地控制指标，厂房建筑面积高于容积率控制指标的部分，不再增收土地价款。对符合投资强度、建筑密度等控制指标的工业项目，规划容积率大于1.0（含1.0）的按1.0的容积率核定城市基础设施配套费。除机械行业等不宜进行多层厂房建设的产业外，食品加工、纺织、信息产业等行业原则上都要建设多层厂房。由于建多层厂房造价高，企业一般都不愿建，经开区采取给予每平方米15～20元的补贴、减免报建等相关费用等措施，鼓励有条件的企业建设多层标准厂房，少占土地，从而达到节约集约用地的目的。

5. 对被征地农民推行集中高层或多层住宅安置

经开区在征地过程中，打破传统安置模式，积极引导农民集中居住，既达到了节约集约用地的目的，又转变了农民的生产生活方式，提高了农民的生活质量。2009年，在原星沙镇丁家村的征地安置中，经政府引导、安置户自愿、村委会组织实施，实行高层公寓式安置，向高空发展，共安置人口2441人，用地面积173亩。在安置户住房建筑面积不减少的情况下，节约土地36亩用于生产，给安置户带来一定的经济效益。2012年底，长沙县的龙塘安置区即将采用该模式，以更大程度地提高土地集约利用效率。

6. 探索完善工业用地供应方式

鼓励企业采取租赁方式使用土地，积极探索分期分段供地方式。对分期建设的重大工业项目，要预留规划发展用地，根据项目实际投资额和建设投产进度分阶段供地，严格按设计进行建设并在土地出让合同中予以约定，严禁虚假包装项目圈占土地；依据规划审定的平面布置总图确定项目用地规模及数量，按照规划分期供给土地，一期建成后再批准二期，二期建成后再批准三期，分批次在供地环节中严格把关。对投资规模较小、生产周期较短的工业项目，可按照低于50年的期限分期限出让建设用地使用权；期满前，由相关部门对工业项目的实际运行情况进行评估，决定是否延长出让期限。

7. 加大闲置和低效利用土地处置力度

近年来，长沙经开区加大了对工业企业土地清理的力度。凡涉嫌土地闲置或利用不达标的，通过执法手段分别采取成本收回、评估价收回、置换调整等方式盘活存量，收回一部分土地。2009～2011年，收回土地23宗，共计2025亩，园区土地供应率、集约节约利用率走在全省前列。例如，通过多轮谈判，成功收回破产多年的光南摩托闲置土地272亩，同时收回光南摩托公司配套零部件企业土地；在星沙中央商务区建设中，LG飞利浦曙光公司因市场因素退出，经开区积极湖南蓝思科技公司租赁LG飞利浦曙光公司厂房进行生产，盘活土地30公顷，可实现工业产能70亿元，产出强度将达到2.33亿元/公顷，实现了资产的持续利用；在韩国HEG玻壳破产的情况下，引进湖南省信息产业集团收购了HEG，通过对HEG原址改造，启动建设了太阳能玻璃生产基地，实现了高能耗生产基地的转型；2010年，与众泰汽车有限公司签订了《收回用地协议》，协议约定收回该公司位于东十一线以东、漓湘东路以北总面积195亩的土地。2011年9月，将该宗土地依法挂牌出让给湖南丰源迪美科技股份有限公司。通过盘活闲置土地，实现了“腾笼换鸟”，促进了园区产业转型升级。

长沙经开区在“十二五”规划中进一步将集约节约用地作为重要任务，提出了七个方面工作：一是引导推行多层标准厂房建设，提高厂房容积率；二是鼓励现有企业在已有用地上增资扩建，引导中小企业进园区孵化基地；三是在园区统建综合办公区和生活配套区；四是逐步提高入区项目投资强度，加强对区内现有企业或项目的投资密度、利税情况及占地数量分析；五是积极推进“优二进三”，优化二产，发展三产；六是及时清理盘活存量土地，提高土地利用率；七是充分利用地下空间，尽量做到新建项目仓库、车库入地。预计到2015

年，经开区工业用地单位面积工业总产值可达到70亿元/平方公里，比目前水平将近翻一番。

（二）城乡一体化试点镇节约集约用地情况

2010年7月，为推进城乡一体化建设，长沙县设立榔梨镇、金井镇、开慧乡三个试点乡镇，在土地使用上实行多方面的政策支持，努力促进城乡用地效益提升和结构布局优化。

1. 确保建设用地供给

支持三个乡镇土地利用总体规划修编，报市政府批准，将产业项目用地、农村集中居住点用地、基础设施用地、社会公益事业用地纳入总体规划建设用地范围，确保三个乡镇中长期建设用地需求。支持榔梨镇加快城市化进程，积极争取核减基本农田面积（在县域范围内平衡），金井镇、开慧乡适当扩大中心集镇用地规模，并设置适度扩展区。

2. 开展土地置换试点

支持三个乡镇实行城镇建设用地增加与农村建设用地减少相挂钩的试点。允许三个试点乡镇通过农民集中居住节约的建设用地和土地整理新增的耕地置换形成的建设用地指标实行跨区域平衡，并给予增量30%的建设用地周转指标，提高融资能力，其土地增值收益主要用于农民集中居住点基础设施、现代农业、农村社会保障和农村公共服务体系建设。

3. 引导农民集中居住

三个试点乡镇原则上不再批准农民在集中居住点之外新建房屋，不鼓励农民在原址改建、扩建房屋，引导农民建房向规划的居民点集中。农民集中居住点的规划执行权放到乡镇，由建设、规划等部门向农民免费提供标准建筑设计施工图纸。农民原有房屋的搬迁补偿办法由乡镇根据各自实际制定并报县城乡一体化办公室备案。金井镇以金龙村为试点，按照“统一规划、一户一基、土地置换、以奖代投”原则，推进农民集中居住试点，在连片改造基础上引导新建集中，2012年底已全面完成了金龙村花园、田里、莲花三个片区整体提质改造，第一期投入

1000万元，完成200户农民集中居住点建设，第二期启动100户集中居住点建设和村落改造，镇村面貌大为改观，一个极具江南水乡特色的秀美农村社区已经呈现。

4. 探索集体建设用地流转

对依法批准的现代农庄建设项目用地，依照法定要求和规定程序，其使用权可以出让、租赁、作价入股、联营、转让、转租和抵押，并不限于本集体经济组织范围内。同时，对金井镇、开慧乡通过集中流转耕地100亩以上的从事高效农业生产经营的项目，参照现代农庄土地流转补贴办法给予补贴。

5. 加大财政支持力度

对于开慧乡、金井镇试点规划区域范围内、榔梨镇政府投融资平台公司开发项目范围内的土地出让金和收益金中县财政实得部分，由县财政全额返还。每年安排200~300亩经营性建设用地指标用于乡镇控股的投融资公司融资。

（三）现代农庄发展与节约集约用地情况

现代农庄是指以发展现代农业产业为主体，以环境友好型和资源节约型农业建设为目标，以土地流转为手段，通过资源有效组合和集约经营，实现农业产业化经营、专业化生产、市场化运作，集生态、观光、体验、休闲于一体的现代农业产业园。2009年以来，长沙县共批准设立49家现代农庄，已立项的49个现代农庄总计划投资额约50亿元，累计完成投资约16亿元。2012年度累计计划投资7.61亿元，上半年累计完成投资4.09亿元。2012年底，长沙县现代农庄建设初具规模，已成为长沙县推进农业产业化进程中的一种创新载体，它与各类农业龙头企业和农民专业合作社相互融合，共同成为长沙县吸聚社会各类资本投资现代农业的中坚力量。

围绕现代农庄建设，长沙县大力创新土地支持政策，根据国家有关政策并经审核批准，对新建现代农庄可按不高于流转耕地面积的一定比例配套生产生活用地（包括发展农产品加工用地），但一个项目用地规模最高不超过100亩，并且原则上不占基本农田，生产生活用地比照农村集体建设用地管理，依法办理农用地转用审批手续。

实行现代农庄建设与土地综合整治相结合，积极探索建立以土地整治为抓手，推进土地向规模经营集中、加快新农村建设的节地模式。以果园镇双河村土地整理及建设用地“增减挂钩”项目为代表，总建设规模为244.55公顷，总投资1114.03万元，新增耕地7.5公顷。可减少建设用地面积28.3981公顷。

长沙县在探索支持现代农业发展的用地政策上迈出了可喜的一步，但在实际工作中还存在一些亟待解决的难题。一是部分乡镇现代农庄建设用地与土地利用总体规划衔接不够，2008年规划的“99+1”现代农庄中落实土地利用规划的只有33个，2012年底已立项的49个现代农庄在新一轮土地利用规划修编中落实建设用地规划的只有30个。二是集体建设用地审批手续复杂、送审部门多、协调难度大，集体建设用地的取得过程较为缓慢。2012年底，全市已立项的现代农庄向长沙市国土部门完成了集体建设用地报卷的只有4个，正在完善资料进窗报卷的有14个。三是县、市两级关于现代农庄配套建设用地的比例规定不一致，长沙县规定7%，长沙市规定3%。

长沙县探索支持现代农庄建设的用地政策为我们提出了许多值得深入思考的理论问题、法律问题和管理问题，解决这些问题还需要深入的调查研究和不懈的实践探索。

四　长沙县节约集约用地的启示

（一）节约集约用地是破解保障发展与保护耕地两难命题的根本出路

在用地指标日趋紧张的形势下，按照控制总量、严控增量和盘活存量的原则，实现土地的集约高效利用，是有效缓解建设用地供需矛盾、有力保证区域经济社会更好更快发展的新路子。通过节约集约用地，可以用有限的土地资源，换取更大的经济效益、社会效益和生态效益，有效缓解耕地保护的压力，切实增强可持续发展的能力。

（二）节约集约用地是促进经济结构调整的重要手段

节约集约用地要求将有限的土地资源在区域、产业、企业、项目上进行科学合理配置，对重点发展的区域、符合供地政策的产业、需要大力扶持的企业和项目保障供地，对限制和禁止类的区域、产业、企业和项目减少或停止供地，节约集约用地可以成为助推经济结构优化调整的重要抓手。

（三）节约集约用地是促进城乡统筹发展的重要动力

通过节约集约用地，包括通过建设用地增减挂钩等方式盘活农村存量建设用地，不仅为新农村建设提供用地保障和资金支持，同时可以为城镇建设和工业项目提供建设用地指标，可以实现城乡用地结构优化，为推进城乡统筹发展注入强大动力。

（四）实施土地管理方式创新是节约集约用地的根本保障

坚持激励与约束并重，按照差别化、精细化、科学化的原则，从规划、标准、供应、建设、监管、退出等多个环节入手，综合运用法律、经济、行政和技术等手段，建立健全促进节约集约用地的制度和管理体系，必将有力地保证资源节约型和环境友好型社会建设的长效开展，推动经济社会不断登上科学发展新台阶。

第十章

两型发展与社会建设

近年来，长沙县以科学发展观为统揽，全面实施“领跑进军”战略，全力加快“调优结构、转变方式、城乡一体、普惠民生”步伐，在推进国民经济快速发展和两型建设的同时，大力加强社会建设，创新社会管理，强化公共服务，突出改善民生，推进社会和谐，取得了令人瞩目的成就，走出了一条经济建设与社会建设统筹推进、协调发展，社会事业全面进步，人民群众满意度和幸福感不断提升的科学发展之路。

一　经济建设与社会建设统筹推进

改革开放以来，特别是近年来，长沙县经济发展迅速，综合实力实现了从“三湘首善之区”到“中部第一、全国前列”的历史性跨越。站在新的起点上，如何抓住新机遇、应对新挑战，加快发展方式转变，实现更长时间、更高水平、更好质量的发展，实现经济发展与社会进步相协调，让人民共享经济发展成果，满足人民过上幸福生活的新期待，切实把以人为本的科学发展理念落到实处，成为长沙县高度重视和认真思考的重要课题。为此，县委、县政府提出了幸福与经济共同增长、乡村与城市共同繁荣、生态宜居与发展建设共同推进的“三个共同”发展思路，坚持把保障和改善民生作为加快转变经济发展方式的根本出发点和落脚点，坚持在推进经济建设的同时，统筹社会建设，不断改善民生，提高人民的满意度和幸福感，为实现全面小康、中部引领、全国示范的奋斗目标激发内生活力，凝聚民心动力。“三个共同”是对既往成功实践的深刻概括，又是立足长沙县实际，推动两型发展，应对挑战，抢占未来发展制高点，提升长远竞争力的理念创新和顶层设计。据此，长沙县推出了一系列“率先中部”“领先全国”的创新性利民举措和惠民安排，表明长沙县在全力推进“领跑进军”战略中，不但要在经济发展上争当排头兵，也要在社会建设、民生发展上争做先行者。

按照“三个共同”的理念，长沙县解放思想、大胆创新、加快发展，实现了综合实力在应对危机中逆势增长，城乡建设在统筹发展中快速推进，社会建设在和谐创建中全面进步，发展后劲在改革开放中持续增强。“十一五”期间，地区生产总值年均增长超过 17%，全社会固定资产投资年均增长 31.5%，财政总收入年均增长 29.7%，城乡居民人均可支配收入年均增长分别达到 12% 和 18.2%，是改革开放以来经济社会发展最快的时期，也是城乡面貌变化最大、人民群众得实惠最多的五年。进入“十二五”时期，长沙县发展势头更加强劲。2011 年，全县实现地区生产总值 789.9 亿元，增长 16.9%；财政总收入 120.6 亿元，增长 60.7%，成为全省首个过百亿元县；城乡居民人均可支配收入分别达到 2.4 万元和 1.4 万元，增长 14.3% 和 19.2%；在 2012 年全国中小城市科学发展评价排名中跃居中小城市综合实力百强第 13 位，被列为“全国十八个改革开放典型地区”之一，连续四年荣登“中国最具幸福感城市”榜。

长沙县的发展理念表明，社会建设与经济发展相辅相成，坚持以民生为导向的发展理念，加快推进以保障和改善民生为重点的社会建设，是新形势下践行党和政府对民生福祉的承诺，赢得人民信任、拥护和支持的惠民德政，也是统筹经济社会发展、推动发展方式转变、实现科学发展的重要战略举措。

二　两型建设与社会建设协调发展

近年来，长沙县委、县政府制定出台了一系列有关促进就业、教育、社保、医疗、卫生、文化等社会事业发展的战略规划和政策措施，加强规划引领、政策保障和组织实施，不断强化政府在推进社会建设上领导者、规划者、组织者、实施者的地位和作用，卓有成效地推进各项社会事业发展。特别是经济持续高速增长、综合实力快速增强，为长沙县加强社会建设、发展民生事业奠定了强大的物质基础，成为政府发挥主导作用的重要抓手。全县政财收入一年迈上一个新台阶，2008 年、2009 年、2010 年县财政总收入相继突破 40 亿、50 亿、75 亿元，2011 年财政总收入超过 120 亿元，2012 年财政总收入力争达到 150 亿元。按照“三个共同”的要求，长沙县不断优化财政支出结构，从严控制一般性支出，坚持把新增财力的 70% 投入教育、文化、社保、医疗、卫生等民生领域，实施民生财政。2009 年，财政用于民生支出总额达 24. 18 亿元，占一般预算支出的 70%。2010 年，民生领域支出 35. 3 亿元，同比增长 45. 9%，占一般预算支出的 75%。2011 年，民生支出 47. 9 亿元，增长 35. 74%，占一般预算支出的 77%。其中，教育支出 8. 6 亿元，占一般预算支出的 15. 14%；社会保障支出 5. 32 亿元，增长 16. 92%；医疗卫生支出 3. 9 亿元，增长 83. 96%。投入 2. 8 亿元用于新建和改造中小学校；投入 3660 万元用于改善县级医院、乡镇卫生院和社区服务中心的设施条件；投入 4160 万元用于医药卫生体制改革；投入 8700 万元用于农家书屋、乡镇文化站和农村体育设施建设等惠民工程。持续的财政高投入有力、有效地保障和推动了社会事业与经济建设同步发展。同时，长沙县积极探索政府主导下的财政投入与市场融资、社会投资与“以奖代投”相结合的民生投入机制，力争加快社会事业发展步伐，更好更快地造福于民。

长沙县的实践表明，财富增长并不必然带来民生幸福，发展社会事业必须发挥政府的主导作用和主体责任。社会事业的资金投入规模大、周期长、经济回报率低，其公众性、公用性、公益性和非营利性的特征决定了必须主要由国家兴办、政府主导，政府的主导和投入是保证和加快社会事业发展的关键和根本。

三　努力提高人民群众的幸福指数

近年来，长沙县不断加大投入，加快城乡基础设施建设，强化公共服务，下大力气精心构筑城乡社会保障网和社会事业网，努力改善人民的生产生活条件，缓解就业难、看病难、上学难、住房难等民生关切问题，让人民群众充分享受经济社会发展成果。

（一）加快城乡基础设施建设

统筹县域经济社会发展布局，根据本地实际确立“南工北农”发展总体功能区规划。以南部县城星沙为核心，重点发展先进制造业和现代服务业，将工业发展控制在工业园区内，实现工业经济的集约化、规模化、标准化；北部乡镇重点发展现代农业，加强水系治理和生态保护，同时配套实施差异化的财政、土地、环保等政策，统筹推进城乡一体化基础设施建设。近六年来，累计完成公路建设投资40亿元，新建里程近3000余公里，公路通车总里程已达4880公里，建成贯通全县城乡的“八纵十六横”公路网，并实现与长沙市和周边市县全面对接。大力实施供水、供气、污水处理、数字电视、公共交通“五网下乡”。率先全省实现镇镇通自来水，18个镇5个街道中已有11个接通天然气；率先全国实现集镇污水处理设置全覆盖和农村生活垃圾处理全覆盖；全面完成数字电视平移，有线电视城乡联网，实现数字电视全覆盖；率先全省实现村村通水泥公路，城乡公交一体化建设快速推进，城乡群众生产生活条件明显改善。

（二）大力加强社会保障工作

1. 积极扩大就业，夯实民生之本

一是大力加强就业培训。积极开展定向、定岗和订单“三定”培训，努力实现培训专业与经济发展、培训方式与就业意愿、培训内容与就业岗位“三对接”，强化就业培训的针对性、实用性和有效性。每年

政府出资培训超过 1 万人次。二是建立县、乡镇、社区三级立体就业信息和服务网络，加强就业指导和服务。建立了 22 个乡镇（街道）劳动保障站和 38 个社区服务中心，实现了劳动力资源共享，岗位信息共享，积极开展多种形式的职业推介活动。三是专门开展就业援助工作。通过送政策、送岗位、送技能、送服务以及落实公益性岗位补贴等多种方式，因地制宜，帮扶结合，大力加强拆迁农民、困难家庭人员、下岗失业人员、进城务工人员等重点群体就业、再就业培训和帮扶工作，对就业困难家庭保持 100% 援助率，并实现动态清零。四是深入开展创业富民活动，为创业者提供创业培训和政策、资金支持，以创业带动就业。“十一五”期间，完成创业培训 1272 人，培训后创业成功率达 71%。创业富民资金带动逾 20 亿元社会资本投入创业，新增私营企业、个体工商户、专业合作社 1.5 万余家，新增就业岗位 4 万多个。2011 年，新增城镇就业人员 9219 人，新增农村劳动力转移就业 9310 人。全县 44.6 万劳动力中共有 39.2 万人通过各种途径实现就业，就业率达 87.9%，城镇登记失业率控制在 3.2% 以下。

2. 不断完善城乡社会保障体系

全县居民养老保险实现了城乡全覆盖，医疗保险实现城乡统筹，农村居民新农合参合率达 100%。2011 年 1 月 1 日，在全市率先实施城乡医保并轨运行，缴费标准、政策待遇、管理方式等实现城乡一体化。全县系统内参加医保人数超过 71 万人，参保率 99%。2011 年，共筹集医保基金 17102 万元，当年获得住院补偿的参保居民达 70846 人次，实际补偿金额 14618 万元。努力减轻患者负担。2011 年，对全县年度内个人住院医保内费用超过 6 万元的部分，按 50% 的标准给予了二次补偿。各类大病救治报销比例在 60% 以上，高于国家大病报销不得低于 50% 的要求。2012 年，医保个人缴费每人每年 30 元不变，政府补助从每人每年 210 元提高到 260 元；医保起付线进一步降低，各级医院住院报销比例提高 10 个百分点；医保定点医院范围扩大到 68 家；逐步扩大“农民免费门诊”试点工作。在全省率先启动“爱心助医”工程，实施城乡特困户医疗救助制度，实行高龄老人生活补贴制度，启动革命先烈后代困难家庭幸福计划。每年向全县贫困家庭发放1000多万元的“过年红包”。2011年，发放城镇居民最低生活保障金16.1万人次，累计发放保障金3485万元；发放农村居民最低生活保障金38.5万人次，累计发放保障金3262万元。

3. 大力实施“安居工程”，建立保障性住房质量保障体系和公平分配体系

2011年，共完成新增改造保障性住房5644套，其中新建廉租房250套，新增公共租赁住房5250套，改造国有工矿棚户区共144套。近年来，累计投入735万元，为农村特困户、危房户及五保户援建和捐建住房1050栋。城镇人均住房建筑面积39.1平方米，农村居民人均住房面积57.7平方米，群众居住条件不断改善。

（三）大力发展社会事业

1. 围绕“湖南一流、中部先进、全国有特色”目标，实施“教育强县”战略

一是深入推进校舍安全工程，先后新建、扩建、改建了一批学校，城区“大班额”问题逐步缓解。全面完成农村中小学校危房改造，不断推进合格学校建设，为学校配备保安、加装安全防护设施，投入1000万元用于购置校车补助。二是建立贫困生助学机制。扶助各类贫困学生7.4万人次，连续八年实现全县无一名学生因贫失学，2011年全县对各级各类贫困学生资助金额达1150.5万元。2012年底，全县共有各类公办学校228所，在校中小学生95000人，小学生入学率、巩固率均达到100%，初中巩固率99.3%，初中升入高中比例达96.4%。三是加强教师队伍建设，提高义务教育水平。面向全国公开引进中小学特级教师和优秀学科带头人。引入大、中专院校16所，高等教育入学率达51%。四是积极发展学前教育，学前三年幼儿入园率达93%，形成了包括民办园在内的县、乡、村三级幼儿教育网络。面向“三农”和市场，积极推进多层次的职业教育，培训各类人员超过10万人次。规范引导民办教育，全县共审批设立民办教育机构258所，在校学生41000多人。

2. 深入推进基层医疗卫生机构综合配套改革

一是加快乡镇卫生院、村（社区）卫生室标准化建设。按照“一乡一院”原则整合建立政府办乡镇卫生院19所，建成246所卫生室，农村地区实现卫生室全覆盖。二是认真落实国家基本药物制度。从2010年12月31日起，县基层医疗卫生机构全面启动国家基本药物制度，实行药品零差率销售。截至2012年6月，共减轻患者药品费用负担4038万元，让利差价率达45.4%。门诊次均药品费用同比下降20.2%，住院次均药品费用下降22.47%，大大减轻了患者负担，缓解了“看病贵”，患者满意度大幅提高。2012年，村卫生室也纳入国家基本药物制度实施范围。三是建立健全县、乡、镇三级疾病和疫情监控网络，城乡覆盖率100%。建立了城乡居民健康档案72万份。城乡疫苗全程接种率达95%以上；孕产妇系统管理率达88%，住院分娩率100%；5岁以下儿童死亡率和婴儿死亡率均控制在较低水平，人民健康素质不断提高。

3. 大力实施“文化强县”战略，满足人民精神文化需要

以创建公共文化服务体系示范区为抓手，大力推进县、乡、村三级公共文化服务网络建设，城乡公共文化服务体系日益完善，人民群众文化生活不断丰富。启动总投资5亿元的星沙文化中心建设，实现了乡镇综合文化站、村级农村书屋全覆盖，配套文化设施全部达标。着力实施公共文化“进村入户”、群众文艺“百团十佳”、书香星城“211”等六大文化惠民工程。全县有168支业余文艺队。2011年，组织各乡镇（街道）、群众文艺团队开展广场展演60多场，送戏下乡80多场，“送电影下乡”3300多场，观众达65.5万人次。

长沙县的实践表明，发展必须抓住“学有所教、劳有所得、病有所医、老有所养、住有所居”的民生之要。加强社会建设、发展社会事业必须急群众所急、想群众所想，从群众最关心、最现实的问题入手，扎扎实实地为群众办实事，切实解决群众生产生活困难，减轻群众压力，才能提升群众的幸福感和满意度，社会和谐稳定运行才有坚实基础。

四 努力服务基层群众，化解社会矛盾

（一）深化城市管理体制改革，积极推进城市社区网格化管理

近年来，长沙县按照“物业化模式、网格化运营、精细化管理、人性化操作”的总体思路，不断深化城市管理体制改革，逐步建立起责、权、利划分明晰，人、财、物配置合理，运转高效、和谐有序的城市管理新体制。长沙县社区网格化管理的主要做法和特点：一是科学划分管理网格，实现社区网格管理全覆盖。将城区3个街道的36个社区划分为36个一级网格（网格管理区），各社区一级网格内按单位或小区为单元设立若干二级网格（网格责任片），二级网格下再以楼栋、街巷等为单元设立若干三级网格（网点信息站）。在社区网格化基础上，通过建立信息采集、分析和处理等工作流程机制，将全体居民、社区各类信息和各项事务全部定位、分解到网格，打造静态管理到物、动态管理到人、跟踪管理到事的综合管理平台，努力实现各项公共管理和服务一“网”打尽。二是按照居民自治和一岗多责原则建立网格管理队伍。每个网格都设专人负责管理，并公示姓名、联系方式和职责。网格管理人员主要从本网格单元常住人口和社区志愿者中选配，实行居民自我管理、自我服务。网格管理人员要对责任网格内各项社区事务负责，既是网格信息采集员、社区事务协管员、矛盾纠纷调解员，也是社情民意联络员、法律政策宣传员、文明新风倡导员。三是各级网格都实行“责任制”，有一套严格的管理制度和考核规定。对社区网格化管理工作和网格管理人考评项目进行细化，包括业务培训、信息采集、事务受理等多个方面，涉及社会保障、计划生育、综治维稳、消防安全、城市管理、文明创建等各方面内容。通过抽样调查和明察暗访考核工作效果，按月计分，排名落后的社区要扣减部分工作经费，被评为“不合格”等次的网格管理人要扣罚绩效工资。同时，对城市管理中的事务性维护项目采取市场化的物业外包模式，招标聘请专业物业公司负责，并制定了相

应的管理制度和考核标准。通过推进网格化管理，长沙县城市管理逐步进入制度化、规范化、精细化轨道，管理水平和成效不断提高。

（二）建立层级责任体系，大力加强群众工作

根据长沙市统一要求，成立由县委书记任组长的群众工作领导小组，组建了县委群众工作部，专门负责全县群众工作。以强化基层责任为重点，提出做群众工作要做到“五个必须”：乡镇干部工作时必须佩戴统一标志，党员必须戴党徽；乡镇干部每月必须住乡镇15天以上，村干部必须住在村域范围内；乡镇干部必须联系一个责任区，对责任区内所有社会管理事务负责；必须联系一户以上特困户和一名以上特殊群体人员；乡镇、村干部必须每年向服务对象进行一次公开述职述廉并接受评议。同时，深入开展“一推行四公开”，即全面推行干部联点驻村和社区，公开联系方式、公开岗位职责、公开监督机制、公开考核方法。为让村（社区）干部集中精力服务于民，加强村（社区）级组织建设，县里按村（社区）平均15.6万元的标准补助运转经费，对农村集体资金、资源、资产实行乡镇代管制度。

全面推进群众工作站制度。2011年12月，在全县218个村、73个社区成立了291个群众工作站，精心选派1341名优秀干部驻站，专门开展群众工作，为群众排忧解难。根据要求，驻站干部姓名、联系电话全部公开，固定每月9日、10日、27日、28日为群众工作接待日，群众有事可随时找群众工作站。驻站干部每月必须住村两晚，每次下村走访农户5户；对群众需要到乡镇、县直单位办理的各类生产生活事务，由驻站干部全程代办。实行“五步循环”工作法，即“入户走访—互动沟通—跟踪办理—限期反馈—上门回访”，五个步骤循环往复，形成了一种经常性的群众工作长效机制。将群众工作纳入绩效考核体系，年终考核以群众评价和群众公认为主，并不定期地对群众工作进行专项督察，确保群众工作站的“服务站”功能得到发挥。截至2012年6月，全县通过群众工作站收集问题8000多件，96%的问题得到解决，得到群众普遍认同。该县开慧镇板仓小镇因建设用地征拆房屋60多栋，未

发生一起阻工、上访事件。

（三）始终坚持抓好信访稳定工作

一是根据“谁主管、谁负责”“分级负责、归口办理”和属地管理的原则，按照“一站式接待、一条龙办理、一揽子解决、一抓到底”的工作要求和思路，建立健全了信访工作管理和责任追究长效机制。二是深入开展全县各级党政干部“大接访”活动，实行开门接访、下乡接访，“抓早、抓小、抓下、抓了”，掌握信访工作主动权。三是加大解决信访积案力度。由县委、县政府19名领导对信访积案进行包案处理，要求包案领导与上访人进行面对面交流，现场解答问题，研究制订处置方案，并由指定专人负责落实，一批涉及群众切身利益、影响社会稳定的重要信访问题得到妥善处置。四是建立经常性下访摸查机制和心理干预机制。近几年，共摸查出65个突出信访问题，对老上访户的困难和诉求主动上门了解情况、研究处理意见，确保有理上访户的诉求或者诉求中的有理部分解决到位。对摸排出的信访工作重点对象、重点群体，安排心理专家参与疏导，进行心理干预，矫治心理障碍，实施心灵综合治理。经过多年努力，初步建立了较为完善的信访处理机制和矛盾调解、安全防控体系。

长沙县的实践表明，社会管理的重点和难点在基层，必须不断加强基层社会管理体系建设，在联系基层、服务群众的过程中实施有效管理，在有效管理的过程中实现服务基层、服务群众的目的，从而密切党群关系、干群关系，有效预防和化解各类社会矛盾，最大限度地增加和谐因素、减少不和谐因素，切实维护社会安定团结与和谐稳定。

五　不断提高政府决策和行政管理能力

（一）积极推进“开放型政府”建设，强化权力监督，打造“阳光政府”，努力实现公共决策的科学化、民主化

从2008年开始，长沙县政府和北京大学法学院公众参与研究中心

合作，在全国率先开展以“信息公开”和“公众参与”为核心的“开放型政府建设项目”。长沙县相继出台了一系列规章、办法，从政府信息公开、公共企事业单位信息公开、政府行政决策公众参与、一般性公众意见收集处理、政府决策专家咨询与论证、重大行政决策实施评价、开放型政府农村网络平台管理、政府公共服务管理等八个方面，架构起了开放型政府建设的制度基础。在制度的强力约束下，长沙县建立了以政务服务中心、政府门户网站、政府公报为主，《今日星沙》（现已改为《星沙时报》）和长沙县电视台为辅的政府信息公开体系，政务公开率达 100%，并通过县、乡镇、村三级网络延伸至每个村。县政府及其工作部门、法律法规授权的公共组织在作出行政决策时必须采取公众参与的形式，确保决策建立在民意基础之上。长沙县政府常务会和县政府全会都开设旁听席，邀请人大代表、政协委员、公民代表前来旁听，并安排一定时间，请他们发表意见和建议。2001 年，有数百名公民参加了 50 余次政府常务会，旁听议题 200 多项，在有关涉及公共利益和重大民生项目决策中，有关单位向公众征求意见 53 次，举行重大决策听证会 6 场，座谈会 58 次。对 383 个政府投资项目，都严格履行了“申报公开、决策前公开、批准拨款后公开”三公开制度，决策全过程接受公众监督。据统计，2008～2011 年，通过政府门户网站共公开政府信息 83000 余条，其中发行政府公报 38 期、《今日星沙》331 期，在长沙县电视台公开信息 1970 余条，公开财政信息 290 条、重大项目信息 63 条。如今，在长沙县城市和乡村，在县域治理的各个环节，大到县政府的重大决策，小到社区的改造方案，老百姓都认真地参与其中，听证、公投已成为必不可少的环节，既有效保证了群众的参与权、监督权，也保证了决策的顺利实施。特别是在近年来启动的松雅湖等重大项目建设中，通过严格执行上述机制，实现了拆迁安置零上访、零诉讼、零纠纷。长沙县先后被列为全国政务公开示范点、全国依托电子政务平台加强政务公开试点县。

（二）加快行政体制改革，加强政府公共管理和服务法制化建设

近年来，长沙县相继实施了工业管理、城市管理、政府机构、行政审批、财税和投融资等体制机制改革，积极推进“扩权强镇”和乡镇机构改革，探索组建综合行政执法局，整合农业、商务、卫生和食品药品、城乡建设、社会事务等领域执法资源，稳步推进行政执法改革。在这一系列改革中，长沙县特别强调“三个规范”。一是严格规范行政处罚行为。坚持“教育疏导为主，重在规范”的原则，除危害社会、影响百姓生命健康和财产安全的违法违规行为外，原则上实行首查不罚，积极构建既合法又合情的人性化行政执法方式。二是严格规范行政收费行为。集中力量严厉整治“三乱”，对各行政机关、具有行政职能的事业单位的各类收费项目进行全面清理、核减，所有收费项目、收费标准全部公示，建立和完善行政收费管理、监督和错误追究机制。三是严格规范行政执法责任制度。制定行政执法责任制实施方案，对执法责任制的指导思想、实施范围、考核目标、奖惩办法等内容提出明确要求，从领导上、组织上、制度上确保责任制各项工作落到实处，切实提高各级政府部门的依法行政水平。

长沙县的实践表明，积极推进社会管理体制建设和改革创新，着力构建廉洁高效的政务环境和民主公正的法制环境，是增强经济社会发展内生动力和创造活力、保持经济持续快速增长的客观需要，也是加强中国特色社会主义民主法制建设，健全“党委领导、政府负责、社会协同、公众参与”的社会管理格局，实现科学有效的社会治理，促进社会公平正义的必然选择。

当前，长沙县正处在新型工业化成熟期、新型城镇化成长期、城乡一体化加速期和社会和谐化提升期。在这一过程中，进一步搞好社会管理建设的顶层设计与实践，是以科学发展观为统领，推进两型发展建设的重要一环。社会管理，从根本上说是一个软环境建设问题。软环境建设是一个潜移默化的渐变过程，需要有能够长期发挥作用的功能性手段和规范性要素。也就是说，社会管理是法律法规约束与公民道德规范的

集合体，二者缺一不可。总的来看，长沙县委、县政府围绕全力建设具有国际化水平的幸福长沙的奋斗目标，以“三个共同”为总揽，坚持以人为本、民生优先，树立统筹推进经济建设与社会建设发展的理念，牢牢把握了两型发展与社会建设价值取向；坚持优化服务，加大投入，不断提高公共服务和社会管理水平，为两型发展与社会建设奠定了坚实基础；坚持深化改革、创新机制，综合运用法律、监管、服务手段，发挥政府、基层组织、公众作用协同推进，为两型发展与社会建设提供了有力保障，实现了领跑中部、率先发展，两型引领、转型发展，普惠民生、和谐发展，走出了一条具有自身特色、符合科学发展要求的县域发展道路。我们有理由相信，在县委、县政府的领导下，在全县人民的共同努力下，长沙县的社会事业会更加繁荣，公共服务体系会更加完备，人民生活会更加殷实，社会发展将更加和谐，一个具有较高幸福指数和文明程度的新长沙必将为全国中小城市起到典型示范作用。

第十一章

两型发展与生态环境建设

生态环境保护是两型社会建设的核心内容之一，是推动科学发展、实现可持续发展的基本要求和基础保障。近年来，长沙县紧紧抓住长株潭城市群获批“全国资源节约型和环境友好型社会建设综合配套改革试验区”的历史机遇，以建设生态县为目标，以治理畜禽污染、垃圾污染、水污染、推进节能减排和实施生态修复为重点，不断创新城乡生态环境建设的体制机制，努力形成与自然生态环境相协调的产业结构、增长方式、消费模式，着力提升生态文明建设水平，为加快两型发展打下了坚实基础。

一 强化组织领导，健全生态环境管理责任体系

改革开放以后，随着城乡产业的发展和市场化进程的加快，长沙县农村经济实现了由传统种植业向农业产业化转变，整体经济实现了以农业主导型向以工业主导型的转变，但在经济持续快速发展的同时，粗放式增长与资源环境的矛盾日益显现，生态环境污染已成为影响城市生产生活、制约经济社会发展的突出问题。主要体现在以下四个方面。

一是农村畜禽污染严重。2008 年，长沙县生猪养殖达到 375. 5 万头，其中存栏生猪 136. 2 万头（母猪存栏 15. 8 万头），出栏肥猪 239. 3 万头，是全国第二大生猪调出大县。全县生猪常年存栏在 300 头以上的规模养殖户近 300 个，存栏在 500 头以上的共 39 个，生猪养殖密度居

全国之首。按照每头生猪年粪尿排放量 1.5 吨计算，猪粪尿每年排放总量达到 563.25 万吨，日排放量超过 1.5 万吨。这些猪粪尿一般未经处理或只通过沼气池做简单发酵处理就直接排向自然水体，水资源受到严重污染，特别是一些养殖户将病死猪随意抛向河港，造成了疫病流行隐患，使人们的生产生活受到严重威胁。二是村镇垃圾处理不及时。随着生产发展和生活水平的提高，各种垃圾的产出量不断加大，集镇周边、农户的房前屋后、河堤两岸垃圾成堆。洪水过后，渠边、坝边、河道边各种废弃物随处可见，使城乡面貌变得脏乱不堪。三是生产生活污水横流，河流不堪重负。在长沙县的发展过程中，乡镇企业曾旺极一时，这些企业虽随着改革的浪潮淘汰了一批，治理了一批，但仍有一些继续生存于各乡镇。他们有的进行了技术改造，有的增添了治污设施，但偷排或排放不达标问题时有发生，对空气、水质造成了不可低估的污染。同时，随着农村集镇的发展和人口的增加，生活污水的总量逐步加大，这些生活污水未经处理直接排入河流、湖泊，加重了水体污染，造成了水体富营养化，加速了水葫芦、水花生等有害植物的滋长。

针对日益凸显的环境问题，长沙县委、县政府紧紧围绕建设资源节约型、环境友好型社会，按照“幸福与经济共同增长，城市和乡村共同繁荣，生态宜居与发展建设共同推进”的发展思路，于 2008 年制定了《长沙县生态县建设规划》并通过县人大批准实施，明确了 5 年内创建“全国生态县”的战略目标，举全县之力，全面拉开了县域生态环境建设的序幕。

一是建立组织领导机构。县里成立了由县委书记负总责，由时任县长杨懿文任组长，“四大班子” 8 位领导干部任副组长，县直 32 个部门、22 个乡镇（街道）为成员单位的生态环境建设领导小组。抽调了 3 名副县级干部和 17 名正科级干部及部分青年干部组成“生态文明建设办公室”，办公室对县域环境治理履行“统筹、协调、交办、监督、考核”职能。同时，按照“重心下移、属地管理”的原则，在各乡镇（街道）、村（社区）层层建立由“一把手”为第一责任人，有 2~3 名专职人员组成的生态文明建设办公室，做到各乡镇都有一支不占编制、不增预算的常年工作队伍。二是明确责任分工。县生态创建领导小组与32个县直相关部门、22个乡镇（街道）层层签订责任状，县环保部门负责农村环境连片治理的国家级项目，开展对企业治污、排污的监督和管理；畜牧部门负责对畜禽污染的治理；水务部门负责对河流常态保洁、河港直排点的治污任务；农业部门负责对农业清洁生产的组织管理；工信部门负责企业的清洁生产和节能降耗；林业部门负责禁止乱砍滥伐和植树造林、绿化美化工作；县电视台、报社负责生态环境建设的宣传工作；教育局和妇联组织制订“三年环保行动计划”，实行环保知识上课堂、进家庭，形成了上下联动、城乡同治的工作格局。三是实施目标管理。县委、县政府把乡镇和机关单位的生态环境工作纳入目标绩效考核体系，与干部的评先评优、职位升迁、经济利益直接挂钩。在目标管理中增加农村环境治理工作的分值，如2011年前南部乡镇为8分，北部乡镇为13分；2012年分别提高到13分、18分，考核分值的增加有力地促进了各部门的工作力度向生态环境方面倾斜。四是建立领导约谈制度和定期检查制度。对农村环境治理工作中问题较多、影响不好的乡镇及单位，政府明确三级约谈制度，一级约谈由生态办进行，涉及约谈对象的工作评价；二级约谈由主管县长进行，涉及约谈对象的经济利益；三级约谈由县长和组织部长进行，涉及约谈对象的职务调整。县生态文明办公室对各乡镇的农村环境治理工作每季进行一次检查，实行百分制计分。检查结果由《今日星沙》向全社会公布，从而对基层履行农村环境治理责任起到了有效的激励和约束作用。自2010年开始，县委、县政府主要领导坚持每季度主持召开一次讲评督办会，分管领导每月主持召开一次工作调度会，促进了各项工作高效有序推进。

二　突出五项治理，着力解决生态环境建设的突出问题

（一）实行退养、减量、治理相结合，大力整治畜禽污染

作为全国第二大生猪调出大县，长沙县2008年以前的生猪常年存

栏量保持在130万头以上，集中于高桥、路口、福临、青山铺、北山等几个乡镇，其中福临镇的生猪存栏量最大，养殖污染也更严重，严重超过了环境承载能力。为把全县生猪养殖控制在环境承载能力范围内，长沙县经过专门调研，测算全县生猪养殖总量为60万~80万头，以此为依据，县里出台了《长沙县畜禽污染防治管理办法》和《畜禽养殖区域划分的通知》等文件，将全县划分为禁养区、一级限养区和适度养殖区。禁养区禁止养殖大、中牲畜，限养区养殖规模控制在20头以内，适度养殖区不再增加养殖规模。养殖户栏舍的改造、扩建和新建必须通过规划、国土、环保、畜牧等部门的批准方可进行。大型养殖户由工商、环保、畜牧部门联合审批登记，严禁无证无照经营。通过贯彻实施畜禽污染防治管理办法，全县平稳拆除禁养区、限养区计8743户，拆除栏舍共99.7万平方米，发放养殖扶助资金7500万元。在实行禁养、限养的同时，县里集中开展对适度养殖区的养殖场（户）的畜禽污染治理。2008~2011年，共治理100头以上养殖场（户）1661户、1032157.71平方米，投入治理资金4466.36万元，加上连片整治项目治理的267179.02平方米，投入资金1603.74万元，总计治理面积达1299336.73平方米，投入资金总额达6070.1万元，实现了100头以上养殖场（户）污染治理全覆盖。

（二）以村镇为重点，探索建立规范化的垃圾处理模式

从2008年起，长沙县集中投入人力、物力，组织开展了全县垃圾治理攻坚战，并按照整治、巩固、提高的思路，积极探索农村垃圾长效化管理的新路子。县生态办首先在果园镇进行试点，成立了全国首个农村环保合作社，并根据当时的情况提出了“户收集，村集中，镇运转，县处理”的垃圾处理模式。在具体运行中，发现这一垃圾处理模式存在着减量化、资源化落实不好，县垃圾填埋场压力过大，乡镇转运费用过高等问题。为解决这些问题，真正实现“减量前沿化、处置无害化、废物资源化、保洁常态化、村容整洁化”的目标，长沙县又探讨实施了“户分类减量、村主导消化、镇监管支持、县以奖代投”的垃圾处理模

式。按照这一模式，农户把可堆沤的垃圾做肥料、可焚烧的垃圾做燃料、能喂牲畜的垃圾做饲料，对可资源化利用的垃圾由保洁员上门回收，因而减少了垃圾总量，减轻了运输压力，实现了可资源化垃圾的利用最大化。为保证农村垃圾处理常态化运营，全县各乡镇均建设了垃圾压缩站，成立了保洁公司或环保合作社，做到村有“环保合作分社”、可利用垃圾存放点，每250户左右配备一名保洁员；组有大型垃圾池，每个农户均配备了1个垃圾桶。农户可自行就地处理垃圾，保洁员定期回收垃圾桶中的可资源化垃圾，在垃圾处理上真正实现“资源节约和环境友好”。为保障生活垃圾有效分类处理，镇政府从村民手中回购垃圾时还给予一定补贴，运用经济杠杆引导农民开展垃圾分类。2008年，果园镇共投入90万元建设了4500个垃圾池，在9个行政村分别设立了环保合作社分社收购点，挨家挨户收购垃圾，建立起户有垃圾收集池、村有垃圾回购点、镇有垃圾中转站的垃圾处理网络。果园镇还招募了199名环保志愿者作为合作社保洁员，负责督促农户将可堆肥垃圾定期分散填埋，维护村庄、道路的公共环境卫生，向农户收购有害、不可降解垃圾并进行二次分类，将可利用垃圾送至废品公司，有害、不可降解垃圾集中送至镇压缩中转站，然后统一运送到固体废弃物填埋场集中填埋。农户每月交3～5元保洁费（低保户除外）作为保洁员的基本工资，可回收利用垃圾的变卖所得作为合作社运营费用或补贴保洁员工资。

（三）加大设施投入力度，全面提升中心集镇污水处理水平

长沙县的污水处理设施起步较早，县城建成之初，就与城市同步建成了星沙污水处理净化中心。随着城市的发展，相继建了城北、城南污水处理厂。但乡镇污水设施投入不足，污水处理工作严重滞后。2009年，县委、县政府把乡镇污水处理工作纳入两型社会建设的一个重点，决定每个乡镇均要建设污水处理厂，要求利用三年时间，彻底解决中心集镇的污水处理问题。2011年，设计规模8.66万吨/日的污水处理厂在各乡镇开建，年底一期工程5万吨/日的污水处理厂全部建成，大多

已开始试运行，项目投资总额达 2.75 亿元。乡镇污水处理厂全部投入运行后，出水水质将达到国家一级 B 类标准。到 2012 年底，一个以县城星沙污水处理净化中心为核心，以城南、城北污水处理厂为两翼，以乡镇中心集镇污水处理厂为网点的污水处理网络基本形成，全县城乡 22 座污水处理厂日处理污水能力达到 31 万吨，率先在全省实现了中心集镇污水处理设施全覆盖。同时，全县两年内新建农户生活污水处理人工湿地 4600 座，累计达 5.3 万座；新建沼气池 4000 个，累计达 8 万个；完成卫生改厕 5000 户，累计达 4.8 万户，全县城乡污水处理率达 90% 以上。

（四）从淘汰落后产能入手，大力推进节能减排

长沙县把治理源头污染作为两型发展的重中之重，2008 年制定了淘汰落后产能实施方案，组织开展了对全县落后产能的全面调查摸底，重点对水泥、造纸、冶炼、制革等高能耗、高排放的企业进行了大规模清理整顿，共关闭水泥机械化立窑生产线 14 条，产能 108.4 万吨，涉及企业 7 家，关闭造纸生产线 11 条，产能 8.5 万吨，涉及企业 6 家；关闭冶炼企业 1 家，产能 0.5 万吨；关闭制革企业 2 家，产能 20 万标张。同时，积极引导规模工业企业加强能耗控制和污染治理，提高能源利用率、废弃物利用率。全县共有 174 家工业企业投资近 7 亿元进行节能技术改造，有 99 家企业单位享受节能专项资金 1852.5 万元。通过淘汰落后产能和企业改造升级，全县年节约标准煤 28.65 万吨，减少二氧化硫排放 0.998 万吨，减少二氧化碳排放 3.7 万吨，减少 COD 排放 2.55 万吨，减少废水排放 15 万余吨。2011 年，长沙县累计完成化学需氧量减排 10978.55 吨（其中生活源 10020 吨、工业源 840.74 吨、农业源 87.81 吨），氨氮减排 502.11 吨（其中生活源 424.3 吨，工业源 55.87 吨，农业源 21.94 吨），二氧化硫减排 882.12 吨，氮氧化物减排 170.52 吨，圆满完成了市下达的减排任务。在空气污染治理方面，长沙县着重在工业锅炉煤改气、餐饮业油烟治理、汽车尾气监测等方面下功夫，三年来累计完成 25 台、102 蒸吨锅炉的煤改气工作，督促 388 家

餐饮业安装了油烟净化装置，油烟治理率达74.6%，有289家餐饮业完成了煤改气工作，改煤率达55.6%。强力开展扬尘污染整治执法行动，3年来累计对近200个工地进行了1100余次检查。特别是2009年对42558台机动车进行了尾气检测，复检合格率达80%。通过各项综合措施的落实，县城完全质量持续好转，优良率常年保持在93.02%以上。

（五）实施河流常态维护，实现水域保洁全覆盖

全县共建立了20支河道保洁队伍，负责对323公里主要河港的杂物进行日常打捞，对水葫芦、水花生等有害植物定期清除。同时由环保局和水务局共同划定了32个“水质监测断面”，由环保部门每季进行一次监测，出境水质直接列入乡镇绩效考核的内容。为解决一些小型聚居污水直排问题，县水利局投资1530余万元，对临水人口聚居点石牯牛村、梅蔹桥村等6处进行生活污水处理，有效地减少了污水直排对河流的污染。为确保河道的行洪安全、供水安全、航运安全，改善河道的水生态环境，2012年县政府投入资金4000余万元，取缔了非法流动性砂场21处，拆除各类固定砂场39家。

从2009年开始，启动了金脱河、九溪河、胭脂港和金井河的生态治理工程，累计投入资金2000余万元，采用嵌式挡墙、格宾、雷诺护垫、生态砼护坡、枞木桩、干砌石、生态桶、六方网络等多种护坡护岸形式，既满足防冲、护坡岸、防垮塌要求，又凸显生态环保理念。

三　实施五大工程，努力夯实生态环境建设基础

（一）实施农村环保建设工程

把农户生活污水处理、垃圾资源化处理、畜禽养殖污水处理、集镇生活污水处理等“四项工程”作为主要内容，统筹安排农村生态环境项目建设。近两年，全县用于生态建设和保护的财政投入达4.5亿元，实施了25个大型环保项目。新建农户生活污水处理设施（人工湿地）

4600座，累计5.3万座；新建沼气池4000个，累计8万个；完成卫生改厕5000户，累计4.8万户；累计建设农户垃圾收集池2.64万个，农户配置垃圾桶16万个；新建乡镇垃圾压缩中转站和污水处理设施各18座；大力实施“百条河港堤岸、千里乡村公路、十万农家庭院”绿色愿景工程。近两年共义务植树441.5万株，四旁绿化植树62.6万株。“十二五”期间，县财政计划投入15亿元用于农村生态环境项目，实现集中居住区自来水、燃气管网下村入户，散居农户生活污水净化排放，生活垃圾、医疗危废无害化处置，沼气能源综合利用、一体化管理。

（二）实施城乡绿化和生态修复工程

按照“人在绿中，房在园中，城在林中”的理念，开展城市绿化总体规划和建设，精心打造绿地精品，形成了中有通程广场、南有文化公园与电力绿化走廊，北有特立公园，西有生态公园“大珠小珠落玉盘”的绿化景观，构建了以公园为重点、道路绿化为骨架、庭院绿化为补充的绿化格局，2012年又开展了泉塘公园、星城公园和晓棠公园项目建设。特别是2008年启动的松雅湖，项目规划总面积16.97平方公里，成湖面积6000亩，已完成投资25亿元，2011年松雅湖获批为“国家湿地公园”试点单位。通过“财政补贴、乡镇实施、部门指导、全民参与”的办法，深入开展“千里乡村公路、百条河港堤岸、万户农家庭院”的“绿色星沙、低碳生活”绿色愿景工程。自2009年开始，县财政每年安排1000万元资金用于植树造林补助。三年来全县完成人工造林64000亩，其中长防林17600亩，省级植被恢复费异地造林2500亩，市级植被恢复费异地造林2000亩，县级植被恢复费异地造林4000亩，退耕还林配套荒山造林9000亩，等等。完成河道绿化61.5公里，公路绿化692.1公里。完成义务植树66.5万株，建成市级花园或单位17家，县级花园或庭院275家。2009年以来，分别启动了金脱河、九溪河、胭脂港和金井河的生态治理工程，累计投入资金2000多万元，精心打造了百里生态景观长廊。从2009年开始，全县全面禁止砍伐林木，不允许挖掘乡村树木做绿化古桩，开展了打击乱捕滥猎野生动物的工作。2012 年，县政府发布了《关于严禁非法捕杀、经营水陆野生动物的通告》，同时制订了治理非法捕捞、驯养、繁殖、经营水陆野生动物专项整治行动方案，共查处非法电捕鱼案件 10 起，收缴非法电捕鱼设备 10 套，渔船 4 条，强制拆除迷魂阵、拦江网 3000 余米，收缴非法捕鱼网具 11 条（1200 米），收缴并放生野生鱼类 210 公斤；清查涉嫌非法经营野生保护动物的餐馆、酒店、饭店 165 家；立案查处 7 起，已结案 6 起，没收并放生野生蛇类 1200 余条，其他野生动物活体 258 只，罚款 6000 余元，强制拆除非法捕鸟网 1200 平方米。

（三）实施生态创建工程

组织开展生态乡镇、生态村创建活动，目前全县已创建国家级生态乡镇 16 个，国家级生态村 4 个，正在申报创建的 15 个；创省级生态村 19 个，创市级生态村 93 个，正在创建的还有 80 个。同时启动了“每乡一个示范村、每村一个示范组、每组十家示范户”的生态环境示范村庄建设工程，极大地激发了广大群众自主美化家园的热情。近两年，群众自主美化家园筹资达 6.679 亿元（其中村庄自主亮化投资 474.7 万元，自主硬化道路 5537 万元，庭院自主美化投资达 5.78 亿元，水域自主净化投资 2977.05 万元）。开展以“共建和谐·润绿长沙”为主题的十大绿色系列创建活动，涌现了一大批绿色学校、绿色机关、绿色社区、绿色酒店、绿色商店、绿色“农家乐”等绿色单位。开展了两型乡镇、两型村庄、两型社区、两型学校、两型企业、两型机关等 6 项两型示范单位创建活动，累计创建县级两型单位 58 个，成功申报省级两型示范项目和示范单位 9 个，创建数量居全省第一。

（四）实施环保教育工程

生态环境建设既是一项民生工程，又是一种教化活动。为提升全民生态环保意识，激活老百姓依托优美环境求发展的理念，县电视台专门开设了环保专栏，定期宣传生态环境建设的有关活动、先进事迹和公益广告。教育战线和妇联组织制订“三年生态环保行动计划”，实行生态环保知识“上课堂、进家庭”，开展“环保六个一”“爱卫月”和“废旧物品制作环保作品竞赛”等主题活动，构建了一个以学生、妇女为基础的推进体系。目前，“小手牵大手、生态环保行”和村、组、家庭卫生评比公示已经常态化。各乡镇（街道）和村（社区）广泛开展了印发宣传手册、组织教育培训、总结典型经验、召开现场会等生态环境教育引导活动。不少社会爱心人士自发组织编排了演讲、快板、花鼓戏、小品等文艺节目，以群众喜闻乐见的方式宣传环保。通过积极引导和大力宣传，极大地激发了广大人民群众自主美化家园意识，涌现了李启雄捐资 100 万元建设社区花园、上千家单位和个人捐献花木美化县城、小学生担任整洁行动监督员、老年人自愿担任义务环保员等一大批先进典型事迹，全县营造了“美化生态环境、建设幸福家园”的浓厚氛围，广大人民群众了解环保、参与绿化蔚然成风。

（五）实施绿色食品认证工程

大力发展无公害、绿色、有机农业。2012 年底，长沙县已完成无公害农产品产地认证 66.2 万亩，其中水田 44 万亩，蔬菜 11.6 万亩，茶叶 5 万亩，水果 5.6 万亩。全县有 118 个农产品获得“三品”认证，其中无公害农产品 72 个，绿色农产品 41 个，有机农产品 5 个。全县已有回龙湖和宇田两基地的蔬菜、宇田粮食获得有机食品转换认证；“金井”“湘丰”茶叶获得中国驰名商标称号；“金井”“宇田”“田茂”等 12 家企业的产品进行了贴标上市。同时，在农业发展中贯彻“绿色植保”的理念，积极推进农作物病虫害绿色防控技术措施的落实，广泛运用了氯虫苯甲酰胺、阿维菌素、赤眼蜂防治稻纵卷叶螟，性引诱剂防治二化螟，吡蚜酮、烯定虫胺防治稻飞虱，爱苗、戊唑醇防治纹枯病和稻曲病等高效低毒的新农药。2011 年，全县二化螟性诱剂投放面积 5240 亩，频振式杀虫灯使用达 1 万亩。绿色防控技术的广泛运行，使全年农药施用量减少了 35% 以上，防治效果提高 10% 以上。推进测土配方施肥全覆盖，每年减量化肥 2750 吨，增收节支 7500 万元。

四 建立三个机制，为生态环境建设提供有效保障

（一）落实项目准入机制

坚持“园区战略”，全力推进国家级长沙经济技术开发区和暮云、黄花、榔梨、干杉、安沙、金井、江背、星沙等八个专业园区（基地）的“一区八园”建设，配套实施了差异化的财政、土地、环保等政策，着力用最少的土地资源，创造最大的效益。2012年底，各园区已聚焦重点工业企业300余家，这300多家重点企业（总用地面积不到20平方公里）产生了90%以上的工业产值和税收，形成了“用1%的土地支撑经济发展，99%的土地保护生态环境”的格局。在此基础上，坚持“招商引资”向“招商选资”转变，凡是新引进、新申办的工业企业，一律实行环境影响评估，对高能耗、高排放等不符合环保要求的项目，一律予以限批。三年来，全县共办理环境影响评价项目619家，“三同时”执行率达100%，对30余个不符合产业政策或潜在有环境污染问题的引进项目实行了环保一票否决，从源头上控制了新污染源的产生。

（二）创新环保融资机制

创建生态县，开展农村环境治理，资金需求量大，单纯依靠财政的投入，必将杯水车薪，难以为继。为确保资金的及时足额到位，长沙县将城乡一体化资金，环保、农业、工信、水务、林业等单位的项目资金以及生猪大县奖励资金、财政资金进行有效整合，实行项目计划统一下达，资金统一调度，为农村环境治理构建了一个强大的资金支撑体系。积极探索“用未来的钱、办现在的事、解决发展问题”的思路和办法，建立了财政预算与市场融资、村民出资与政府“以奖代投”的投入机制。成立了环境建设投资有限公司，将年度财政预算、上级支持资金注入公司，统一管理，专项使用。近两年，该公司通过争取上级资金、银行融资等方式，有效地解决了污水处理厂项目资金3亿余元。引进北京

桑德国际有限公司，打捆建设乡镇污水处理厂，有效地解决了乡镇中心集镇污水处理的技术难题及资金瓶颈。整合村民出资、政府补贴、公司融资、银行贷款、上级支持等资金，合理安排环保项目，有序推进生态建设。两年来，实行连片整治的村达55个，占全县村级组织的1/4，县级投入连片整治资金达1.5亿元。

（三）探索生态补偿机制

推进生态补偿机制改革，是长沙县构建两型社会的重要抓手。2010年，县委、县政府出台了《长沙县建立生态补偿机制办法（试行）》，率先在全国县级区划内探索建立生态补偿机制，构建“谁保护谁受偿，谁受益谁补偿，谁污染谁治理”的运行体系。以政府为主导，加大财政对生态补偿的投入力度，以市场为补充，拓宽生态补偿市场化运作途径，通过财政预算安排、土地出让收入划拨、上级专项补助、接受社会捐助等多种渠道，设立生态补偿专项资金。全县除公益设施建设外的所有土地出让，每亩增加3万元用于生态建设和环境保护。在生态补偿机制的推动和保障下，启动实施了生态扶贫移民工程、捞刀河黄花段1000亩农田退耕还林补助工程、县自来水厂上游河床1042亩农田退耕还林还草工程，以及全县各类公益林补偿等16个项目，全县合计投入生态补偿资金12747万元。在生态移民工程方面，组织生态脆弱、交通不便地区的居民移民集中居住，建立生态恢复区。生态扶贫移民范围涉及北山、福临、开慧、白沙、金井、双江、高桥7个乡镇，按照政府引导、群众自愿的原则进行统一规划、分步实施，2012年，白沙桃源村生态移民试点拉开了序幕，已经建成第一期新居21栋，第二期60户移民已经启动基础设施建设，年底全部完成建设。目前，长沙县正在探索生态补偿和生态环境共建共享机制，逐步扩大饮用水源保护区的生态补偿，实行生态保护区的生态补偿。

长沙县在生态环境建设中，积极创新思路、加大投入、完善机制，取得了经济社会发展与生态环境建设相协调、人与自然和谐相处的突出成效，在全省率先实现城乡污水处理设施全覆盖，率先实现农村生活垃圾处置全覆盖，率先实现畜禽养殖总量控制和达标排放，率先实施禁捕水陆野生动物专项行动，率先建立河流常态保洁体系，等等。长沙县的经验做法凝聚了县委、县政府与时俱进的改革创新精神，诠释了以人为本的科学发展理念，体现了县域经济长远发展、可持续发展的战略眼光和价值取向，为广大中小城市树立了两型发展的榜样，值得各地认真学习和借鉴。

附　录

附录 1

三湘首善　幸福长沙

长沙县自古为“三湘首善之区”，其建制远溯秦汉，迄今已有 2200 多年，全县总面积 1997 平方公里，辖 19 个镇，5 个街道，228 个村，41 个居委会，总人口 80 万人。长沙县毗邻湖南省会长沙市，从东、南、北三面环绕长沙市区，处于长株潭两型社会综合配套改革试验区的核心地带，已成为长沙市 2020 年 310 平方公里城市总体规划“一主两次”中的两个城市次中心之一和长沙市商业体系规划“一主两副”的两个商业副中心之一。长沙县是“全国 18 个改革开放典型地区之一”，连续两次荣获“中国最具幸福感城市（县级）”称号，两次摘取“中国人居环境范例奖”，被评为“国家园林县城”“国家生态县城”“国家卫生县城”“全国文明县城”，在 2012 年度中国中小城市综合实力百强排名中列第 13 位，居中西部地区之首。

人文历史。长沙县人杰地灵，人文底蕴深厚。两千多年来，屈原、司马迁、柳宗元、杜甫、李商隐等文人墨客，都曾“为迁客去长沙”；贾谊、陶侃、朱熹等学士名人都曾在长沙县留下胜迹斑斑。长沙县这片古老而神奇的土地，曾哺育了黄兴、李维汉、杨开慧、柳直荀、田汉、许光达等仁人志士，也是原党和国家领导人朱镕基和李铁映的家乡。辛亥革命先驱黄兴生于长沙县凉塘，著名爱国志士左宗棠安眠在跳马白竹村。一代伟人毛泽东和他的亲密战友、夫人杨开慧，革命先烈柳直荀等都曾在长沙县组织开展农民运动。“坚强的老战士”徐特立亲自创办梨江高小。统战工作开拓者李维汉、中国人民解放军大将许光达、文化名人田汉等都出生在长沙县。

交通区位。长永高速、机场高速、绕城高速、株黄高速、沪昆高铁、319 国道、省道 S103 线横穿县境，107 国道、京珠高速、省道 S207 线和建设中的武广铁路纵贯南北，国际空港黄花机场坐落于境内，县城距黄花机场、武广高铁站、长沙火车站、湘江码头均约 8 公里。县域内形成以“九纵十二横”为骨干的道路交通网络，公路通车总里程达 4000 多公里。2020 年前实施的长沙地铁 2A 线将连接星沙—马坡岭城市东次中心和武广新长沙站。

基础设施。县城拥有日供水 20 万吨的自来水厂，株树桥供水管道途经县境，日供水能力 9 万立方米，水质综合合格率达 100%。有日处理污水 8 万吨的污水处理厂 2 座，在全省率先实现乡镇高标准污水处理厂全覆盖。已建成 500 千伏变电站 2 座、220 千伏变电站 2 座、110 千伏变电站 12 座、35 千伏变电站 11 座；拥有 110 千伏输电线路 11 条，35 千伏输电线路 14 条，10 千伏输电线路 205 条，主设备完好率 100%。忠武燃气管道途经县境，天然气已覆盖星沙县城、经开区、星沙产业基地以及六个乡镇，日供气能力约 23 万立方米。“数字星沙”工程全面实施，建成了以光缆传输为主，由数字微波和卫星为辅的通信网络。全县固定电话装机容量 27 万余户，拥有程控电话用户 19 万余户、移动电话用户 51 万余户，人均占有率居全省前列。各大商业银行和信用社实现了城区网点全覆盖，国际互联网实现了与全球所有国家和地区的通信宽带传输。

经济发展。近年来，长沙县充分发挥县域优势，按照“南工北农”的发展布局，坚持“兴工强县，产城融合以工促农，以城带乡”的发展思路，大力推进三次产业协调发展，县域经济发展水平和综合实力不断增强。2011 年，全县实现地区生产总值 789.9 亿元，完成工业总产值 1560.2 亿元，完成财政总收入 120.6 亿元，实现社会消费品零售总额 184.1 亿元，城乡居民人均可支配收入分别达到 24050 万元、13200 万元。目前，引进世界 500 强企业 29 家，近五年全县累计利用外资 11 亿美元，实现外贸进出口总额 70 亿美元。

工业方面：全县工业总量占长沙市的 1/3，是湖南省最大的先进制造业基地。形成以国家级长沙经济技术开发区为龙头，覆盖暮云、榔梨、黄花、星沙、干杉、江背、金井、安沙等乡镇园区的“一区八园（基地）”产业布局，聚集了德国博世、美国可口可乐、意大利菲亚特、日本住友、法国达能等 28 家世界 500 强企业和三一重工、广汽长丰、远大空调等一大批国内知名企业；形成了工程机械、汽车及零部件两大产业集群，被授予“国家新型工业化产业示范基地”和“湖南省汽车零部件产业基地”称号。工业板块加速成型，经开区及其托管基地率先发展，配套产业园区集约化程度不断提高。产业集群加速发展，工程机械、汽车及零部件、农产品加工等三大产业完成产值 1175 亿元。工程机械产业占全省 3/5、全国 1/7 的市场份额，成为全国首个最完整汽车车系制造区域，以可口可乐、湘丰集团等企业为代表的农产品加工业逐步壮大。

农业方面：规划建设了总投资 150 亿元、总面积达 1150 平方公里的长沙现代农业创新示范区，并成功获批为首批国家级现代农业创新示范区。通过整合资源、精心培育，加快发展茶叶、花卉苗木、蔬菜等新兴产业，形成了百里茶廊、百里花木走廊等特色产业带，并建成万亩以上超级杂交稻、蔬菜、食用菌、花卉、葡萄等产业精品园区。全县规模以上农产品加工企业达 44 家，现代农庄达 43 家，各类农民专业合作组织 526 家，规模流转土地面积达 30 万亩，新增农业标准化基地 16 个。“回龙湖”和“宇田”的蔬菜、粮食获有机食品转换认证，亚林食品跻身国家农业龙头企业，“湘丰”“金典”获评中国驰名商标。农村基础条件不断改善，完成水利投资 4.2 亿元，治理病险水库 45 座、中小河道 30 公里，基本完成乌川等 4 座中型水库灌区渠道提质改造任务。果园镇成功创建国家级环境优美乡镇，金井惠农村被定为省长社会主义新农村建设联系点，白沙锡福村、双江龙华村、青山铺马蹄塘组、榔梨踏塘组等生态环境建设示范效应良好。

服务业方面：按照先进制造业与现代服务业双轮驱动、融合发展的思路，召开首届现代服务业大会，引进服务业项目 19 个，签约金额近 400 亿元。恒广、新长海等城市综合体全面开建，福临农村商业综合体竣工开业。杨开慧纪念馆、石燕湖公园、长沙生态动物园成功创建国家 4A 旅游景区，全县接待游客 380 万人次，实现旅游综合收入 40 亿元。全县服务业发展的核心区域集中在县城星沙，主要分为三大板块：以湘龙街道为主，发展电子、文化、创意产业集聚区；以星沙街道为主，提质、改造发展传统服务业；以泉塘街道为主，发展生产性配套服务业，加快产城融合提升改造。目前，长永高速 CBD、长株潭烟草物流园、恒广欢乐世界、黄兴农产品物流园、新长海城市综合体等重点现代服务业项目建设已经步入正轨，麻林温泉、浔龙河生态小镇等乡镇现代服务业项目建设也已彰显成效，快乐购、嗨淘、宏梦卡通、青苹果数据城、花之林等一大批重大服务业项目正在抓紧推进。

附录 2

长沙县资源节约型和环境友好型社会建设综合配套改革试验实施方案

根据国家发改委《关于批准武汉城市圈和长株潭城市群为全国资源节约型和环境友好型社会建设综合配套改革实验区的通知》（发改经体〔2007〕3428 号）文件和省、市有关要求，结合长沙县实际，制定《长沙县资源节约型和环境友好型社会建设综合配套改革试验实施方案》。

一　两型社会建设综合配套改革试验的总体要求

（一）指导思想

以十七大精神为指导，深入贯彻落实科学发展观，以资源节约、环境保护为主题，以转变经济发展方式为核心，探索新型工业化、新型城市化道路，促进城乡统筹发展，全面推进多领域改革，在重点领域和关键环节率先突破，构建有利于资源节约和环境保护的体制机制。

（二）战略定位

在发展模式上，成为新型工业化、新型城市化的先行样板，循环经济、和谐社会建设的示范窗口。在城市建设上，成为具有国际品位的创新创业之都、宜居城市、幸福家园。在经济发展上，打造一流的高新技术产业聚集地、现代服务业中心和农产品精深加工中心。

（三）总体目标

到2020年，率先建立符合两型社会要求的体制机制，全面进入可持续发展的良性循环，单位地区生产总值能耗、环境及人居质量、可持续发展能力等达到国内先进水平。市场经济体制更加完善，自主创新能力显著提高，社会保障体系和公共服务体系更加健全，产业结构、增长方式和消费模式进一步优化，基本建成中西部领先的高新技术产业基地、先进制造业基地、现代农业创新示范区和现代服务业中心，全面建成经济发达、社会发展、生态文明、和谐统一的两型社会。

（四）主要任务

围绕两型社会建设的本质要求，我县两型社会建设综合配套改革试验的主要任务是：

——构建促进资源节约和环境友好的体制机制，在改革创新方面发挥先锋作用；

——增强县域经济综合实力和可持续发展能力，在转变发展方式方面发挥带头作用；

——坚持走新型工业化、城市化发展道路，在城乡协调发展方面发挥示范作用。

通过发挥以上三大作用，在资源节约和环境保护、产业结构优化升级、土地集约利用和财税金融支持、社会发展和改善民生、扩大开放、城乡统筹等重点领域和关键环节率先取得突破，全面推进综合制度创新，加快转变经济发展方式，加快两型社会建设，切实走出一条有别于传统模式的新型工业化、新型城市化的发展道路，实现县经济社会又好又快发展。

二　两型社会建设综合配套改革试验的重点内容

（一）深化资源节约体制改革

建立低投入、高产出、低消耗、可持续的经济体系，以最小的资源消耗获得最大的发展效益，实现可持续发展。

1. 创新节约能源的实施机制

全面推广建筑节能材料，大力推进太阳能等可再生能源的规模应用。建立依法淘汰落后产能的机制体制，控制资源消耗强度。完善固定资产投资项目“能评”制度，严格遵循能源高消耗行业的市场准入标准，提高项目准入门槛。探索节能减排的激励约束机制，推行绿色产品标准体系，建立污染物排放报告制度，强化企业节能监管。

2. 改革水资源的管理体制

实施节水鼓励政策，推广应用节水新技术、新产品，推进污水再利用和中水回用，全面推进国家节水型县城创建。治理浏阳河、捞刀河等饮用水源保护区的污染源，有效保护饮用水源地安全和区域水域资源。

3. 探索节约集约用地的体制机制

实施土地综合整理，推进土地集约利用和市场化配置。积极稳妥开展城镇建设用地增加和农村建设用地减少挂钩试点。推行城市土地投资强度分级分类控制。探索农村承包经营农用地流转机制，推动农村集体建设用地使用权流转。创新耕地保护机制，探索实现耕地占补平衡的各种途径和方式。

4. 改革资源性产品价格机制

推动资源性产品的市场定价，对国家限期淘汰类项目和高能耗企业，严格执行差别电价、水价、气价等能源价格。探索建立水权、林权等资源有偿使用制度，培育和规范资源产权市场。

（二）深化环境保护体制改革

建立环境保护、节能减排的有效机制，加强生态文明建设，推动经济社会发展与人口、资源、环境的协调统一。

1. 建立环境准入机制

划定基本生态控制线，将饮用水源保护区、湿地、重要生态功能区等敏感区域纳入生态控制线范畴，实行严格的环境保护措施。将环境容量作为环境准入的必要条件，无容量或容量不清的禁止审批。

2. 完善水环境治理机制

建立健全水环境管理、监测、评估、研究平台，推进污水处理设施建设工程，建设和完善城市污水收集处理系统，新建、扩建一批县城和乡镇污水处理厂，改变污水直接入江、入河的状况。实施流域综合治理工程，加强面源污染治理，重点治理养殖大户的动物粪便污染，依法处理违法排污的行为，推进水环境整治。

3. 建立生态补偿机制

按照“谁开发谁保护、谁受益谁补偿”的原则，逐步建立生态补偿和生态建设投融资机制。强化资源有偿使用和污染者付费政策，探索推行资源环境资产化管理和环境产权、使用权交易制度。严格执行排污许可证制度，探索建立排污权交易市场，在禁止开发区域探索实施生态补偿和财政转移支付制度。

4. 完善环境保护监管机制

建立健全战略环评、规划环评及项目环评机制。建立环保决策约束机制、环保专项考核机制以及领导干部环境保护目标任期审计制度。完善环境质量公报和企业环境行为公告等制度。

（三）推进产业创新升级体制改革

以高新技术为先导，大力发展先进制造业，加快发展现代服务业，促进产业朝高端化拓展，生产要素按市场化配置，产业布局向集聚化展开，探索有别于传统模式的新型工业化道路。

1. 创新高新技术产业发展的体制机制

健全政府支持、企业主导、市场导向、产学研有机结合的技术研究和产品开发体系，支持企业引进技术和再创新。深化科技体制改革，完善企业技术创新激励机制，引导企业加大科技投入。加强知识产权保护，建设有利于知识产权创造和运用的制度环境。加快电子信息、新材料、生物技术、环保产业等高新技术产业发展。建立政府优先采购自主创新产品制度，改革政府科技投入机制，发挥财政资金放大效应。

2. 创新先进制造业发展的体制机制

大力推进信息化与工业化融合，改造提升传统产业。实施品牌战略和标准战略，支持企业通过技术创新和开拓市场，培育和经营自主品牌，提高产业竞争力。发展总部经济，积极承接产业转移，努力吸引国内外知名制造企业在县设立研发中心和制造基地。支持先进制造企业通过联合重组，提升生产能力，加快形成以大企业为骨干、中小企业相互配套、专业化分工合作的产业体系，做大做强工程机械、汽车及零部件两大产业集群。引导先进制造企业推进非核心业务流程外包发展，提升高端核心竞争力。

3. 创新现代服务业发展的体制机制

加大财税、信贷、土地等方面的政策扶持力度，进一步完善促进服务业发展政策体系。坚持市场化、产业化、社会化的服务业发展方向，促进服务业拓宽领域、增强功能、优化结构，规范提升传统服务业，培育具有核心竞争力的服务业龙头企业。加快发展现代服务业，促进制造业与服务业有机融合，突出发展商贸流通、房地产、金融保险、现代物流、旅游酒店等现代服务业，切实提升服务业在国民经济中的比重。

（四）推进财税金融体制改革

加大财税金融对两型社会建设的支持力度，积极推进金融改革和制度创新，完善金融服务体系，打造星沙金融副中心。

1. 深化财税体制改革

加快建立财权与事权相匹配的公共财政体制，完善财政转移支付制度。设立两型社会建设专项资金，加大对两型社会建设的财政支持力度和对两型产业发展的税收优惠力度，全面推进增值税转型改革。

2. 推进地方金融机构改革

推进农村信用联社改革，探索组建农村合作银行或农村商业银行，完善农业保险和再保险体系，加强农村金融组织和产品服务创新。

3. 培育发展多层次资本市场

加大拟上市公司培育力度，鼓励优质中小企业通过“创业板”拓展融资途径。探索发展与两型社会建设相关的产业投资基金、私募股权投资基金等各类投资基金。积极发展地方政府债券、企业债券、企业短期债券和集合债券。鼓励金融机构开展综合经营试点和资产证券化试点，探索开展企业环境污染责任保险试点。

4. 建立“绿色信贷”机制

围绕建设两型社会的要求，优化信贷结构，重点扶持资源节约、环境友好型项目贷款。加大对节能和环境友好型企业的贷款扶持力度；优先满足企业进行节能减排技术改造的贷款需求，限制污染企业的新建项目投资和流动资金的贷款额度。

（五）推进城乡统筹和公共服务体制改革

坚持“南工北农”的发展战略，加快做好城乡一体化规划，推进农业向规模经营集中、工业向园区集中、农民居住向城镇集中，提高城乡公共服务均等化水平，突破城乡分割的制度障碍，构建城乡互动、区域协调、共同繁荣的新型城乡关系。

1. 健全农业增效农民增收机制

鼓励引导农民在依法、自愿、有偿的前提下进行土地流转，建设现代农庄。培育发展农民专业合作组织，培植规模大、竞争力强的深加工龙头企业，提高农业产业化水平。推广农产品标准化生产，加快发展高效特色农业、农产品加工工业和乡村休闲产业。积极推广种养循环、生物链循环等循环农业模式。加大农民创业培训，鼓励和引导农民工返乡创业，实施创业富民工程，引导广大农民走上创业富民之路。

2. 建立推进新农村建设的体制机制

健全农业支持补贴制度，扩大财政对新农村建设的投入规模和比重，支持基础设施和生产要素向农村延伸。加强市场体系建设，通过土地流转，引入社会资本建设现代农庄，发展现代农业。引导新农村建设与土地集约化经营相结合，鼓励农民集中居住。

3. 统筹城乡公共服务资源

开展农田水利、农村公路等基础设施建设，提高农村基础设施建设标准，实现城乡基础设施对接。打破户籍二元化结构，逐步推进户籍管理的一元化。推进城乡教育均衡发展和共建共享，全面普及12年免费教育，大力发展职业教育。建立健全医疗卫生事业的投入机制，构建城乡统筹的公共卫生体系，采取医药分开等措施防止医疗资源浪费，缓解普通群众看病难、看病贵的问题。

4. 完善城乡社会保障体系

健全社会保障体系，实现包括灵活就业人员、农民工在内的各类就业人员平等享有社会保障。加快建立低费率、广覆盖、可转移、与现行城镇制度相衔接的新型农村社会养老保险制度。完善和实施城乡一体的社会救助体系，逐步加大财政对社会救助的投入。

（六）深化对外开放体制改革

坚持以开放促发展，创新涉外经济体制和外向型经济发展模式，建立符合国际通行标准、有利于参与国际经济分工合作的开放型经济体系，营造有利于承接产业转移的体制环境，探索外源性与内生性发展相结合的新路子。

1. 创新招商引资机制

创新招商引资方式，建立招商引资协调机制。探索承接产业转移的联动机制，探索内陆开放型经济发展模式。开放投资领域，吸引世界500强、行业龙头企业和风险投资公司来我县投资兴业。推行绿色招商，引导客商投资资源节约型和环境友好型产业，引导外来资本更多地投向高新技术产业、现代服务业、现代农业、基础设施和生态建设。

2. 健全促进外贸增长方式转变的机制

优化出口商品结构，重点支持高附加值的机电产品、高新技术产品和品牌产品的出口，控制高耗能、高排放、资源型产品出口。支持有国际竞争力的本地企业“走出去”，融入国际产业布局，提高参与国际经济合作的层次和水平。

（七）深化行政管理体制改革

进一步转变政府职能，以精简、高效为原则，以构建与国际接轨的市场经济规则体系为重点，优化组织结构，提高行政效能，加快建设服务型政府。

1. 改革行政管理模式

以推进政务公开和网上审批为重点，加快电子政务建设，减少和规范行政审批，提高行政效率，降低行政成本。推进政府投资体制改革，实施项目代建制和项目法人招标制。创新政府公共服务的提供方式，对部分公共事业实施市场化改革，推进政府向市场购买公共服务。

2. 健全市场运行规则体系

以国际化、市场化为导向，最大限度地发挥市场机制作用，建立与国际接轨的市场运行规则。建立健全市场准入、信用体系等方面的体制机制，通过完善市场体系、制定市场规划，为各类经济主体提供公平的发展条件。

3. 推进社会管理体制改革

创新社会管理理念和方式，推动社会管理由一元化发展向政府、社区、村镇、社会中介组织、行业协会多元化发展。培育和发展各类市场和社会中介组织，提高经济活动的社会组织化程度。强化政府社会服务管理功能，建立健全社会预警体系和应急救援机制，有效解决各类社会矛盾。

三　综合配套改革试验的保障措施

（一）加强组织领导

成立两型社会建设综合配套改革领导小组，加强对两型社会建设工作的组织、指导和协调。领导小组下设办公室，具体实施全县两型社会建设工作，负责组织两型社会重大改革试点，策划、筛选、组织实施两型社会重大项目，开展两型社会系列创建活动等工作。

（二）强化政策支持

研究制定两型社会建设支持政策，明确部分改革措施的自主权，设立两型社会发展基金，争取国家和省、市在财税、土地、投融资等方面的政策支持。

（三）坚持项目带动

建立两型社会建设项目库，争取一批重大项目纳入国家和省、市重点项目笼子。根据两型社会发展总体目标，明确每年改革发展的方向和重点，逐年推出一批有带动作用的重大项目，以项目建设推动两型社会建设。

（四）加强考核评价

建立两型社会综合配套改革考核评价体系和统计监测评价指标体系。将两型社会建设工作纳入绩效考核，由两办督察室、县发改局等部门组成考核评价小组，每年对全县各级各部门两型社会重点项目建设、重大改革推进等方面进行考核评估。

附录 3

长沙县资源节约型和环境友好型社会建设综合配套改革试验五年行动计划

（2008—2012）

为了加快推进长沙县两型社会综合配套改革，实践科学发展观，根据国家、省、市相关要求，结合长沙县实际，制定 2008 ~ 2012 年长沙县两型社会建设五年行动计划。

一 产业支撑工程

坚持新型工业化的发展战略，以工业为先导，三次产业协调发展。到 2012 年，力争全县 GDP 达 660 亿元，财政收入达 100 亿元，工业总产值达 1500 亿元，过 300 亿元企业 2 家，过 100 亿元企业 6 家，全县基本实现工业现代化。

（一）打造两大优势产业集群

重点做强工程机械、汽车及零部件等优势产业，形成具有核心竞争力的产业集群。工程机械制造业：加快以三一重工、山河智能等为龙头的工程机械产业发展，打造中国工程机械产业之都，力争到 2012 年，全县工程机械制造业产值达 600 亿元。汽车及零部件制造业：以广汽长丰、众泰汽车、北汽福田、陕汽环通、同心国际等企业为龙头，发挥汽车产业走廊的辐射作用，建成拥有越野车、轿车、卡车、客车等全系列产品的汽车产业基地，到2012年，汽车及零部件制造业产值达600亿元。（牵头单位：区产业局、县工业局；参与单位：县商务局）

（二）大力发展高新技术产业

加快自主创新和科技成果产业化，培育一批拥有自主知识产权的研发型企业。到2012年高新技术产业增加值占全县GDP的比重提高到35%以上。电子信息产业：以维胜电子、圆晶芯片等企业为龙头，做大做强电子信息产业。新材料产业：以力元新材等企业为龙头，重点发展高性能电池、硬质合金、高分子复合材料，到2012年，新材料产业产值力争达到120亿元。生物技术产业：以福莱格生物等企业为龙头，做大做强生物产业，2012年全行业产值达15亿元。环保产业：重点开发高效、节能、环保的技术和产品，2012年全行业产值达20亿元。（牵头单位：区产业局、县工业局；参与单位：县科技局、县商务局）

（三）加快发展现代服务业

充分利用我县的产业基础优势和交通区位优势，发展现代服务业。到2012年，第三产业增加值达到200亿元，占GDP的比重达30%左右。商贸流通业：重点培育在省内具有一定辐射功能的大型专业市场，大力发展连锁经营、电子商务、网上交易等新型业态，培育一批拥有出口自营权的龙头企业。现代物流业：打造区域性运输物流枢纽，引导有条件的物流企业向综合服务型第三方物流企业过渡，力争到2012年全县建成3个大型物流中心，培育3个成型的物流企业。房地产业：进一步加强房地产发展规划管理，加强配套设施建设，提高建设档次，确保房地产业健康持续发展。金融、保险业：加大对两型产业、中小企业、消费、助学等方面的信贷支持力度，发展金融租赁公司、信用担保公司、融资公司、证券公司等非银行金融机构。旅游、酒店业：大力开发红色旅游、现代农庄旅游和工业旅游，积极发展餐饮业、酒店业，提高服务水平。（牵头单位：县商务局；参与单位：县房产局、县金融证券办、县旅游局、县食品药品监督局等）

（四）发展现代农业

建设国家现代农业创新示范区，重点实施现代农业发展“2461”工程，即建设两大基地、四大精品园、六大产业优势区和一百个现代农庄项目。大力发展优质、高效农业，突出无公害绿色有机食品和食品安全建设。推动现代农庄建设，鼓励农民在依法、自愿、有偿的基础上规范进行土地流转，推进农业机械化，促进农业生产向规模化发展。集中力量打造百里茶廊、百里花卉走廊、34万亩超级杂交稻基地，推进农业产业化。（牵头单位：县农办；参与单位：县农业局、县畜牧水产局、县林业局、县农机局、县国土局、县财政局、县科技局、县质监局）

二　规划建设工程

初步建成高效、低耗、可持续发展的城乡基础设施综合体系，为长沙县加快发展提供坚实的承载平台。

（一）突出规划的带动作用，主动对接长株潭城市群规划

将长株潭城市群整体规划与星沙新城规划有机结合起来，全面整合近郊乡镇，打造长沙县经济发展核心区域——星沙新城。依托黄花机场、武广客运站，建设航空新城、长株潭中央商务区，在核心区内打造“一主、两副、绿网”的发展格局，即：以先进制造中心为产业发展核心区；中央商务区和临空产业园为两个产业发展副中心区；在各个产业区之间和外围形成绿色生态网络，打造长株潭地区的东部新城、对外门户和产业基地。加强城乡规划的衔接，实现城乡规划全覆盖。（牵头单位：区、县规划局；参与单位：县国土局、县交通局）

（二）加快“东拓西接”步伐，完善城乡基础设施建设体系，提供城市发展、招商引资的平台和载体

1. 构建区域性交通网络格局，提升城市综合承载能力

重点建设芙蓉大道、黄兴大道南延北拓、火星北路（蟠龙路至北绕城线）、月形山互通接中岭立交联络线、人民东路西接东延、开元东路东延线等项目，配合建设武广高速铁路、沪昆高速铁路、长株高速、轨道交通、绕城线东北段、黄花机场扩建等重点工程。进一步完善县城“第二个20平方公里”内的滨湖路、东五线等项目，加快建设东城区“第三个20平方公里”内的望仙东路、东九线等项目，向北建设好捞刀河路等项目，构建贯穿全县的立体、枢纽、网络型现代大交通格局。（牵头单位：县交通局、县建设局；参与单位：县规划局、县国土局）

2. 优化提升县城建成区基础设施，提高县城道路交通系统和市政设施的整体运行效率

全面推进团结垸退田还湖（松雅湖）工程建设，提升城市品位，加快推进长永高速城市商业区改造项目，建设中央商务区。加快完成县城背街小巷和板仓路、天华北路、特立路等道路的提质改造，提升城市品位。加快建设三一路跨线桥，改造一批城市道路，提升城区道路通行率。加快完成城北和榔梨污水处理厂建设，完善城市各种配套管网系统，确保城市功能的健全。新增公交线路4条，大幅提高公交运行效率。（牵头单位：区、县建设局、县城管局）

3. 以加快农村水利、公路、公交和供水、供电、通信等设施建设为重点，加快基础设施向农村延伸

一是以防洪工程和病险水库加固为重点，实施“个十百千万”工程，即新建1座中型水库，完成75座小型水库除险保安，每年完成200公里末级渠系渠道防渗衬砌、6000口山塘扩容增蓄整修，解决10万农村人口的饮水安全问题；二是加大农村公共设施投入，实现通村公路全部硬化，重点行政村、中心村通客车、所有乡镇通公交车，电力、有线电视、通信、网络全面覆盖；三是实施农村环境综合整治和城乡垃圾、

污水综合处理，加强乡镇污水处理厂、垃圾站的建设。（牵头单位：县农办；参与单位：县水利局、县交通局、县建设局、县城管局、县广电局、县电力局等）

三　生态环境工程

以环境综合整治为重点，加强污染治理和生态保护，至2012年，环境质量下降趋势得到有效的遏制，环境质量明显改善。

（一）围绕城乡水源保护、城市大气环境保护、城镇垃圾和污水治理等突出问题，加大环境污染整治

1. 以浏阳河、捞刀河污染综合整治为重点，加强饮用水源保护

切实做好浏阳河、捞刀河的流域污染综合整治，建设捞刀河、浏阳河一级水源保护区长沙县截污工程，取缔浏阳河、捞刀河二级饮用水源保护区直接排污口，严控沿河污染源，确保工业废水中的主要污染物浓度和总量实现达标排放，加大对水葫芦的治理力度，基本实现水源地保护区禁止投肥养殖，保证饮水安全。（牵头单位：县环保局；参与单位：县水利局）

2. 以传统产业技术改造为重点，加大大气污染治理力度

淘汰水泥立窑生产线，加快水泥行业污染的综合整治，加速实施煤改气、油改气工程，加快建设天然气管网和储配站建设，淘汰燃煤锅炉，有效改善空气质量。（牵头单位：县环保局；参与单位：县工业局）

3. 以污水处理为重点，减少污染排放

完成星沙城北、城南、榔梨、暮云等重点开发区域的污水处理厂建设，加快乡镇污水处理设施建设。到2012年，县城和集镇污水处理率达100%。（牵头单位：县城管局、污水净化中心；参与单位：县建设局、县环保局）

4. 以垃圾综合利用和无害化处理为目标，妥善处理固体废弃物

加快县固体废弃物处置场续建工作，建设县城垃圾压缩中转站，到2012年完成生活垃圾无害化处理由二级向一级的升级工作。进一步完善推广“户分类、组集中、村收集、镇中转、县处理”的农村生活垃圾处理模式，建立健全镇村垃圾收集合作社。到2012年，城镇和乡村生活垃圾无害化处理率达90%以上。（牵头单位：县城管局；参与单位：县环保局等）

（二）构筑城乡绿色生态网络体系，建设宜居家园

1. 大力建设城市公园，改善城市自然生态

扩建星沙生态公园、星沙公园、灰埠公园，建成绿地面积2.53平方公里。新建人防公园、北斗公园、南山公园、远大公园、映霞公园、体育公园、泉塘公园，建成绿地面积0.77平方公里，改善城市自然生态。（牵头单位：县城管局）

2. 绿化主要交通干线，建设高标准绿化带

在城区主要道路高标准建设绿化带，在县境内铁路、高速公路、国道、省道、县乡道两侧设置防护绿地，完成一批生态防护重点工程的建设。（牵头单位：县城管局；参与单位：县林业局）

3. 保护、提升生态森林圈，建设生态绿心

全面禁止商业性采伐，加强大山冲森林公园保护力度，筹备建设和平森林公园、乌傩森林公园和天连山自然保护区。（牵头单位：县林业局）

四 两型示范工程

选择重点区域，在资源节约、环境保护等方面建设一批重点工程，发挥突破性、示范性、带动性作用。

（一）资源节约示范工程

1. 循环经济示范工程

通过延伸产业链和资源综合利用，建成循环经济工业示范小区1个。选择5~8家资源消耗大的企业作为县级工业循环经济试点单位，全面推进废弃物综合利用。到2012年，工业固体废物综合利用率提高到90%以上；高耗能、高耗水、高耗材、高污染企业必须100%按照循环经济的要求推行清洁生产。（牵头单位：区产业局、县工业局）

2. 节约集约用地示范工程

重点抓好长沙经开区创业孵化基地、暮云工业园、榔梨工业小区节约集约用地示范基地，积极探索以“利用地下空间、建设多层厂房”为核心的节约集约用地模式。（牵头单位：县国土资源局；参与单位：县规划局）

3. 节能示范工程

一是建筑节能示范工程：推进既有建筑的节能改造，保证新建工程100%符合国家建筑节能标准和建筑节能设计要求。二是工业节能示范工程：把年耗标准煤3000吨以上的企业列为企业节能技术改造的重点，降低工业能源消耗。三是机关办公节能示范工程。在政府机关推行节约用电、用水、用油等办公节能活动。到2012年，万元GDP能耗下降到0.85吨标准煤；新建40个、技改10个示范工程。（牵头单位：区产业局、县工业局；参与单位：县建设局、县机关事务局）

4. 节水示范工程

一是依托污水处理厂同步建设中水回用工程3个，日供再生水5万立方米，用于道路冲洗和绿化浇灌。二是实施企业节水示范项目，引进先进的节水工艺，使工业重复用水率达到85%以上。三是建设节水灌溉示范工程，启动4座中型水库的灌区改造，提高渠系利用系数。（牵头单位：县城管局；参与单位：县建设局、县工业局、县水利局）

（二）环境保护示范工程

1. 农村环境综合整治示范工程

以集镇污水处理、分散性农村居民生活污水处理、农村生猪养殖业废水治理、农村生活垃圾处置为四大整治重点，实施农村环境综合整治，使农村污水变清水，臭气变沼气，垃圾成肥料。（牵头单位：县环保局；参与单位：县畜牧水产局、县农业局、县能源办、县卫生局）

2. 公交车、出租车洁净能源替代示范工程

兴建城北、城西、城东三座公共客运车辆天然气加气子站，到2012年，县城公共客运车辆天然气加气站达4座，100%的城市公交车和出租车使用清洁燃料。（牵头单位：县城管局）

五　体制创新工程

围绕破除制约我县经济社会发展的体制性障碍，加大改革攻坚力度，在关键领域和重点环节率先突破。

（一）资源节约体制改革

1. 完善国土资源节约集约的激励和约束机制

实行城镇土地投资强度分级分类控制，建立节约集约用地税费奖惩机制，实行差别化的土地税费政策，鼓励建设多层厂房。建立耕地保护基金，开展农用地分类保护和耕地有偿保护试点。完善耕地整理复垦制度，开展农用地与非农用地统筹综合整理，探索实现耕地占补平衡的多种途径和方式。制定并实施农村集体建设用地使用权流转的管理办法，稳步推进城乡建设用地增减挂钩和“先征后转”工作。完善土地储备制度，建立土地储备基金，实行建设用地“熟地”出让。（牵头单位：县国土资源局；参与单位：县财政局、县农办、县农业局）

2. 完善资源产权体系

加快培育水权、林权等资源产权市场，加快推进水利工程产权的确

权划界工作，建立健全资源产权转让制度。（牵头单位：县水利局、县林业局等）

（二）环境保护体制改革

1. 开展生态补偿试点

在浏阳河、捞刀河流域水源保护区开展生态补偿试点，对松雅湖饮用水源保护区实施生态禁养，严格执行跨行政区河流交接断面水质保护责任制，探索跨境河流化学需氧量生态补偿试点。（牵头单位：县环保局）

2. 探索建立环境产权制度

完善环境有偿使用制度，加快实行生态环境使用者、受益者或破坏者向生态环境提供者、受损者或保护者支付费用的制度。将排污权许可范围扩大到所有排污行为，严格规定排污方式、总量和标准，有偿出让排污权，开展排污权交易试点。（牵头单位：县环保局）

3. 建立环境准入和产业退出机制

制定长沙县产业导向目录，明确优先发展、限制发展和禁止发展产业。建立健全“两高一低”产业退出机制，到2012年基本淘汰浪费资源和污染严重的“五小”企业，全县50%规模以上企业通过ISO 14001环境管理体系认证或实现清洁生产。（牵头单位：县工业局；参与单位：县发改委、县环保局）

（三）科技创新体制改革

1. 建设自主创新服务体系

一是积极建设技术创新公共服务平台。鼓励企业建设工程技术研究中心和博士后流动（工作）站等研发机构，推进科技特色产业基地建设。二是鼓励引进、培育科技企业孵化器（创业园）和中介服务机构，为中小型科技企业提供发展平台。三是提高政府的科技服务能力，加强生产力促进中心建设，提高综合服务能力。（牵头单位：县科技局）

2. 完善科技成果转化机制

建立完善企业与高等院校、科研院所间的产学研合作机制，重点开展10～15个重大产学研合作和成果转化项目的研发工作。落实引导和鼓励措施，为转化重大科技成果的企业和项目引进风险投资、创业投资资金，加快项目实施和成果转化。（牵头单位：县科技局）

（四）财税金融创新体制改革

1. 深化财税体制改革

加快构建财权与事权相匹配、公平、公正、透明的公共财政体制。创新财政资金管理方式，加大对两型社会建设的财政支持力度。全面推进中央、省、市两型社会建设财税政策的配套、落实。创新财政支农资金使用方式，加大农村公共产品投入，深化支农资金的整合试点。调整和完善县乡财政体制，进一步完善转移支付制度，建立乡村控制新债、化解旧债的有效机制。深化部门预算改革，扩大预算支出绩效考评试点，将财政国库管理制度改革推进到所有基层预算单位和全部财政性资金。（牵头单位：县财政局）

2. 推进地方金融机构改革，建设星沙金融副中心

扩大我县金融机构网点规模，提升网点质量、级别。完善中小企业担保和再担保体系，解决中小企业担保难问题。推进县农村信用社改革，探索组建农村合作银行或农村商业银行，探索村镇银行试点，加大政策对农村金融市场的倾斜。加快建设金融机构聚集区，改善金融生态环境，创建省级金融安全区，将星沙建成长沙市的金融副中心。（牵头单位：县金融证券办）

3. 发展多层次资本市场

依托市政府对于中小板、创业板上市融资扶持政策，加快培育拟上市资源。积极参与长沙市地方债券、企业债券、企业短期债券和集合债券试点。（牵头单位：县金融证券办；参与单位：县发改局）

（五）城乡统筹和公共服务体制改革

1. 完善城乡一体的规划管理体制

加快做好城乡一体化规划，建立城乡一体的规划体系，实现区域范围内各类规划全覆盖。实行城乡规划一体化管理，健全城乡规划审批、实施和监督检查的管理机制。（牵头单位：县规划局）

2. 建立城乡一体的公共服务体系

推进城乡教育均衡发展，加大农村教育投入。建立城乡基本医疗制度，加强农村卫生事业建设，提高新型农村合作医疗的参合率和保障水平，实现城乡卫生资源公平分享和人人享有卫生保健。健全社会保障体系，制定城乡一体的社会保障政策体系和管理服务流程。（牵头单位：县农办；参与单位：县教育局、县卫生局、县劳动局等）

3. 建立城乡统筹的创业就业体制

按照省、市部署，稳步推进户籍制度改革，逐步推进户籍管理的一元化；建立健全覆盖城乡的就业服务体系，努力实现城乡劳动力充分就业。（牵头单位：县劳动局；参与单位：县农办、县公安局等）

（六）对外开放体制改革

1. 抓好区域形象推广

全面启动长沙县区域形象系统宣传推广工作，高起点、多层次、全方位集中展示、持续宣传长沙县，进一步提高长沙县的美誉度，打造对外交往、吸引投资的金字招牌。（牵头单位：县商务局）

2. 创新招商引资机制

突出抓好园区招商，发挥产业载体功能，跟踪落实签约项目，做好落户企业的服务工作。优化投资环境，大力开展点对点招商，探索网络招商、代理招商、中介招商、委托招商等多种招商形式，增强招商的针对性和实效性。瞄准世界500强及国内外行业龙头企业，重点引进战略投资者。到2012年，力争实现到位外资3.8亿美元，到位内资89亿元，全县进出口总额达到60亿美元。（牵头单位：县商务局）

（七）行政管理体制改革

1. 创新政府组织架构

继续推进政企、政事、政府与市场中介组织分开。完善机构设置，理顺职责分工。适应政府职能转变的要求，积极发展和规范各类中介服务组织。扶持建立一批行业中介组织，承担行业管理职责。（牵头单位：县编委）

2. 加强政府制度建设

健全科学民主决策机制，完善政府集体决策、专家咨询、社会公示和听证制度。深化行政审批制度改革，减少审批事项，规范审批程序。严格执行政务公开制度，加快电子政务建设，全面推行行政问责制。（牵头单位：县政府办；参与单位：县发改局）

3. 积极推进政府投资体制改革

坚持“以规划定项目，以项目定资金”，所有县政府出资建设的固定资产投资项目一律纳入政府投资管理范畴。统筹安排政府投资项目，用好财政资金，提高投资效益，最大限度地发挥政府投资在经济社会建设中的作用。（牵头单位：县发改局；参与单位：政府办、国土局、建设局、财政局、规划局、环保局）

附录 4

长沙县 2012 年度两型社会示范单位创建工作实施细则

为加快长沙县两型社会建设进程，推进两型社会示范单位创建工作，根据县人民政府办公室《关于印发〈长沙县两型社会示范创建活动实施方案〉的通知》（长县政办发〔2009〕38 号）文件的要求，现制定《长沙县 2012 年度两型社会示范单位创建工作实施细则》。

一　指导思想

全面贯彻落实科学发展观，落实国家推动综合配套改革试验区建设的战略部署，按照市委、市政府“率先基本建成两型城市”和县委、县政府“领跑中西部，进军前十强”的目标要求，以促进资源节约、环境友好为主线，通过加强宣传动员、编制两型标准、推广两型技术、加强设施建设、建立长效机制等途径，培育一批两型示范单位，形成可以复制推广的经验和模式，在全县范围内牢固树立两型思想观念，倡导两型生产生活方式，加快推动两型社会建设。

二　创建内容

在全县选择一批有具备创建基础和创建潜力的单位，深入开展两型示范乡镇、两型示范企业、两型示范学校、两型示范村庄、两型示范社区、两型示范机关六项两型示范单位创建工作。具体创建内容和评价标准见《长沙县两型社会示范单位创建验收评定标准》（附件1~附件6）。

三　工作分工

2012年两型社会示范单位创建工作分工如下。

（一）组织实施单位

县发改局全面负责长沙县2012年两型示范单位创建工作的组织实施、督促指导和验收评定等工作。

（二）单项创建牵头单位

两型示范乡镇创建牵头单位为县发改局；两型示范企业创建牵头单位为县工信局；两型示范学校创建牵头单位为县教育局；两型示范村庄创建牵头单位为县农办；两型示范机关创建牵头单位为县直机关工委；两型示范社区创建由县民政局牵头组织。

各单项创建牵头单位负责各自领域创建工作的宣传动员和创建单位推荐，配合县发改局开展两型示范单位创建的指导和验收评定工作。

四　工作步骤

（一）动员准备阶段（5月中下旬）

县发改局组织召开会议部署创建工作；各单项创建牵头单位负责在各自领域全面动员，鼓励全县广大乡镇、企业、学校、村庄、社区、机关积极申报两型示范单位创建。

（二）推荐申报阶段（5月下旬）

1. 申报创建单位填写《长沙县两型示范单位创建申报表》（附件7），经各单项创建牵头单位出具初审意见后报县发改局，每项创建申报单位数量不少于年终评奖单位数量的2倍。

2. 县发改局综合考虑申报单位的创建基础、创建思路和单项创建牵头单位初审意见后，差额确定创建单位。

（三）指导创建阶段（6～11月）

1. 各创建单位按照《长沙县两型示范单位创建验收评定标准》并结合自身实际，深入开展创建工作。

2. 县发改局联合各单项创建牵头单位对两型示范创建单位进行工作指导和督察。

（四）评审认定阶段（11月）

1. 各创建单位全面总结创建活动开展情况和创建成绩，并向县发改局和单项创建牵头单位上报全面的验收资料。

2. 县发改局和各单项创建牵头单位组成联合评审验收组，通过听汇报、查资料、看现场相结合的方式对示范创建单位进行综合评分验收。

3. 县发改局根据综合评分拟定两型示范单位的名单和等级报县政府审定，并以县政府的名义授牌表彰。

五 组织保障

（一）加强组织领导

县两型社会示范创建工作领导小组负责统筹协调全县两型社会示范单位创建工作。领导小组办公室设在县发改局，具体负责领导小组的各项日常工作。

（二）强化督促指导

2012年两型示范单位创建工作纳入县对部门、乡镇两型社会建设绩效考核，各有关单位要高度重视，加强对创建工作的督促和指导，帮助解决创建工作中的具体问题。

（三）抓好示范带动

通过示范观摩、宣传推介等形式，最大限度地发挥示范单位的带动效应，培育创建典型，形成可以复制推广的创建经验和模式。

（四）搞好表彰奖励

2012年底，由县发改局和各单项创建牵头单位组成联合评审验收组，根据得分高低评选五星级两型示范单位、四星级两型示范单位和三星级两型示范单位，报县政府审定后予以授牌表彰，并根据评选结果从县两型社会建设引导资金中安排项目资金。

附件1

长沙县2012年两型示范乡镇创建验收及评定标准表

项目	序号	考核指标	评定标准	分值	考核分数
组织管理12分	1	领导重视	成立两型乡镇创建领导小组，制定两型创建工作计划	4	
	2	宣传发动	有宣传阵地或宣传栏，在镇域范围内广泛开展两型宣传工作，积极参与县发改局组织的两型宣传活动	8	
合理规划12分	3	制订规划	制定符合两型理念的小城镇规划，体现时代特点、生态特色、文化内涵	8	
	4	规划执行	坚持规划先行原则，严格按照规划进行发展建设	4	

续表

项目	序号	考核指标	评定标准	分值	考核分数
资源节约32分	5	节约用水	注重水的循环利用，提倡一水多用，对村镇渠道进行节水改造，大力推广应用喷灌、滴灌等技术	8	
	6	节约能源	推进乡镇电网改造，降低用电损耗，改善用电条件；安装节能路灯，大力推广选购节能产品；组建能源服务站，积极推广应用太阳能、沼气等新能源	8	
	7	资源回收	积极推进垃圾分类处理和资源化利用，减少废旧资源浪费和垃圾污染	8	
	8	科学布局	促进土地向规模经营集中，农民生产生活安置采取集约节约用地模式	8	
环境友好32分	9	生态产业	大力发展环保节能产业、现代服务业、绿色高效农业；坚持招商选资；引导企业淘汰落后产能、开展技术改造	8	
	10	美化绿化	大力开展集镇提质改造，城镇建成区绿化环境好	8	
	11	环保组织	发展农村环保合作社、保洁公司等环保组织，动员公众参与环境保护，维护群众环境权益	8	
	12	环境保护	大力整治城镇、乡村环境，推进垃圾分类处理和污水集中处理；无重大污染源，无开山、砍树、填塘等破坏自然环境的行为，无环境污染事故	8	
社会和谐12分	13	民生建设	建设一批确保居民生活方便舒适、提高居民生活质量的公共基础设施，如图书馆、敬老院、文体娱乐设施、卫生医疗设施、有线电视等	6	
	14	文明风气	积极开展两型文娱宣传、两型村庄建设等活动，大力提倡全民参与节约资源、保护环境，树立社会公德、家庭美德、职业道德	6	
合计			100分		

附件 2

长沙县 2012 年两型示范企业创建验收及评定标准表

项目	序号	考核指标	评定标准	分值	考核分数
组织管理10 分	1	领导重视	成立两型企业创建领导小组，制定两型创建方案和工作计划	5	
	2	宣传发动	充分利用内部刊物、宣传标语、宣传栏等宣传阵地，宣传国家有关节能环保的法律、法规和政策，让企业职工养成节能环保的好习惯	5	
资源节约35 分	3	目标管理	制订并完成年度计划节能、节水等目标	5	
	4	政策执行	贯彻执行节约能源的法律法规及政府规章，严格执行高耗能产品限额标准；实施耗能设备能耗定额管理制度；新建、改建、扩建项目按节能设计规范和用能标准建设	10	
	5	技术改造	积极淘汰落后的工艺、设备与产品；加大节能、节材、节水技术改造力度	10	
	6	循环经济	推进企业循环发展模式；开发应用资源循环利用的关键技术，从资源消耗的源头减少污染物的产生，化害为利。企业“三废”实现逐年减量与回收再利用，固体废物处置利用率大于95%；工业用水重复利用率显著提高	10	
环境保护25 分	7	环境保护	建设项目环保审批执行率达到 100%，主要污染物排放达标率 100%，未发生环境污染事故	15	
	8	技术改造	加大环保技术改造力度	10	
两型产品20 分	20	两型产品	企业生产经营的产品属于资源节约型、环境友好型产品	20	
技术创新10 分	11	技术创新	企业在资源节约、环境保护方面拥有自主知识产权的专利技术	10	
合计			100 分		

附件 3

长沙县 2012 年两型示范学校创建验收及评定标准表

项目	序号	考核指标	评定标准	分值	考评分数
组织领导10 分	1	组织建设	成立两型学校创建领导小组，明确小组成员的具体分工和责任	2	
			制订两型创建工作计划	2	
	2	建立制度	建立能耗统计公告制度。全面、准确地统计办公用品、水、电等能源消耗数据，并定期公布能源消耗情况。制定相关的奖惩制度，完善校园管理岗位责任制	3	
			建立严格的自查自纠制度，经常性开展检查活动，及时制止浪费行为。检查结果纳入有关考核和奖惩评定	3	
宣传教育30 分	3	宣传活动	利用校园网、广播、宣传栏等宣传两型知识和两型示范学校创建活动	4	
			有关两型建设方面的文件、计划、总结、论文、书刊、获奖证书、活动照片、录像等资料齐全，并分类管理，保管完善	4	
			积极参加县发改局组织的两型建设宣传活动	6	
	4	教育教学	在相关课程教学中，适当增加节约能源、环境保护等教育内容，或开设专门的特色课程，将节能、节水、节地、节粮、节材等教育内容纳入学校课堂教学。开展“资源节约，保护环境”知识专题讲座（每学期不得少于三课时），大力普及“两型”知识，提高学生的“两型”意识	8	
			组织开展形式多样的两型主题活动，引导中小学生养成节能环保意识和行为习惯，在实践中提高学生的节能环保知识和技能。鼓励师生及家长积极参与，对表现优异的个人、集体给予表扬或奖励，营造良好的创建氛围	8	
资源节约30 分	5	节约用电	推广使用高效照明产品，节能灯具普及率达到 100%，合理利用照明设备，充分利用自然光。新采购电器使用高效节能产品，规范、控制高能耗电器的使用，空调系统温度设置夏季不低于 26℃、冬季不高于 20℃，办公设备闲置时及时关机	8	

续表

项目	序号	考核指标	评定标准	分值	考评分数
资源节约30分	6	节约用水	逐步普及使用节水型器具，加强校园管网维护，发现问题及时维修，做到无“跑、冒、滴、漏”和长流水等浪费现象	8	
	7	公共资源利用	严格控制办公用品的采购、发放数量；杜绝一次性杯子等一次性用品的使用；节约纸张，对无特殊要求的文件均双面使用，降低教学成本	7	
	8	办公自动化	推广使用办公自动化系统，尽量使用电子件、电子信箱等联系工作，推行利用电子媒介备课、修改文稿，利用信息系统进行授课、作业、考试、阅览、宣传等，开展教科书的循环使用试点工作	7	
环境友好30分	9	卫生环境	校园卫生整洁，有专用通知广告栏，无残标、乱写、乱画、乱张贴现象；公共设施、牌匾路标、雕塑、石凳椅等保持整洁；完善垃圾收集系统，垃圾进行分类收集，清运及时，无卫生死角，地面无积水，无乱丢乱倒废弃物，无乱涂刻现象；公共厕所为无害化卫生厕所，配备洗手设施，盥洗室、厕所整洁卫生，地面无积水；图书馆、阅览室、实验室、语音室等公共区域整洁卫生，物品摆放有序；课桌椅干净无积尘，教室布置整洁大方，门窗、地面、墙面、桌面等无乱涂刻现象，室内无蛛网、痰迹、纸屑等；有健全的食堂卫生管理制度，食堂地面保持清洁卫生，无鼠、蝇、蚊、蟑螂等，餐桌、凳摆放整齐，炊具和餐具洗刷干净后要定期消毒；炊事员上班穿工作服，有健康证，操作时注意个人卫生	18	
	10	人文环境	学校完善管理制度，无打架斗殴等违法乱纪行为；提倡人性化教育，杜绝体罚等现象发生；大力提倡普通话，师生举止文明，团结友爱。无引起伤亡的安全事故发生	4	
	11	绿化建设	校园可绿化地绿化覆盖率达100%，绿化植物生长良好，修剪养护到位，落实护绿、保绿制度，无故意损坏花草树木的现象；有条件的场所应进行室内绿化	8	
合计			100分		

附件4

长沙县2012年两型示范村庄创建验收及评定标准表

项目	序号	考核指标	评定标准	分值	考核分数
组织管理12分	1	领导重视	成立两型村庄创建领导小组，制定两型创建工作计划	6	
	2	宣传发动	有宣传阵地或宣传栏，宣传标语、标识等	6	
资源节约36分	3	节约用水	对村镇渠道进行节水改造，农田灌溉推广应用喷灌、滴灌等技术；注重水的循环利用，提倡一水多用。在有条件的村庄实行供水入户，计量收费	9	
	4	节约用电	推进农网改造，降低用电损耗，改善用电条件，倡导选购节能型绿色电器产品	9	
	5	能源利用	推进农作物秸秆、污水、粪便的资源化利用，大力普及农村沼气，引导规模养殖场建设大中沼气项目及集中供气配套工程；建有沼气池或太阳能设备的农户超过60%	9	
	6	科学布局	积极推动土地向规模经营集中，住房向居住区集中，明确划分居住区和复垦区，引导农民向居住区集聚；合理调整村内畜禽养殖业布局，划定畜禽养殖禁养区、限养区，对禁养区和限养区实施畜禽污染物分区治理	9	
环境友好40分	7	生态农业	大力发展无公害、绿色农业和休闲观光农业；开展农药化肥综合治理，科学使用高效、低毒、低残留农药，保护益禽、益虫等，推广利用生物方式杀虫，推广测土配方技术	10	
	8	村容村貌	加强道路、水利、电力、垃圾处理等基础设施建设；大力开展“改厨、改厕”；建立完善的垃圾处理网络，有固定的收集生活垃圾的垃圾桶（箱、池），定期清运并送乡镇或区县垃圾处理场进行了无害化处理，村容村貌整洁美观；加快实施乡村清洁工程，加强农村污染治理	10	

续表

项目	序号	考核指标	评定标准	分值	考核分数
环境友好40分	9	环保组织	发展农村环保合作社等环保组织，动员公众参与环境保护，维护群众环境权益。有专人负责生活垃圾收集与清运、道路清扫、河流清理等日常工作	10	
	10	环境保护	无重大污染源，无开山、砍树、填塘等破坏自然环境的行为	10	
社会和谐12分	11	人文关怀	建设一批确保居民生活方便舒适、提高居民生活质量的公共基础设施，包括图书馆、文体娱乐设施、卫生医疗设施、便民服务超市、有线电视现代信息设施等	6	
	12	活动开展	积极开展创建“两型家庭”创建活动	6	
合计			100分		

附件5

长沙县2012年两型示范社区创建验收及评定标准表

项目	序号	考核指标	评定标准	分值	考核分数
组织管理宣传教育25分	1	领导重视	成立两型社区创建领导小组，制定两型创建方工作计划	5	
	2	宣传发动	利用社区宣传平台，创新宣传方式，宣传推广两型生活模式	10	
	3	开展活动	在社区组织居民开展节能环保志愿活动，组建志愿者队伍；积极参加县发改局组织的两型宣传活动	10	
资源节约30分	4	节约用电	社区公共灯具更换为节能灯具，加强公共区域照明节约用地管理。社区公共场所夏季空调温度不低于26℃，冬季空调温度不高于20℃	8	
	5	新能源利用	社区推广使用太阳能路灯、景观灯；推广使用太阳能热水器	7	

续表

项目	序号	考核指标	评定标准	分值	考核分数
资源节约30分	6	资源回收	在社区建立分类更加精准的垃圾回收处理系统，对垃圾进行资源化处理	8	
	7	节约用水	推广使用符合国家标准的节水器具，倡导使用循环水，一水多用；公共区域安装感应式节水阀	7	
环境友好30分	8	基础设施	完善道路、管网、绿化等基础设施建设，为社区居民提供良好的生活环境	7	
	9	垃圾处理	社区分类垃圾回收处理设施齐全，社区垃圾收集率达到100%；做好废旧电池等危险废弃物回收工作	6	
	10	绿化环境	社区绿化程度高，可绿化地绿化覆盖率达到100%	7	
	11	综合环境	加大综合环境治理，做到社区无污水漫溢、无裸露垃圾、无乱贴乱画，无乱摆乱停、无乱搭乱建，保障社区居民环境权益	10	
建设节能环保家庭15分	12	生活消费模式	倡导家庭生活消费新模式，提倡重拎布袋子、菜篮子，自觉选购节能家电、器具和环保产品，拒绝过度包装，使用无磷洗衣粉等	8	
	13	创建两型家庭	在社区评选表彰“两型”示范家庭，带动社区“两型”创建工作	7	
合计			100分		

附件 6

长沙县 2012 年两型示范机关创建验收及评定标准表

项目	序号	考核指标	评定标准	分值	考评分数
组织领导 15 分	1	健全机制	成立两型机关创建领导小组，明确责任领导和责任人	5	
	2	制订方案	制订创建工作计划和内部检查制度，并严格执行	5	
	3	宣传教育	在本单位采取多种形式的宣传教育活动，增强机关干部的生态环保意识和责任意识，有宣传栏、宣传标语等，并定期组织干部职工参加相关培训	5	
节能降耗环保 60 分	4	办公用品	优先采购选用低消耗低污染的办公设备用品	6	
			推进办公用品修旧利废和循环使用	6	
			废旧办公用品回收利用，减少纸杯等一次性用品的使用，充分利用网络资源，提倡、推行无纸化办公，无特殊要求的文件均采用双面印刷，复印纸、草稿纸均双面使用	6	
	5	节约用电	空调使用严格执行温度控制标准，提倡晚开早关，执行夏季不低于 26℃、冬季不高于 20℃的标准。下班提前 15 分钟一律关闭空调；无人时不开空调；节假日或少数人加班时尽量不开中央空调	8	
			计算机设置为不使用时自动进入低能耗休眠状态，减少待机能耗；工作完成后及时关闭计算机、打印机、复印机等设备，下班后无待机现象	8	
			使用高效照明产品和节电器，推广使用节能灯具，会议室照明实行分路式控制；楼梯间、走廊等公共区域安装声控、触摸等自动控制开关	8	
	6	节约用水	推广使用节水型洁具、循环用水设施等，改造老化设备，杜绝用水浪费现象。加强设备巡查维护，及时修复故障，无“跑、冒、滴、漏”和长流水等现象	8	
	7	公务用车	加强对公务车辆的管理，严格执行公务车配备标准，新购置车辆按照国家规定有限选用节能环保型车辆	5	

续表

项目	序号	考核指标	评定标准	分值	考评分数
节能降耗环保60分	7	公务用车	落实公务车辆节油、维修等管理措施，实行车辆定点定车加油，登记单车燃油消耗，实行车辆定点维修和定期保养	5	
绿色办公环境25分	8	办公环境	推进机关节能改造，建筑材料和设施设备采用节能环保产品；新建建筑要采用节能型建筑结构、材料、器材和产品	7	
			机关绿化覆盖率高，修剪养护得当	6	
			机关环境卫生好，无乱堆乱放、乱丢乱贴，无卫生死角	6	
			采取措施减少办公场地电子辐射和中央空调污染	6	
合计			100分		

附录 5

长沙县建立生态补偿机制办法（试行）

为深入贯彻落实科学发展观，加大生态环境保护力度，加快生态文明建设，结合我县实际，现就建立生态补偿机制制定如下办法。

一　指导思想

以科学发展观为指导，完善政府对生态环境保护的调控手段和政策措施，充分发挥市场机制作用，动员全社会积极参与，逐步建立公平公正、积极有效的生态补偿机制，促进县域经济社会和生态环境全面协调发展。

二　基本原则

（一）统筹区域协调发展

通过生态补偿，使因保护生态环境，经济发展受到限制的区域得到经济补偿，增强其保护生态环境、发展社会公益事业的能力，统筹推动城乡一体发展。

（二）责、权、利相统一

按照“南工北农、分类指导”发展战略，明晰区域经济发展、环境保护等方面的权利和义务，建立“谁开发谁保护，谁破坏谁修复，谁受益谁补偿，谁污染谁治理”的运行体系。

（三）突出重点，分步推进

突出生态公益林、水源地、水源涵养区和生态湿地保护，砖厂、片石厂、麻石厂、木材和竹林加工（厂）户、造纸厂、搅拌场、砂石场、制革、冶炼、水泥及水泥制品企业逐步有序退出等为生态补偿重点，逐步加大补偿力度。

（四）政府主导与市场机制相结合

以政府为主导通过财政转移支付，加大对生态保护的投入。以市场为补充，拓宽生态补偿市场化、社会化运作途径，支持、鼓励社会资金参与生态建设、环境治理，优先给予项目和政策支持。

三 目标任务

（一）总体目标

到2015年，全县生态文明理念牢固树立，经济发展方式更加科学，资源利用率显著提高，可持续发展能力不断增强，创建成为“全国生态县”和“全国绿色小康县”，使长沙县的山更绿、水更清、天更蓝。

（二）主要任务

1. 林业方面

严格保护林地资源，加强城乡一体的绿化建设，增加城镇建成区居民人均公共绿地面积，提高森林覆盖率和林木绿化率。大力植树造林，重点抓好捞刀河、浏阳河干流和一级支流的河道绿化，县、乡、村道路绿化，城镇、自然村（社区）等区域公共绿化。巩固退耕还林工程成果，推进后续产业发展。全面封山育林，依法流转林地林木，规范已流转的生态公益林，禁止生态公益林商业性采伐，限期退出和停止审批新建竹木加工企业，禁止在山丘林地进行土地流转、从事项目开发，禁止在林地上开垦耕地及开垦新造油茶、茶叶等。提高森林防火能力，提高林业有害生物防控水平，加大对乱砍滥伐、乱占滥用、乱挖滥采行业的打击力度。积极开展“省级园林单位”“市级花园式单位”和“县级花园式庭院”的创建活动。加快森林公园、湿地公园、自然保护区建设。

2. 水务方面

加强饮用水源地、水源涵养区保护，促进水环境质量持续改善，确保城镇饮用水水源水质达标和农村饮用水卫生合格。推进城镇工业、生活污水处理工程建设，实行污染物排放总量控制指标分配制度和排污权有偿交易制度，力争实现城乡污水处理设施“全覆盖”。

3. 国土方面

严格保护耕地，大力推进节约集约用地，停止砖厂、片石厂、麻石厂、造纸厂、搅拌场、砂石场、制革、冶炼、水泥及其制品等企业用地审批，禁止以租地的方式建立以上企业。禁止挖勘填塘、开山采矿，保持山水自然风貌。

4. 环境综合治理方面

实施生态环境综合治理工程，加大对乱捕滥猎的打击力度，加大“两河”流域治理力度，逐步实施生活垃圾城乡一体化治理，加强农村畜禽养殖污染防治，控制农业面源污染，加强农村自然生态保护。畜禽养殖实行总量控制、科学布局、逐步减量、达标排放，推动传统养殖向健康生态养殖发展。

5. 移民方面

实施生态扶贫移民工程，推进移民集中居住，建立生态恢复区。

6. 规划建设管理方面

建立与环境容量相适应的城乡发展规划体系，合理布局城乡发展空间，严格按城乡一体化规划要求，引导人口向城镇和集中居住点集中、工业向园区集中、土地向集约化项目集中。充分发挥城乡一体化机构职能，全面建立城乡一体的规划审批、建设执法制度。

四 补偿范围

（一）加强生态公益林保护

全县所有非公益经济林全部划为生态公益林，对生态公益林、营造林工程给予适当补偿。

（二）加强水源涵养区和生态湿地保护

对全县中型水库、小Ⅰ型水库集雨面内的村及捞刀河、浏阳河干流和一级支流两厢沿岸的村予以补偿，主要用于水环境的改善和提质、水体清污保洁等管理和维护工作。对生态湿地建设工程给予适当补偿。

（三）加强生态移民区的保护

对建设生态恢复区的移民给予补偿（已享受国家水库移民政策性补贴的不重复补助）。

（四）加强农村生活垃圾处置

对集镇、村级生活垃圾按照“户分类减量、村集中消化、镇监管、县支持”的农村生活垃圾处置模式，对农村环保合作社适当补偿。

（五）鼓励扶持对环境有影响的企业加快退出

对砖厂、片石厂、麻石厂、竹木加工户、造纸厂、搅拌场、砂石场、制革、冶炼、水泥及水泥制品企业的退出和转产给予适当补偿，逐步淘汰落后产能。

以上生态补偿项目，由有关部门根据本部门职能职责，依照国家相关政策，结合我县实际，按照“先行试点、逐年完善”的要求，制订具体补偿标准和办法，报县人民政府审定后予以实施。

五　资金来源

（一）加大财政投入

按照总量持续增加、比例稳步提高要求，不断加大财政对生态补偿的投入，对农业的投入增长幅度要高于财政经常性收入增长幅度。按照事权与财力相匹配的原则，加大对乡镇的财政转移支付力度，增强乡镇保护生态环境的能力。

（二）设立生态补偿专项资金

县财政通过财政预算安排、土地出让收入划拨、上级专项补助、接受社会捐助等多种渠道，设立生态补偿专项资金，生态补偿专项资金预算安排随着财力的增长相应增加；其中土地出让收入划拨，按照征用商居用地、工业用地、行政划拨用地3万元/亩的基准价格计征。

六　保障措施

（一）加强组织领导

生态补偿涉及各方面利益格局的调整，政策性强，涉及面广，各级党委、政府和县直机关有关单位要高度重视，切实加强对生态补偿工作的组织领导，为加快我县生态文明建设作出应有的贡献。各乡镇（街道）、有关部门要根据本办法，结合本区域、本系统推进生态补偿机制建设的有关目标任务，制订具体实施方案。

（二）完善考核机制

县绩效办对乡镇（街道）、县直相关单位要制定日常考核和年度考核相结合的考核评估体系，加大对考核结果的运用。各乡镇（街道）、村（社区）应根据相关法律、法规，坚持“谁主管谁负责”的考核原则，建立管理台账，实行动态管理，相关部门认定其未能尽到责任的，由财政部门缓拨、减拨、停拨或收回生态补偿资金。违反相关法律法规的，依照法律法规追究相关责任人的责任。生态补偿资金拨付、使用、管理具体办法由财政部门会同相关部门另行制定。

（三）建立奖惩机制

根据绩效考核结果，对生态环境保护最好和效益最佳的若干单位进行奖励，奖励形式分为资金奖励和政策奖励。具体奖励办法另行制定。

七　生态补偿的具体实施细则另行制定。

八　本《办法》由县农办商有关部门解释。

九　本《办法》从颁布之日起执行。

附录 6

长沙县鼓励现代农业发展投资暂行办法

为进一步鼓励和吸引城市资本与民间资本对现代农业和现代农庄建设投资，推进两型社会和新农村建设，加快农村经济社会发展，根据中央、省、市有关政策规定，结合我县实际，特制定《长沙县鼓励现代农业发展投资暂行办法》。

一　适用范围

1. 投资者通过土地流转，经营总面积200亩，其中耕地100亩、经营年限10年、注册资本300万元以上新建的现代农庄，及在现代农业园区新办的注册资本在500万元以上的现代农业企业。

2. 对符合上述条件，且总投资超过5000万元或年纳税县级收入超过200万元的新上的现代农庄和现代农业生产性重大项目，由县委、县政府采取“一事一议”“一项一策”给予更大支持。

二　投资原则

1. 维护农民权益。坚持“依法、自愿、有偿”原则，规范土地流转行为，严禁反租倒包、随意转包；建立健全农村社会保障体系；优先安排本地劳动用工，确保农民收入稳定增长。

2. 严格保护耕地。严禁占用耕地进行非农业建设；不改变基本农田性质；鼓励发展“设施农业”和“精致农业”，加快推进农业科技化、信息化进程；开展城乡建设用地增减挂钩试点；探索建立农村集体用地使用权流转交易市场。

3. 保护生态环境。严禁“破山”“填水”，防止大拆大建，保护农村自然生态环境。

4. 严格规范管理。建设地点和规模符合规划要求，并按程序办理报建手续；执行履约保证金制度，按每亩1000元的标准收取，下限为20万元，上限为100万元。

三　政策办法

1. 对通过土地流转新建的符合全县农业产业发展导向，并经主管部门认定、批准的现代农业生产基地，规模经营耕地连片在100亩以上，前三年按每年每亩300元的标准给予补助，其中投资者每亩200元、自主流转土地的农户每亩100元。

2. 对新办的现代农庄和农业企业，企业缴纳的所得税地方留成部分，项目投产后的两个纳税年度内，由县财政给予等额奖励，第三年至第五年，给予50%的奖励。

3. 对新建的现代农庄和农业园区生产性项目提供政策性农业保险，并经相关部门审核通过后，由县财政奖励其缴纳保费。

4. 新办的现代农庄和农业园区从事种植业、农产品初加工业，取得的所得暂免征或减半征收企业所得税；对其销售的自产农产品，免征增值税；对其所开展的试验推广项目，引进的优良种子、种苗、种畜（禽），免征进口环节增值税。

5. 新办的现代农业企业，被国家有关部门认定为国家需要重点扶持的高新技术企业，从获利年度起减按15%的税率征收企业所得税。

6. 对新建的现代农庄，根据国家有关政策并经审核批准，可按不高于流转耕地面积的7%的比例配套生产、生活用地（包含发展农产品加工用地），但一个项目用地规模最高限额不超过100亩，且原则上不占用基本农田。其生产、生活用地比照农村集体建设用地管理，依法办理农用地转用审批手续。

7. 现代农庄和农业园区新上的生产性建设项目，三年内工商部门实行登记管理，只收登记年检费，不收取事业性、服务性费用；减免县内有关行政、事业性收费（具体项目和标准见附表）；上级规定代收的行政事业性收费按最低标准收取。

8. 对适用范围内的投资项目，优先安排县内交通、水利、国土整理等项目建设计划，优先向中央、省、市申报产业发展和基础设施建设项目。

9. 鼓励金融机构为投资者提供融资服务，凡向现代农业园区新上的农业项目给予贷款支持的金融机构，且贷款规模在 50 万元以上、贷款年限连续在 2 年以上的，纳入县对金融机构的奖励范畴。

10. 凡符合条件的现代农庄主和投资商法人代表，经本人申请，可落户我县居民户口。

四　其他方面

1. 对县级审批权限范围审批的投资项目，一切办事程序从快从简，对手续齐备的，主审机关在收到项目申请报告之日起，7 个工作日内批复；在收到合同、章程之日起，5 个工作日内批复；对资料齐全的，进入登记机关绿色通道，在 1 个工作日内核发营业执照。

2. 切实维护投资者合法权益，依法妥善处理解决投资者投诉的有关事宜，为投资者创造优良的发展环境。

3. 本《办法》由县农办商有关部门解释。

4. 本《办法》从颁布之日起执行。原下发的相关文件与本《办法》不相符的，以本《办法》为准。如国家政策有变化，再做相应调整。

附件：

长沙县现代农庄建设实施方案

为加快发展现代农业，推进“两型社会”和新农村建设，加快农村经济社会发展，切实做好现代农庄建设工作，特制定本方案。

一　建设现代农庄的基本要求

现代农庄是指以发展现代农业产业为主体，以环境友好型和资源节约型农业建设为目标，以土地流转为手段，通过资源有效组合和集约经营，实现农业产业化经营、专业化生产、市场化运作，集生态、观光、体验、休闲于一体的现代农业产业园。

（一）突出现代农业产业主体

依据现代农业创新示范区发展规划和我县产业发展方向，确立现代农庄产业发展重点，通过引进工业和商业资本、先进技术、人才及经营理念，推动农业产业全面升级，带动农业增效、农民增收。

（二）依法依规实行土地流转

根据“依法、自愿、有偿”的原则，将分散经营农户的耕地包括部分抛荒的耕地和农村闲置资源，通过流转集中起来，由农庄统一经营，实现规模发展。

（三）规范现代农庄建设程序

建设地点和规模符合正在编制的规划，不改变基本农田性质，不破坏自然生态环境，并按照建设程序进行。

（四）坚持先试点后实施原则

现代农庄建设必须先行试点，在试点的基础上，摸索经验，办好示范，以点带面，分步实施、逐步推开。

二 建设现代农庄的操作规程

（一）申报

对适应范围的投资者，采取自下而上申报、自上而下确定。由投资兴办农庄主自行申报，所在乡镇推荐，先申报，后立项。凡申请纳入现代农庄的投资建设者必须做到“三有两落实”（有发展规划、有建设项目可行性研究报告、与土地流转股份合作社有意向合同书；落实产业发展项目、落实建设资金）。

（二）审批

对申报的现代农庄建设项目，由所在乡镇人民政府签署意见后，县现代农业创新示范区管理委员会组织县农办、县农业局、县商务局、县建设局、县国土局、县规划局、县环保局等有关部门集体联审提出意见，再报县人民政府审批。

（三）实施

对经县人民政府审批同意建设的现代农庄项目，按有关程序办理工商营业执照后，方可组织实施。对实施的现代农庄建设，必须坚持四条原则。一是维护农民权益。依法依规进行土地流转，严禁反租倒包、随意转包；必须优先安排本地劳动用工，确保农民收入稳定增长。二是严格保护耕地。不准改变基本农田性质，严禁占用耕地进行非农业建设；严禁稻田抛荒；鼓励现代农庄建设投资者开展城乡建设用地增减挂钩试点、发展“设施农业”和“精致农业”。三是保护生态环境。严禁“破山”“填水”，防止大拆大建，保护农村自然生态环境。四是严格规范管理。建设地点和规模符合规划要求，并按程序办理报建手续。

（四）监管

县现代农业创新示范区管理委员会办公室负责监督管理。在现代农庄建设过程中，必须严格按照总体规划实施。对不符合总体规划、破坏农村生态环境、土地流转不规范、损害农民利益的建设项目，严格实行摘牌。

三 建设现代农庄的组织保障

（一）规划先行

要切实加强现代农庄规划、建设和管理。由县现代农业创新示范区管理委员会办公室牵头，迅速编制全县现代农庄建设总体规划。规划建设的总体原则是：贯穿生态理念，突出产业发展，体现文化内涵，反映区域特色，并与土地利用、基本农田保护、交通水利、环境保护等规划相衔接。各个现代农庄建设规划必须符合全县总体规划。

（二）整合资源

现代农庄建设是一项系统工程。各部门要密切配合，主动参与，及时跟进。要统筹安排小城镇建设项目、乡村公路通畅工程、阳光培训工程、生态家园富民工程、乡村清洁工程、农业综合开发项目、农村小型水利整治工程、万村千乡市场工程以及国土开发整理项目，做到与现代农庄建设相结合，避免重复建设、浪费资源。

（三）政策引导

凡符合现代农业创新示范区总体规划和现代农庄建设要求，并经县人民政府批准的建设项目，均可享受《长沙县鼓励现代农业发展投资暂行办法》所规定的优惠政策。

（四）加强领导

各乡镇、县直各部门要把现代农庄建设作为发展现代农业、推进新农村建设一项重要举措，成立强有力的协调机构，建立“一把手”负总责制度。县人民政府成立现代农业创新示范区管理委员会和农村土地流转管理服务中心。各乡镇政府也要成立相应机构，抽调精兵强将分片包干指导现代农庄建设，确保工作有序推进。

附录 7

长沙县：突出“两型社会”建设实现又好又快发展

《中国县域经济报》2008－08－01

长沙县地处湖南省会长沙市近郊，历史悠久，其建制远溯秦汉。这是一方人杰地灵的沃土，近现代史上曾哺育了黄兴、杨开慧、田汉、徐特立、许光达、李维汉等一批仁人志士；这是一方区位优越的宝地，东、南、北三面与省会长沙相接；这里是一个交通便利的枢纽，107 国道、319 国道，京珠高速公路、机场高速公路，建设中的武广高速铁路纵横县域，黄花国际机场也位于县境内；这里是一方开发投资的“洼地”，国家级长沙经济技术开发区、七个乡镇工业园，吸引大批中外投资商来此投资兴业；这是一方激情奔涌、开拓奋进的热土，敢为人先的长沙县人，意气风发，以海纳百川的气概，正促进县域经济向更高目标迈进。

近年来，长沙县坚持以科学发展观为指导，突出“两型社会”建设，加快推进新型工业化、新农村建设和新型城市化进程，促进了县域经济又好又快发展。今年 1～6 月，全县共完成工业产值 364.3 亿元，同比增长 32.2%；完成财政收入 22.5 亿元，同比增长 49.6%；完成固定资产投资 82.1 亿元，同比增长 20.6%。各项主要经济指标在高基数上继续保持了高速高效的发展势头。

长沙县先后被评为“国家生态示范县”“国家人居环境范例奖”“全国园林县城”“全国绿化模范县”“全国合作医疗先进县”等。2007

年，长沙县在全国县域经济基本竞争力百强、全国县域经济综合实力百强、全国中小城市综合实力百强评比中分别居第45、94、58位。

一　突出工业兴县，新型工业化取得新的成效

近年来，我们始终把工业放在优先发展的位置，坚持“工业兴县、园区兴工、项目兴园、科技兴项目”的发展思路，实现了工业经济的高效发展。

（一）突出园区建设，构筑财富“洼地”

目前，长沙县已经形成了以国家级长沙经开区为龙头的“一区七园”的园区体系，全县90%的企业都集中在园区，95%的工业产值来自于园区。经开区重点发展以汽车工业、工程机械和电子信息为主的现代制造业，已成为初具国际竞争力的先进制造业新城；围绕经开区的七个工业园区，形成了汽车配件、印刷、物流等各具特色的园区体系。目前园区内已聚集了LG、可口可乐、博世等15家世界500强企业和三一重工、远大汽车、长丰汽车等国内知名企业。

（二）培育主导产业，打造产业集群

2007年，长沙县工程机械制造、汽车及零部件制造和家电及电子信息三大主导产业累计完成规模工业产值303.2亿元，同比增长34.7%。围绕三大主导产业，大力引进和发展上下游企业，目前，全县汽车及零部件企业共110家，汽车产业的本地配套率达到30%左右，部分汽车企业已经实现了“零库存”。今年4月，长沙县被省政府授予“湖南省汽车零部件产业基地”。

（三）注重科技支撑，突出自主创新

长沙县委、县政府定期对科技创新进行研究，从财税、金融、知识产权保护等方面采取一系列措施为企业的技术创新营造氛围、提供条

件。目前，全县高新技术企业总数 76 家，年产值达到 200 亿元。三一重工创造了单泵垂直泵送 492 米的世界纪录，并首创了拥有 26 项国家专利、4 项发明专利的微泡型沥青水泥砂浆车；远大空调研制出我国第一台大冷量直燃式溴化锂冷温水机。2007 年，长沙县被评为全国科技进步先进县。大力实施人才兴业工程，全县企业现拥有科技高级研发人才 2000 多人，各类专业技术人员 3 万名。全县现有中国驰名商标 5 个，中国名牌产品 3 个，6 个国家免检产品。

（四）重视生态环保，努力实现科学发展

长沙县加快环境基础建设，“一区六园”先后投资逾 10 亿元，重点建设了雨水、生活污水和工业废水的分流管网和处理系统以及固体废弃物、生活垃圾和危险废物的收集和处理系统。逐步限制和淘汰高耗能、高污染行业，于 2003 年全面退出化工行业，近年又累计投入 1400 余万元，对全县制革、水泥等行业进行了全面污染治理。把好招商入口，对引进企业实行环境保护一票否决制，杜绝“三高一低”项目。全面实施了排放总量控制、排放许可和环境影响评价制度，加快对传统产业的节能降耗技术改造，2007 年，全县单位规模工业增加值能耗下降 6.14%。突出集约用地，2007 年，经开区每平方公里的产值达到 38 亿元，达到了沿海发达地区开发区的单位面积产值标准。

二　突出强农富民，新农村建设取得新的突破

近年来，我县深入落实中央一号文件精神，不断强化农业基础地位，优化农村发展环境，促进了新农村建设的健康发展。

（一）突出发展现代农业

长沙县着力提升粮、猪两大传统优势产业，水稻播种面积稳定在 120 万亩以上，连续两年被评为全国粮食生产先进县；生猪产业率先在

全省推行重大疫病免费防疫，2007 年全县出栏肥猪 236.1 万头，居全国生猪调出大县第二位。积极发展茶叶、蔬菜、花木三大新兴产业，2007 年三大产业实现产值超过 10 亿元。其中“百里花木走廊”成为中南地区最大的花卉苗木基地，“百里茶廊”被列入湖南省五大农业优势带之一，长沙县也被评为全国“三绿工程”茶业示范县。着力培植农业龙头企业，全县已有国家级农业龙头企业 2 家、省级农业龙头企业 7 家，带动基地 30 多万亩，带动农户 10.8 万户，“金井”茶荣获全国驰名商标。2007 年，全县农民人均纯收入达到 7000 元，年增长 17%。

（二）加快农村基础建设

长沙县公路建设近 3 年总投资 7.3 亿元，全县农村公路通车里程已达 4000 多公里，每百平方公里拥有公路里程 200 公里，形成了以县城（经开区）为中心，涵盖县内主要乡镇园区和经济重镇的“10 分钟经济圈”和“30 分钟经济圈”。率先提出并实施了“小康水利建设”工程，全县堤垸防洪基本实现标准化，防洪抗旱能力有了明显增强，被评为全国农田水利建设先进县。电力建设方面投资近亿元完成了农村一、二期电网改造工程，并启动了新农村电气化示范县建设。农业综合开发方面，近 3 年累计投入 2.4 亿元，完成 5 万多亩低产田改造，同时投资 3.68 亿元实施了近 20 万亩的土地整理。

（三）深化农村改革，增强发展活力

配合新农村建设的总体要求，长沙县近年组织实施了村级区划调整、县乡财政体制调整、农村教育体制改革、农村社会保障体系改革、乡镇机构改革、乡镇消赤减债等工作，有效增强了农村发展活力。同时，从 2004 年起，长沙县在全省率先推行村干部工资补助制度。对村级班子进行年度目标考核，将考核结果与补助经费进行挂钩，以进一步提高村组工作活力。

三　突出扩容提质，新型城镇化取得新的进步

近年来，我县将城镇建设作为产业建设和经济发展的重要平台，按照集约发展、统筹发展、创新发展、和谐发展的总体要求，加快推进新型城镇化步伐。

（一）城镇建设卓有成效

1992 年，长沙县启动了新县城和开发区建设，十多年来，全县累计完成全社会固定资产投资近400 亿元，仅县城（经开区）基础设施建设资金就达 120 多亿元。目前，县城（经开区）规划面积达 68 平方公里，建成区面积 25 平方公里。城区交通道路达 60 多条，通车里程 100 多公里。依据县城与长沙市区相邻优势，先后实现县城 7 条主干道与市区对接，其他给排水、电力、通信、公园、医院、学校等基础设施、配套设施和公益设施日臻完善。

（二）城乡一体化加速推进

长沙县是湖南省城乡一体化试点县。近年来，县委、县政府全力推进城乡一体化建设，实施了县域 200 平方公里经济核心区的发展战略。加快推进小城镇建设，目前全县有国家重点镇 2 个，省重点镇 3 个，市重点镇 4 个。全县城镇化水平从 1992 年的 13.6% 提高到了 2007 年的 43.8% 。

（三）第三产业发展迅速

近年来，长沙县立足调优经济结构，大力发展现代服务业，第三产业发展明显加速。专业市场日趋成熟，中南汽车世界已聚集各类品牌汽车 4S 店 46 家，2007 年完成交易额 70 亿元，安排从业人员逾万人。星沙物流园被评为全省唯一的国家级 3A 物流企业。步步高、易初莲花（世界 500 强）等大型超市落户星沙。房地产发展较快，2007 年完成房

地产投资35亿元，同比增长75%，商品房成交金额达到55亿元，同比增长205%。文化产业发展势头强劲，星沙湘绣城目前总投资3.8亿元，是中国最大的刺绣生产基地；国家动画产业基地——占地180余亩的湖南宏梦卡通城也于2007年落户长沙县。旅游休闲业来势喜人，全县“农家乐”发展到600家，实现年营业收入2亿多元。

四　突出以人为本，和谐社会建设迈出新的步伐

近年来，长沙县在加快县域经济发展的同时，高度关注社会民生，实施了包括“十个率先”（在全省率先全免农业税和农业特产税，率先建立动物免费免疫制度，率先启动新型农村合作医疗，率先实施城乡特困户医疗救助制度，率先建立爱心助医制度，率先开展农村“安居工程”，率先启动乡镇生活垃圾处理工程，率先启动农村低保制度、率先实现公路建设“村村通”，率先尽力保证村干部误工补助和运转经费）在内的一系列举措，社会建设各项工作取得了较好的成绩。

（一）加大社会事业投入

长沙县教育方面近年连续投入保持3亿元以上，全面完成了农村中小学危房改造；卫生方面近年来每年投资400余万元改善乡镇卫生院基础设施和医疗设备，高标准建设了县疾控中心和人民医院；文化方面投资1亿多元兴建了星沙剧院、星沙文化广场、广播电视大楼等一批文化设施，高标准的文体活动中心建设也正全面启动。其他事业的投入也连年增加，有力促进了社会各项事业的全面发展。

（二）完善社会保障体系

2003年以来，长沙县积极推进农村合作医疗，目前农民参合率达到100%。实施了城乡特困户医疗救助、农村“安居工程”和农村低保制度。长期性开展“爱心助医”“爱心助学”等大型慈善活动，其中2005年开展的“爱心助医”活动一次性募集善款1500万元，对患重

病、大病的贫困人群进行专项救助，两年多时间共发放基金900多万元，救助大病患者1600多人，成为农村合作医疗的有效补充。不断完善养老、失业、医疗、生育、工伤等社会保险，至2007年五大保险参保人数超过18.7万，保险基金余额累计超过3亿元。目前，长沙县已经基本建立了覆盖城乡的社会保险和救助体系。

（三）努力扩大社会就业

长沙县财政每年预算安排200多万元，并鼓励社会力量参与，加强下岗失业人员、拆迁群众和农村劳动力的就业培训，已累计为1万多人进行了免费的技能培训。切实抓好劳务输出，全县外出务工人员达到27.7万人，务工年收入45.6亿元，2006年被评为全国农村劳动力转移先进单位。高度关心拆迁群众，在切实维护拆迁群众合法权益的基础上，出台了一系列优惠政策，妥善解决他们在就业、就医和子女就学等方面的后顾之忧，真正使他们“安居乐业”。

五　突出分类指导，区域协调发展开创新的局面

从2008年开始，长沙县正式实施乡镇“分类指导、统筹发展”战略。依据20个乡镇所处区位及发展特色，将处于开发区和县城所在的镇划分为县城及经开区服务区，将与长沙市区毗邻的5个乡镇划分为工业优先发展区，将距离县城较偏远的8个乡镇划分为农业优先发展区，将其他处在工业和农业两个主导产业之间的6个乡镇划分为综合发展区。

其中，县城及经开区服务区着重强化对城市建设和工业发展的服务、对市民的服务；工业优势区着重发展工业尤其是先进制造业；农业优势区着重发展现代农业。综合开发区着重抓好工、农业的共同发展，同时加快发展现代服务业。

为扎实推进这项工作，我们从规划、政策、考核等方面采取了一系列措施。

一是强化规划引导。按照主体功能区的实际情况和发展要求，逐步进行了四大主体功能区规划编制工作，健全规划实施机制，发挥规划体系对城镇发展、区域基础设施建设、空间开发、资源环境保护的调控和管制作用。二是强化政策支撑。对工业优先发展区，加大工业园区和主导产业的投入力度，优先供应建设用地；对农业优先发展区，进一步增加农业结构调整投入，逐步增加社会事业发展转移支付，加强土地用途管理和土地整理；对工农综合发展区，重点支持基础设施建设和生态环境保护，并在保证基本农田不减少的前提下适当保证综合发展区域建设用地供给。三是强化分类考核。县委、县政府明确 2008 年的乡镇绩效考核，对县城及经开区服务区域，突出社区建设、拆迁安置、劳动就业等指标的考核；对工业优势区域，突出工业经济增长、园区建设等指标的考核；对农业优势区域，突出体现农业园区建设、农业产业结构调整、土地流转、农村专业合作组织发展、农业招商引资等指标的考核；对综合发展区域，综合考虑工业发展、农业发展等。通过各种措施，确保功能区建设落到实处，取得实效。

当前，县域经济发展千帆竞发，百舸争流。长沙县在推进县域经济发展进程中虽有可喜的成绩，但要赶超先进地区发展水平，还必须作出不懈努力，任重道远。未来几年，长沙县将把握构建“两型社会”契机，抢抓中部崛起机遇，围绕新型工业化、新农村建设、新型城市化“三新”目标，开拓创新，负重拼搏，努力实现长沙县经济社会的进一步跨越。

附录 8

敢为天下先，不走寻常路

——长沙县的“两型”之路

《长沙晚报》2009－10－28

在前不久举行的 2009 年度中国中小城市科学发展评价体系研究成果暨第六届中国中小城市科学发展高峰论坛上，长沙县荣登 2009 年度中国“两型”中小城市十佳榜并排名第九。回首长沙县走过的“两型”发展之路，敢为天下先、不走寻常路是其生动注脚，创新永远是长沙县跨越发展的不竭动力。

一　“一都一走廊”打造强引擎

30 多年前，长沙县还是湖南的一个农业大县。在从农业大县到“中部第一县”的华丽转身中，新型工业在长沙县的发展历程中始终是最为浓墨重彩的一笔。

到过长沙县的人都会对这里的工业园区留下深刻印象，厂房隐没在绿树红花中，听不到什么噪声，也没见烟囱。这都是因为长沙县工业始终坚持走的是高端产业、高附加值的集约发展之路。工程机械、汽车及零部件制造业是长沙县支柱产业，从无到有，从小到强，2007 年两大产业总产值双双突破百亿元大关，无论是规模、总量，还是质量、效益，都已成为全省同行业的排头兵。

全县在工业园区建设上始终坚持规划一片，建设一片，发展一片。

按照功能分区、资源共享的思路，推进长沙县城建设规划和国家级长沙开发区规划的互相衔接和促进，实现共同发展和繁荣。位于县内的国家级长沙经济技术开发区以土地资源的高效集约利用效益显著，每平方公里土地年工业总产值高达40.36亿元，税收达2.2亿元，真正实现了“寸土寸金”。在全国最具投资潜力百强开发区中挺进前六强，成为中部省份开发区第一名。

当前，长沙县新型工业发展已经具有了一定规模和质量，“百尺竿头”如何更进一程？长沙县义无反顾地选择继续创新作为发展的突破口，2008年长沙县提出“打造中国工程机械之都、建设湖南汽车产业走廊”的响亮口号，促使主导产业规模更大，优势更优。2009年，县委、县政府又启动结构创新，深化工业园区管理体制改革，进一步提高产业集聚度，延伸产业链条。长沙经开区党工委书记、长沙县委书记杨懿文表示，将以长沙经开区管理权限提升为契机，按照“积极稳妥，分步实施”的原则，将县域内7个专业园区以及星沙产业配套（基地）逐步纳入经开区管理范畴，实行统一规划、统一建设、统一产业布局、统一招商政策、统一环境治理、统一管理服务，进一步形成以经开区为核心，“七园”为补充的“资源共享、产业互补、分工协作”的管理模式，提升产业竞争力。

今年以来，长沙县以“打造中国工程机械之都、建设湖南汽车产业走廊”为重点，努力建设一批千亿级产业。大力发展光伏产业，做大做强新材料、新能源和食品加工业。突出引进战略投资者，一方面针对因危机和自身原因而陷入困境的企业，采取“腾笼换鸟”的办法，淘汰落后产能，通过兼并重组促进产业升级。突出引进战略投资者，伊莱克斯长沙工厂、LG、HEG等项目实现或即将实现收购重组。另一方面，积极抢抓机遇，引导园区企业实施“走出去”和“请进来”战略。今年1月，三一重工与德国北威州政府签订投资协议，投资1亿欧元建设研发中心及机械制造基地，这是目前中国在欧洲最大的一笔投资项目。新引进5年内总投资100亿元的广汽菲亚特项目，达产后将形成50万辆轿车产能、400亿元工业产值、50亿元利税的规模。围绕产城融合，大力提升现代服务业，着力推进县城（经开区）二、三产业的良性互动。抢抓航空新城规划建设机遇，全力推进临空产业发展。以现代物流、电子商务、金融投资、研发设计、商贸旅游为重点，加快发展生产性服务业和生活性服务业。

二　城乡一体，共建幸福城

长沙县北部有10万亩“百里茶廊”，中部有10万亩绿色无公害蔬菜圈，东南部有10万亩“百里花木走廊”。2008年，长沙县推动实施区域分类指导战略，根据地理环境和产业发展的实际，在继续完善县域内200平方公里经济核心区发展的基础上，突出优化国土开发格局，按照宜农则农、宜工则工的思路，将全县20个乡镇划分为县城及经开区服务区域、工业优势区域、农业优势区域和工农综合发展区域，实施分类指导，统筹发展，努力促进各类资源要素优化配置，实现效应发挥最大化。

全县确定了“1568”的分类模式，即服务县区发展为主的乡镇1个，突出工业发展的乡镇5个，综合发展的乡镇6个，突出农业发展的乡镇8个。该战略实施一年以来初见成效，推动了全县经济社会的统筹协调发展。长沙县还重点推进“2461”工程（两大基地、四大精品园、六大产业优势区、一百个现代农庄），集中打造长沙国家现代农业创新示范区。长沙县还在全省首推县农村环境综合整治工程，5年内将由县财政投入3.6亿元，重点解决农村生活污水、农村畜禽养殖废水、农业面源污染、农村生活垃圾、农村居住环境等5个方面的问题。未来5年，长沙全县农村环境综合整治行动总投资将达到15亿元。全县饮用水水质达标率100%，空气质量优良率2009年达85%，2010年稳定90%以上。用3年时间实现全县20个乡镇集镇污水达标排放处理率达到95%，农村卫生厕所普及率达到80%。2011年，有省级环境优美乡镇12个，有国家级环境优美乡镇8个。

同时，长沙县启动了100个主题式现代农庄建设，为城市产业资本下乡提供平台和通道。近年来该县着重打造了“圣毅园”“板仓小镇”等一批新农村建设典型项目。其中“圣毅园”着力于农业的规模种植和功能开发，项目总投资15亿元，规划流转土地3.7万亩，重点发展精品高效农业和农产品深加工，目前共完成投资1.2亿元，建设标准化农田近万亩，成为长沙市农村土地流转综合配套改革示范点。“板仓小镇”是在杨开慧烈士的家乡板仓，建设一个具有湖湘文化特色、并与县城星沙和经开区互动的田园城市，走出一条可以复制和推广的农村建设新路子。

三　打造国际化视野的都市

统筹城乡基础设施建设，打造具有国际化视野、幸福宜居的现代化都市是长沙县“两型”之路的又一高招。

团结垸退田还湖工程（松雅湖建设）顺利开工，在长永高速上建设堪比香港铜锣湾的大型Shopping Mall，众多前所未有、颇具创意的工程实施，掀起新一轮城市大建设、大发展的热潮，进一步增强城市功能，提高城市品位。同时随着黄兴大道北延、芙蓉大道（长沙县段）等项目的开工建设，全力推进城市基础设施向农村延伸，促进农村交通、水利、电力、网络等设施优化升级，加快西接东拓、融城对接步伐。为适应城市未来发展需要，全面提升星沙城市管理水平，报请上级有关部门批准撤销星沙镇建制，成立星沙、湘龙、泉塘三个街道办事处，建立县、街道、社区三级管理体制，以适应星沙城市建设、管理、发展的新形势、新要求。

为助推“两型社会”快速发展，长沙县还在今年初确定了“三个十大”重大项目建设（即十大基础设施项目、十大民生和社会事业项目、十大产业发展项目），3年计划总投资770亿元，今年将完成投资155亿元。

人间自有公道，付出总有回报。长沙县日前荣获了“城市管理及环境治理建设”项目的中国人居环境范例奖，成为全国第一个荣获该奖项的城市。9月5日，长沙县派人赴山东威海，捧回“第五届中国国际人居奖”。

附录 9

工业化城镇化联动发展　提升城乡一体化水平

——长沙县以结构优化增创发展新优势纪实

人民网　2010－11－08

长沙县自古为三湘“首善之区”，建制远溯秦汉，迄今已有 2200 多年。全县总面积 1997 平方公里，人口 78.2 万，辖 19 个镇，5 个街道，226 个行政村，44 个居委会。长沙县地理位置优越，紧依省会长沙市，处于长株潭两型社会综合配套改革试验区的核心。境内有长沙黄花国际机场，京珠高速、长永高速、长株高速、机场高速、绕城高速纵横交错，京广铁路、武广高铁、沪昆高铁及 107 国道、319 国道途径县境。

近年来，长沙县在上级党委、政府的正确领导下，深入贯彻落实科学发展观，坚持以结构优化增创发展新优势，全力推动经济发展方式转变，在成功应对国际金融危机中进一步提高了经济增长的质量和效益，实现了县域经济社会又好又快发展。2009 年全县地区生产总值实现 514.9 亿元，连续 6 年保持了 17% 以上的增速；完成工业总产值 875 亿元，增长 20.8%；完成财政总收入 52.7 亿元，增长 29.6%。在 2009 年度中国中小城市科学发展百强评比中位居 48 位，在全国县域经济基本竞争力百强中名列 25 位，连续三年居中部第一。并荣获“中国十佳两型中小城市”和全国首批县级“最具幸福感城市”等多项荣誉称号，是全国 18 个改革开放典型地区之一。

一 优化资源配置，促进转型升级，强力推进新型工业化

多年来，长沙县始终坚持“兴工强县”战略，突出工业在发展中的主导地位，以工业园区促进资源集聚，以优势企业带动产业集群，强力推进新型工业化，工业对 GDP 的贡献率达 73.8%，成为县域经济增长的主要动力。

（一）大力发展园区经济

长沙县区位优越、交通便利，具备发展工业经济、建设工业园区的良好条件。在发展中，长沙县始终按照“工业聚合园区、园区振兴经济”的思路，全力推进包括国家级长沙经济技术开发区和暮云、黄花、榔梨、干杉、安沙、金井、江背、星沙等八个专业园区（基地）在内的“一区八园”建设。目前，园区基础设施日趋完善，已经形成分工完备、特色鲜明、科技含量高、生产要素相对聚集的园区体系。其中长沙经济技术开发区年工业总产值达600多亿元，单位面积经济密度接近沿海地区国家级经济技术开发区水平，综合投资环境在全国国家级开发区中排名18位，并被评为“中国最具投资潜力十强开发区”。按照统一产业布局、统一管理服务的原则，科学规划专业园区（基地）建设，同时出台园区建设管理政策，突出资源整合、优化，规定新引进的工业项目必须进入园区积极引导工业向园区集聚，不断提高工业的集约发展水平。同时理顺园区管理体制，将各园区逐步交由经开区代管。目前，各园区内共有工业企业 300 余家，其中上市公司 18 家，世界 500 强企业 21 家。全县 90% 以上的工业企业集中在“一区八园”，95% 的工业产值产生于“一区八园”。

（二）加快培育主导产业

按照打造“中国工程机械之都”和“湖南汽车产业走廊”的思路，集中优势资源，加大政策扶持，培育了工程机械和汽车及零部件两大主

导产业。工程机械方面，先后引进和培育了三一重工、中联重科、山河智能、中铁轨道等一批大型工程机械制造企业，形成了优势明显、配套完善、发展势头强劲的产业集群。其中三一重工、中联重科、山河智能三家上市公司总市值于2007年突破1000亿元，超过国内其他工程类上市公司市值总和。三一重工和中联重科双双跻身世界工程机械50强行列。汽车制造方面，引进了广汽长丰、北汽福田、众泰江南、陕汽环通和湖大同心等五大整车制造企业和德国博世、加拿大磐吉奥等一大批配套企业，全县汽车及零部件制造企业近200家，从业人员2万多人，并形成包括整车、发动机、驾驶室、汽车电器、车架、货厢、汽车拉线、钢板弹簧、内饰件等较为完整的产业链条，汽车总产量占全省的六成。目前，工程机械和汽车及零部件两大产业产值占全县规模工业总产值的80%，两大产业无论是规模、总量，还是质量、效益，都已成为全省乃至全国同行业的排头兵。

（三）积极推进自主创新

大力支持企业科技创新，制定了支持科技发展的政策文件，健全了科技投入机制，为企业科技创新创造了良好环境。目前，全县已建立各类工程技术研究中心和企业技术中心51家，其中国家级工程技术研究中心3家，各类高新技术企业69家。2009年，实现高新技术企业产值580亿元。一批重点企业的研发创新能力不断增强。三一重工专利累计申请量达1600多件，获得专利授权800多项，其高压力、超长度混凝土泵送技术已位列世界的最前沿，并引领了整个中国工程机械行业的发展。加大知名品牌建设力度。通过宣传、奖励、保护、示范等举措，积极推进企业技术创新和品牌创建，全县已拥有中国驰名商标7个、国家免检产品7个；省著名商标51个、省名牌产品42个。加快推进产学研结合，全县上百家企业与60多家科研院所建立了战略合作伙伴关系。今年，长沙县与清华大学汽车工程系联合成立了星沙汽车产业研究基地，将逐步建立以政府为引导、企业为主体、高校为支撑的汽车产业技术合作平台。在加快企业科技创新的同时，长沙县积极淘汰落后产能，发展新兴产业。2009年利用金融危机之“机”，整体关闭和搬迁了25家高污染、高耗能企业，同时大力培育新能源、新材料、太阳能光伏等战略性新兴产业。

（四）不断扩大对外开放

坚持以全球视野加快资源聚集，优化产业结构，增强发展后劲。一是加大实施“请进来”战略。广泛开展各类招商活动，近年先后主办了工程机械产品推介会、（日韩）投资说明会、北京2010临空经济国际高峰论坛招商会等活动，参与了沪洽周、深圳周、港洽会、珠洽会、高交会、广交会等会展，并专程赴美国、日本、韩国、澳大利亚等地招商，利用大型投资说明会推介长沙。全县招商引资正逐步向招大引强转变。今年上半年，以世界500强排名第64位的菲亚特落户为标志，先后有意大利菲亚特、日本住友、日本伊藤忠、美国空气化工、标致、雪铁龙等多家世界500强企业和一大批国内知名企业入驻县内。二是加大实施“走出去”战略。成立专门机构收集和研究各种招商信息，及时向企业传达国内外经贸洽谈会、研讨会、博览会等信息，近年还投入数千万元组织企业赴国（境）外考察、参展，积极鼓励企业向外开拓国际市场。三一重工近年先后在印度、美国、德国、巴西等地建立研发中心和制造基地，通过在全球吸收先进技术和高端人才、完善销售网络，抢占新的制高点。山河智能积极在东南亚、印度、巴西等新兴市场进行营销网络布局，公司海外销售占整体销售额的比例超过10%。2009年，全县外贸进出口总额达到13.1亿美元。企业国际化步伐不断加快。

二　强化项目建设，实施精细管理，加快新型城市化进程

长沙县把城市建设作为提升县域形象、聚集资源要素、促进生产方式转变的重要平台和载体，不断完善举措，实抓重推，加快新型城市化建设进程。

（一）坚持科学规划

高起点、宽视野、前瞻性地制订城市发展规划，确保规划经得起实践和时间的检验。1992 年，委托湖南大学规划设计院制定了 20 平方公里的星沙发展规划。随着开发建设的发展，1998 年和 2003 年又两次对该规划进行了修编，规划面积分别拓展到 38.6 和 68 平方公里。目前县城星沙建成区面积已达 48 平方公里，常住人口 35 万。2009 年又委托中国城市规划设计院编制了 300 平方公里的星沙新城概念性规划。同时，突出抓好与长株潭城市群“两型社会”综合配套改革实验区总体规划、高铁 CBD 规划、机场规划、航空城规划等省市总体发展规划的对接，形成了与省市“规划共绘、通道共建、功能互补、利益共享”的格局，在融城对接上取得了实质性进展，为未来发展争取到更大的空间。

（二）以项目建设完善城市功能

经过十多年的投入建设，目前县城星沙交通道路达 60 多条，通车里程 100 多公里。主要干道与县域内的高速、国道、机场均实现互通，与长沙市区全面对接。另外，高标准地建设了县疾控中心和人民医院，兴建了星沙文化广场、广播电视大楼等文化设施。学校、环卫等其他设施的投入也连年增加，基础设施日趋完善。2009 年，长沙县全力启动了总投资 40 亿元、成湖面积 6300 多亩的松雅湖项目建设，仅用 5 个月时间完成全部 1275 户、4044 人、60 万平方米房屋的拆迁任务，现已成功实现一期 1300 亩深水区蓄水。该项目将按照生态、人文、宜居的理念，用三年时间建成湖南最大的城市生态湖泊，并通过对环湖区域的开发建设，将松雅湖建成集商贸、金融、会展、旅游、居住等功能于一体的核心经济区，预计将拉动 1000 亿元的经济增长，成为新一轮加快城市建设和产业升级的重要起点。另外，长沙县近年来还先后启动了中烟物流园、星沙文体中心等重大项目建设，并积极规划筹建恒广欢乐世界、长永高速星沙段城市商业区改造、临空经济区、黄兴现代市场群等一批重大城市基础设施和服务设施建设项目，未来 5 年全县将形成近

3000 亿元的城建市场，为县域经济增长提供强劲的动力。

（三）积极创新城市管理体制

一是实行城市管理物业化。由政府出资，将城市部分管理职能进行“整体打包”，通过公开招投标委托给专业的物业公司管理。物业公司实行 24 小时全天候综合巡查，及时处理环境卫生、园林绿化、市政维护等方面的问题，并协助做好社会治安、社区文化建设以及各类专项治理工作。政府则主要负责做好物业管理中的指导和监督，并加强与街道、社区及相关职能部门之间的协调。由于引进了物业公司先进的服务理念和专业的管理手段，对城市管理事务实现了无缝对接和精细管理，以前的一些管理瓶颈逐步被破解，卫生盲区得到及时治理，园林绿化和市政设施得到及时维护，违法违章行为得到及时制止，城市面貌焕然一新，城市品质和商业业态全面提升，特别是通过重心下移，群防群治，有效缓解了城管执法矛盾，促进了社会和谐。二是全面推进城市精细化管理。相继制定落实了环卫清扫、园林绿化、市政维护、渣土管理、客运管理等详细的服务细则和操作规程，将公用设施维护数量、位置，垃圾清扫次数、标准，绿化修剪、施肥等精细到街到路，责任到人，针对管理过程实施精细控制。确立“十部门十二项任务”，围绕规划批后管理、建筑垃圾治理、公交站牌建设、燃气入户等重点工作，调研查找问题，反思整改，考核验收，确保了精细化管理的整体效果。三是创新基层社会管理体制。撤销星沙镇，建立星沙、湘龙、泉塘三个街道办事处，引进先进城市管理模式，不断提升城市管理水平。同时，大力加强和改进社区服务，加快建设和谐社区、文明社区。县城星沙先后获得“国家园林县城”“国家生态县城”“国家卫生县城”“全国文明县城”“国家级生态示范区”“中国人居环境范例奖”等称号。

（四）努力提升城市国际化水平

目前，全县城市路牌标识通过提升改造，全部印上中、英、韩三种文字。采用国际文凭组织（IBO）教学体系、以英语为教学语言的星沙国际学校已经投入使用；由英特尔公司技术支持的全国首个基于下一代网络技术的“无线星沙”已经试运行。总投资7000万元的松雅湖国际公寓正在加紧建设。另外，按照“26小时星沙”的理念，加快建设连接长沙市区和城乡各个功能组团的快捷交通系统，加快城区穿梭巴士、公共广场、高档商业网点建设，努力打造具有国际视野的人才宜居创业洼地。

三 突出理念创新，坚持以城带乡，推动城乡统筹发展

坚持以城带乡、以镇带村、以点带面，强力推进“六个集中”（产业集中发展、资本集中下乡、土地集中流转、农民集中居住、生态集中保护和公共服务集中推进），不断探索新农村建设途径，全面加快城乡一体化进程。

（一）优化区域布局

实施乡镇分类指导。根据各乡镇的区位条件、环境资源状况、经济社会发展情况和三产比重等实际情况，突出空间结构、生产力布局、功能定位、区域特色、发展重点，确立了“分类指导、统筹发展”的战略，将全县22个乡镇（街道）按照“3568”的模式划分为县城及经开区服务区域、工业优势区域、农业优势区域和工农综合发展区域，实施区域分类发展。突出工业发展的乡镇，着重考核财政税收、园区建设、工业招商等指标；突出农业发展的乡镇，着重考核环境保护、农业园区建设、农业产业结构调整等指标。与分类考核相衔接，制定分类区域发展规划，对南部工业乡镇，优先解决工业用地与产业配套建设问题，扶持建设工业园区；对北部农业乡镇，则加大财政转移支付力度，强调保护生态，稳定粮食生产，发展高效农业。分类指导调动了乡镇的积极性，提高了城乡发展水平，全县“南工北农”的发展格局逐步建立。结合乡镇分类指导发展战略，在北部农业优势区域，规划建设了总面积达1150平方公里的现代农业创新示范区，于今年7月成功获批为首批国家级现代农业创新示范区。

（二）加快发展现代农业

积极发展现代农庄。出台《鼓励现代农业投资暂行办法》，在产业发展、土地流转、现代农庄建设等方面加大政策扶持，以现代农业创新示范区为主要载体，鼓励社会资本、工商企业到农村投资现代农业。近三年，共引进农业项目128个，其中现代农庄85个，吸引各类农业投资37亿元，带动100多项农业科技成果和近千名管理技术人才进入；流转土地面积24万亩；农业机械化率达70.5%，极大地提高了农业现代化水平。重点打造的“圣毅园”现代农庄，现已完成基础设施建设近4亿元，流转耕地1万多亩，成为全国农产品加工创业基地和全省最大的农庄项目。大力推进农业产业化经营。全力支持农业产业化龙头企业建设，逐步实现统一区域品种、统一种养技术、统一收购标准，延伸产业链，增强龙头企业的辐射带动能力。目前，全县上规模的农产品加工企业达148家，其中省级农业产业化龙头企业12家、市级龙头企业36家，过亿元的龙头企业15家。农业龙头企业联结生产基地100多万亩、带动农户12.8万户，超过50%的农户进入农业产业化领域。加强农业合作组织建设。围绕农业主导产业和优势农产品基地的发展和建设，已规范发展各类专业合作组织或协会212家，联结农户5.6万户。国进食用菌专业合作社由318名农户自愿组成，通过“市场+合作社+基地+农户”的产供销一体化的模式，带动农户700多户，年销售收入6000多万元。着力培育优势产业。通过整合资源、精心培育，加快发展了茶叶、花卉苗木、蔬菜等新兴产业，形成了“百里茶廊”、“百里花木走廊”等特色产业带，并建成超级杂交稻、蔬菜、食用菌、葡萄等产业精品园区。目前，全县50%的村形成了一个特色鲜明的主导产业，60%的农户都有一个增收致富的产业发展项目。

（三）大力推进城乡一体化

以“六个集中”为抓手，加大资金投入和政策支持，强化重点项目和示范乡镇的引领作用，全面加快城乡一体化进程。近年来，重点建设了“板仓小镇”项目，通过多元项目开发建设平台，积极打通农民进城和市民下乡通道，努力探索一条可以复制和推广的城乡一体化发展路子。围绕该项目建设进行了一系列创新，即在破解用地瓶颈上，重点引导农民集中居住，并以农民宅基地置换城镇房产，将节约的建设用地用于基础建设和产业开发；在破解资金难题上，重点创新户籍管理制度，以享受村民建房等待遇吸引城市中产阶级落户定居，从而带动城市的资本、产业和消费需求进入农村。目前，板仓小镇项目得到社会的热烈响应，汉硕国际文化教育产业园等项目已正式入驻。坚持以点带面，示范引领，积极推进城乡一体化示范乡镇建设。明确㮾梨镇、金井镇、开慧乡等三个市级城乡一体化发展示范乡镇的发展定位，将金井镇、开慧乡按照新型城镇规划建设，将㮾梨镇纳入星沙新城总体规划，按照主城区标准进行规划建设。强化政策支持，着重研究对3个示范乡镇在规划、国土、财政、农民集中居住、项目等方面的支持政策，并将3个乡镇纳入扩权强镇的试点范围。目前，3个乡镇相继启动了一批基础设施、农民集中居住点、环境整治、产业发展等重点项目建设。

（四）着力改善城乡民生

加大民生投入，2009年财政用于民生支出总额达24.18亿元，占一般预算支出的70%。健全完善社保体系。截至2009年，全县养老、医疗、生育、失业、工伤等五项社会保险参保人数累计达278416人，基金总收入达48200万元。规范运行城乡低保，城镇低保实现应保尽保，农村低保标准逐年提升，并实施了被征地农民社会保障制度。全面启动新型农村社会养老保险，向60岁以上的农村老人每月发放60元的基础养老金，并探索实施“农民免费门诊”试点和农村医保与城镇医保统筹。加强社会事业建设。优先发展教育事业，制订教育强县规划，全面启动校舍安全工程，成功创建25所省市级合格学校。积极开展文化建设，建成5个示范性乡镇综合文化站，广场文化、“全民读书月”等活动丰富了群众的精神生活。大力发展卫生事业，建立健全“三级五中心”（“三级”指县、乡、村三级公共卫生服务网络，“五中心”指突发公共卫生事件应急指挥中心、疾病预防控制中心、卫生监督中心、妇幼保健中心和公共卫生监测中心）城乡卫生体系，并实现村级卫生室全覆盖。大力实施“民心工程”。投入5000多万元开展“创业富民”活动，积极扩大社会创业和就业。积极开展“人民满意县”建设，安排3000万元集中用于中心集镇、村（社区）建设。全面开展“食品安全县”创建，着力保障人民群众食品安全。深入推进“安居工程”“贫居工程”建设，不断改善居民住房条件。

四　推进产城融合，积极扩大内需，优先发展现代服务业

始终将发展现代服务业摆在转变发展方式、调整经济结构的突出位置，积极推进一、二、三产业的融合互动，加快实现经济增长由单一产业支撑向协同带动转变，促进经济社会实现全面、协调、可持续发展。

（一）积极发展生产性和生活性服务业

先后建成了中南汽车世界、通程商业广场、星沙汽配市场、金鹰机电市场等一批专业市场，并引进了新一佳、易初莲花、步步高、苏宁电器、国美电器等众多大型连锁超市，星沙商圈已成为长沙市目前最活跃、最具潜力、最有前景的区域商圈之一。文化特色产业发展势头强劲，以湖南宏梦卡通城为代表的动画产业得到较快发展；星沙湘绣城总投资达3.8亿元，成为中国最大的刺绣生产基地。近年来，依托区位优势和产业基础，重点布局、建设了一批现代服务业聚集区。其中，抢抓武广高铁通车的机遇，引进了马王堆蔬菜和水产品批发市场等一批大型综合性市场进入，并运用现代市场理念，积极建设黄兴市场集群，打造长沙高铁东部新城；依托长株潭烟草物流园建设，加快暮云工业园“退二进三”步伐，打造暮云新兴融城商务区；依托黄花机场扩建，在机场周边规划建设了30多平方公里的临空经济区，项目将按照“国际一流、特色突出”的理念进行建设，大力发展生态宜居、先进制造和现代服务业。

（二）加快推动产城融合

县城星沙（经开区）经过十多年的产业优先发展，已进入城市发展的第二阶段，即城市与产业互动发展阶段。针对城市功能单一、服务业发展滞后的情况，积极转变思路，加快推进生产性和生活性服务业进入园区，努力实现星沙从“园区经济”向“城市经济”的现代经济模式转变。目前重点实施了中央商业区项目建设，规划将长永高速公路星沙段下沉部分进行覆盖改造，形成用地范围约22万平方米的带型长廊，以“生态、财富、时尚、艺术、创意”为构思，打造现代绿色CBD，并以此为突破口，加强周边1.2平方公里的老城区“退二进三”改造，重点发展现代商贸、信息咨询、金融保险、科技服务、创意设计等现代服务业。通过CBD建设，促使全县招商引资由靠优惠政策吸引向产业吸引转变，产业集群由企业聚集向产业生产系统、城市生产系统转变，全面实现产业品牌向区域品牌的升级。

（三）全面激活城乡消费

近年来，长沙县出台了一系列扩大内需的创新举措，加大惠民力度，改善消费环境，城乡消费呈现快速增长的势头。从2009年开始，连续两年筹集1000多万元资金，在春节期间以现金和购物券的形式向全县1.3万户贫困家庭发放“过年红包”（其中现金600万元、消费券400万元），促进节日消费。2009年为响应国家拉动内需的政策，联合有关企业和银信部门在全国率先开展了“汽车下乡”活动，当年全县52家限额以上的汽车销售公司共销售各类汽车69378台，实现销售额54亿元，同比增长68%。专门出台了支持房地产业健康发展的文件，在报建、销售、融资等方面给予大力扶持，并对购房者给予1万~2万元的财政补贴，2009年全县销售商品房258.7万平方米，销售金额83.2亿元，同比分别增长125.2%和145.4%。

五 坚持“两型”要求，加强生态建设，努力实现可持续发展

围绕“两型”社会建设要求，大力推进城乡生态环境的保护和治理，努力实现经济社会的持续、快速、健康发展。

（一）大力发展低碳经济

以长沙经开区创建“国家生态工业示范园”为契机，积极发展环保产业和循环经济，并实行严格的项目准入制度和严厉的监管处罚制度。严格落实环保“第一审批权”和“一票否决权”，对不符合国家产业政策的重复建设、科技含量低、能耗高、污染重的项目坚决不予审批。2009 年共办理环境影响评价项目 178 个，否决建设项目 9 个，办理政府性投资立项备案 88 个，环境影响评价执行率达 100%。加大环境执法力度，近年全县共关闭环保严重违法企业 22 家，责令搬迁和限期治理 10 家污染企业。加快园区基础设施建设，全县日污水处理能力达到 26 万吨。严格落实节能减排，2009 年全县万元 GDP 能耗降低率为 4.68%（考核目标为 4%）；“十一五”万元 GDP 能耗降低进度为 93.46%（考核目标为 80%）。

（二）加强农村环境保护

2008 年以来，围绕创建“全国生态县”目标，启动了总投资 11 亿元的农村环境综合整治工程，实施了“清洁水源，清洁田园，清洁能源，清洁家园”的“四洁农村”试点工程，在全国开创了农村环境综合整治工作的先河。加大畜禽养殖污染治理，近年通过关闭和限期整改等手段，对全县 500 头以上的生猪养殖大户进行了治理。今年进一步将全县细分为禁止养殖区、限制养殖区和适宜养殖区，禁止养殖区内的畜禽养殖场将在年底前全面关停。今年长沙县还全面启动了乡镇污水处理厂建设，将投资 4.38 亿元，用两年时间在全省率先实现乡镇高标准污水处理厂全覆盖。同时，以松雅湖建设和浏阳河、捞刀河流域治理为切

入点，全面关、停、并、转流域内污染企业和沿河规模养殖场，实施河道清淤和河堤加固工程，积极开展生态林营造和湿地建设。

（三）推动环保工作创新

创新融资方式。积极探索“用未来的钱、办现在的事、解决过去延续的环境问题”的思路，建立了财政预算与市场融资、村民出资与政府“以奖代投”的投入机制。成立了农村环境建设投资有限公司，将年度财政预算、上级支持资金注入公司，统一管理，专项使用。按照“村民出资、政府补贴、公司融资、银行按揭、争取上级支持”的模式，解决环境建设项目资金问题。创新运营模式。2008 年成立全国首个农村环保合作社，目前已在全县推广，每镇设一个总社、每村设一个分社。合作社通过市场运作，政府补贴，实现了“户分类、村收集、镇运转、县处理”的垃圾四级管理，有效解决了农村生活垃圾污染问题。据测算，经合作社处理后，平均每个乡镇的生活垃圾量减少了近 80% 。创新治理技术。引进日本洛东生物发酵零排放技术，经过技术改良，推广应用后既解决了生猪生长速度及食品安全问题，又达到了零排放目的。同时，引进美国埃西博克技术，在规模养殖场推广后，养殖场的排放水质大大优于畜禽养殖综合排放标准。

附录10

领跑中西部 幸福长沙县系列报道 “中部第一县”的新追求

《湖南日报》2011－11－11

11月初，长沙县再次书写我省县域经济发展传奇篇章：今年头10个月，全县财政总收入完成102.2亿元，同比增长61.5%，一跃成为全省首个百亿县。

与此之前，长沙县在中部地区县域经济竞争中高奏凯歌：在第十一届县域经济基本竞争力排名跃居全国第18位，比上届前进7位，连续4年稳坐中部第一宝座；在中国中小城市科学发展评比中跃居第17位，比上届跃升14位，再度领先中部。

面对如潮的掌声和赞誉，长沙县没有丝毫松懈，依然高歌猛进，在今年6月举行的长沙县第十二次党代会上，长沙县委振臂一呼，号召全县人民坚持“三个共同”，加快“两型”发展，为建设具有国际化水平的幸福长沙县而努力奋斗！

长沙经开区党工委书记、长沙县委书记杨懿文满怀信心地指出，在新的征途上，长沙县以“三个共同”总揽全局，必将开创科学发展、社会和谐的新局面！

一　顶层设计引领发展

2010年12月20日，初冬的星沙，碧空万里、阳光和煦，处处呈现出科学发展、和谐发展的蓬勃生机。

在“十一五”即将胜利闭幕、“十二五”大幕马上就要开启的关键时刻，中共长沙县第十一届代表大会第二次会议隆重举行，杨懿文代表县委向全县各行各业的党代表们做出了未来五年乃至更长时间发展的顶层设计，即牢牢把握好“三个共同”：一是幸福与经济共同增长。在发展中，要更注重以人为本，更加注重改善民生，让人民群众共享改革发展成果，生活得更加幸福，更有尊严。二是乡村与城市共同繁荣。在加快城市建设的同时，要始终坚持城乡统筹发展的理念，不断加大以工补农、以城带乡的力度，善待乡村，发展乡村，建设农民幸福生活的美好家园。三是生态宜居与发展建设共同推进，要切实把自然、生态、低碳、平衡的理念融入建设和发展中，努力建设生活舒适、生态优美、功能完善的宜居环境。

“三个共同”的顶层设计一面世，不仅引发全体党代表的热议，更在星沙大地激起巨大波澜。人们由衷地感叹：这是长沙县站在新的起点上的必然选择！

近年来，长沙县驶入发展“快车道”，连续7年保持17%以上的增速。多年的高位、快速发展，推动长沙县在全省率先步入工业化后期，也就是工业化、城市化加速发展阶段，随着人流、物流、信息流、资金流的迅速聚集，长沙县加快发展面临种种深层次矛盾，如何缩小工农差距、平衡城乡发展，如何在工业经济不断攀高中，减轻环境承载压力，都成了长沙县亟待破解的命题。“三个共同”无疑为长沙县向更高层次、更好质量的发展指明前行的方向。

长沙县近十年来强力推进“兴工强县”战略实施，工业经济一直保持30%以上的增速，以工程机械、汽车及零部件产业为核心的工业在经济中的比重达70%以上。与工业经济一业独大成鲜明对比的是，农业现代化水平还有待提高，规模化发展的效果还未完全显现，同时，与高水平工业化程度配套的现代服务业发展还任重而道远。“三个共同”的应运而生，正是促进发展更协调、结构更科学，引领幸福与经济、乡村与城市、生态宜居与发展建设统筹发展的强大思想武器。

随着长沙县发展步伐的不断加速，对“土地、水、电、气、油”等资源的需求不断加大，更好地、可持续发展的问题日益凸显。宏观上，由于国家对转变发展方式、节约集约用地提出了新的更高的要求，用地指标等生产要素偏紧的现象已经初步显现。“三个共同”正是为应对这一新的矛盾，推动长沙县走更节能、更环保、更高效的持续发展之路。

近年来，长沙县在经济发展与群众收入协同增长上，还存在着些许差距。以2010年为例，全县财政总收入的增速为城乡居民人均可支配收入的3倍和1.8倍，“三个共同”正是体现发展本质、加快富民强县、推动发展成果共建共享的战略举措。

随着“三个共同”影响日渐扩大，前来长沙县考察的中央政策研究室、国务院发展研究中心负责人以及省市各级领导，都对这一领时代之先的科学发展理念予以高度评价：这既是贯彻落实中央、省市转变经济发展方式一系列部署的现实要求，又是立足长沙县实际推动“两型”发展的战略需要；既是解决当前经济发展中积累的突出矛盾和问题的迫切要求，又是抢占未来发展制高点、提升长远竞争力的理念创新！

二 “五个领先”期许未来

长沙县作为全国18个改革开放典型地区之一，县域经济基本竞争力排名由2005年的第53位跃升到今年的第18位，这标志着全县的经济总体实力、平均水平（富裕程度）和发展速度等重要指标的竞争力迈上了历史性的新台阶，进入全国前20强第一方阵。

“三个共同”的顶层设计为长沙县的领跑之旅描绘了更加璀璨的未来：到2016年，全县地区生产总值迈上1500亿元台阶，工业总产值迈上3000亿元台阶，财政总收入迈上300亿元台阶，城乡居民人均可支配收入分别迈上45000元和30000元台阶，保持各项工作在中西部地区的排头兵地位，县域经济基本竞争力跻身全国十强，不断增强发展的协调性、包容性和可持续性，推动经济、政治、文化、社会、生态文明建设和党的建设全面协调发展，实现“五个领先”：

——经济发展的速度和效益在全国领先。“十一五”期间，长沙县布局和建设了一批重大项目，集聚了巨大的发展能量。松雅湖、空港城两大战略项目建设强势启动，广汽菲亚特、住友轮胎、中烟物流园、陕汽环通、黄兴现代市场群等重大产业项目建设顺利实施，黄花机场扩建、黄兴大道南延北拓、人民路东延等重大基础项目建设加快推进。县域经济新一轮大发展的框架全面拉开，各类优势资源加快聚集。在此基础上，长沙县将大力推进产业结构优化升级，发挥县域产业比较优势，坚持信息化和工业化两化融合，先进制造业和现代服务业双轮驱动，加快打造国际化的现代产业之都。

——城乡统筹水平在全国领先。“十一五”期间，长沙县城乡一体化加快推进，板仓小镇等示范项目建设取得良好成效。现代农庄蓬勃发展，获批国家现代农业示范区。未来，长沙县将坚持城乡统筹、均衡发展，优化城乡资源配置，破除城乡二元结构，率先形成城乡规划建设、产业布局、公共服务、社会管理一体化的新格局。

——“两型”建设成效在全国领先。良好的生态环境是长沙县最大的优势、最大的财富、最大的品牌。未来，长沙县将坚持把两型社会建设作为当前重要的战略机遇和重大的战略任务，加快形成符合“两型”要求的生产方式和消费模式，切实保护好长沙县的青山绿水。一是要大力发展绿色经济。二是要加大环境综合治理。三是要加强城乡生态建设。

——人民幸福指数在全国领先。近年来，长沙县在发展民生事业上不断创新，在全省乃至全国实现多个率先，未来，长沙县将继续加强社会民生建设，坚持民生优先，推进基本公共服务均等化，努力使发展成果惠及全县人民。实施居民收入倍增计划，多途径促进居民收入较快增长。鼓励和支持自主创业，促进社会充分就业，积极发展和谐劳动关系。加大教育投入，合理配置公共教育资源，促进教育公平。巩固提高基础教育，加快发展职业教育，推进义务教育向学前教育和高中阶段教育两端延伸。扩大教育开放，提高教育国际化水平。深化医药卫生体制改革，加快建立覆盖城乡居民的基本医疗卫生制度，努力为群众提供安全、有效、方便、价廉的公共卫生服务。扩大“农民免费门诊”覆盖范围，逐步向全县推广。加强社会保险、社会救助、社会福利的衔接和协调，进一步提高社会保障统筹层次，提高保障标准，加大保障性住房建设力度。

——社会文明程度在全国领先。“十一五”期间，长沙县在经济建设突飞猛进的同时，社会文明程度日益提高，社会政治大局稳定有序，先后获得了“全国文明县城”“全国园林城市”“中国人居环境范例奖”等数十个国家、省级荣誉。未来的长沙县将创新社会管理，化解社会矛盾，促进公平正义，努力营造和谐稳定的社会环境。

三　五大法则护航发展

在长沙县的决策层眼里，推出“三个共同”的顶层设计，描绘“五个领先”宏伟蓝图，既顺应了时代的潮流，也体现了“中部第一县”的担当和责任。

长沙县委副书记、县长张庆红指出，近些年，长沙县通过“南工北农”“分类考核”等一系列改革措施，为县域经济发展赢得了一个更快、更高质量的可持续的经济增长前景。作为“中部第一县”及长株潭“两型社会”核心示范区，理应加快转变经济发展方式，在关键领域率先实现突破，在城市治理、乡村治理、环境治理等多个方面，为中国更大范围内的县域经济和国家变革寻找到可以复制和借鉴的经验。“三个共同”无疑是长沙县多年率先发展的集体智慧结晶。

新的发展路径催生新的发展法则。长沙县委、县政府一班人集思广益，摆脱传统的思维定式和路径依赖，以开阔的全球视野和创造性的思维，为长沙县未来发展走向寻找新的发展法则。因此就有了长沙县第十二次党代会报告的铿锵号令：积极顺应人民群众过上更好生活的期待，按照“三个共同”的要求，更加注重民生的持续改善，更加注重农村的繁荣发展，更加注重社会的公平正义，更加注重环境的生态友好，要切实把握“品质”“速度”“绿色”“协同”“创新”五大原则。

追求“品质”。就是要以科学发展作为工作的首要指针，进一步转变增长方式，调优经济结构，不断提高发展的质量和效益；进一步强调以人为本，促进人的全面发展，满足人的多样需求，使人民生活更加幸福、安康。

强调“速度”。就是要继续保持大干快上的工作作风和理念，继续保持争先进位的责任感、紧迫感，加快推进大项目、大园区、大产业建设，使县域经济保持较快的发展速度，为实现全面小康、构建和谐社会提供坚实基础。

坚持“绿色”。就是要严格落实“两型社会”建设要求，大力发展绿色低碳经济，加强环境保护和生态建设，让人民群众喝上干净的水、呼吸清新的空气、吃上放心的食物，把长沙县建设成为最适宜创业、工作、生活的生态宜居城市。

注重“协同”。就是要坚持城乡统筹、“四化”同步，推动工业化、信息化与农业现代化的协同发展，推动新型城镇化与新农村建设的协同发展，完善以工促农、以城带乡长效机制，加快提升农业农村发展水平。

突出“创新”。就是要高扬“全国改革开放典型地区”这面旗帜，积极传承本土红色文化，大力弘扬放眼世界、敢为人先的长沙县精神，不断激发人民群众的创新热情。

附录 11

长沙县：敢为人先　打造两型新农村

《湖南日报》2011－11－25

自 1995 年十万市民投票确立“心忧天下，敢为人先”的长沙精神以来，三湘四水的人民无不引以为用，这一湖湘精神早已深入人心。长沙县的党政干部们更是将“敢为人先”的湖湘精神融入新农村建设的工作中，先行先试、大胆突破、勇于创新。

近年来，长沙县在大力推进新型工业化的同时，突破传统思维定式，跳出农业抓农业，用现代工业化的理念谋划农业，用发展城市的理念发展农村，把农业现代化建设作为统筹城乡发展、建设“两型”社会的重要抓手，确立了幸福与经济共同增长、乡村与城市共同繁荣、生态宜居与发展建设共同推进的“三个共同”的发展理念，并取得了满意的成果。

一　以设施为基础，全面改善农村发展环境

“让农业更有效益，让农村更加富裕，让农民持续增收，是农村工作的目标，也是我们每个农村工作者的责任。”谈起“三农”工作，长沙县农村工作部部长杜红旗思路清晰。在他看来，“脏、乱、差”并不是农村的代名词，完善基础设施建设，改善农村生态环境，是实现农村工作目标的前提和基础。

为建设宜居农村，长沙县针对农村各项基础设施建设投入了大量人力、物力，采取了一系列有效的措施。在农村水利方面，近三年来，长

沙县投入了近10亿元的水利建设资金，突出了“除险保安、畅流节水、扩容升级、产业增效”为主要内容的“小康水利”建设，今年更是与农业发展银行签订战略合作协议，融资20亿元开发农村水利建设。在农村路网建设方面，近三年投资达15亿元，公路等级率、村级公路硬化里程及百平方公里拥有公路里程等三项指标均居湖南省之首。在基本农田整治方面，重点实施土地整理项目，改造低产农田，建设高标准基本农田近10万亩，为现代农业发展奠定了坚实基础。此外，长沙县还计划与中能公司合作，在农村推进气站建设，使农村用上管道煤气，农村的各项基础设施正逐步完善。

良好的生态环境，是建设新农村的重点要求。2010年，长沙县提出不但要做工业强县，还要创建“全国生态县”。为此，长沙县实施了一系列工程：启动“两河流域”环境整治工程，全面整治养殖等造成的污染；启动乡镇污水处理厂建设工程，承诺到2012年实现所有乡镇污水处理厂全覆盖；启动安全饮用水工程，目前已有十多个乡镇集镇通自来水；成立1个可再生能源服务合作总社，17个乡镇成立合作分社，建立了“一部三队”为主的专业化服务模式，成为全国第一个整县推进农村可再生能源社会化服务体系建设的县；成立农村环保合作社，“户分类减量、村集中处置、镇监管支持、县以奖代投”的农村生活垃圾收集处理模式日益健全，农村生态环境明显改观。此外，涉及长沙县北部7个乡镇、7000多人的生态扶贫移民工作已于今年启动白沙乡桃源村生态移民试点，鼓励了县内高山深山等偏远山村及地质灾害隐患地区农民走上易地脱贫之路。

二　以产业为支撑，积极发展现代农业项目

农业是农村的基础，产业是城乡一体化的核心，新农村建设如果没有农业产业的现代化，那就是无源之水、无本之木。

“长沙县是一个工业强县，财政收入的70%来自工业，也是一个农业大县，农业人口占全县的80%。我们要用新型工业化的办法发展农

业，用城市化的理念推动新农村建设，实现传统农业向现代农业的转变。”杜红旗如是说。

早些年，长沙县就制定了《现代农业区域布局规划》，坚持以市场为导向、发挥比较优势、产业整体开发的原则，突出发展市场占有率高、市场前景广阔的优势农产品，重点在区域化布局、专业化生产等方面突出特色、寻求突破。在黄兴、跳马、椝梨等近郊乡镇，已形成10万亩蔬菜、10万亩花木及“农家乐”休闲等产业带；在金井、高桥等乡镇，重点发展10万亩茶叶、10万亩油茶及食用菌产业带，目前已被列为“全国重点产茶县”；在春华、果园、路口等乡镇实施34万亩超级杂交稻“种三产四”丰产工程；近两年，他们又提出以北部12个农业重点发展乡镇为主体，沿S207线建设“长沙县现代农业创新示范区”（去年7月已被列为国家级现代农业创新示范区），重点推进“2461”工程建设（即两大基地、四大精品园、六大产业优势区、一百个现代农庄）。

改造传统农业、发展现代农业，转变生产组织方式举足轻重。长沙县坚持“企业+基地+农户”的组织形式，支持农业产业化龙头企业建设生产基地，逐步实现统一区域品种、统一种养技术、统一收购标准，延伸产业链，增强龙头企业的辐射带动能力。目前，全县有一定规模的农产品加工企业发展到148家，其中国家级农业龙头企业1家、省级龙头企业10家、市级龙头企业48家，过亿元的龙头企业达15家，农业龙头企业联结生产基地100多万亩。规范发展各类专业合作组织或协会达550家，已有超过50%的农户进入农业产业化领域。为打造自身特色，长沙县还积极发展现代农庄，引资下乡。目前，全县已启动75个现代农庄项目建设，总投入达43.8亿元，极大地弥补了政府投入的不足。

三　以和谐为目标，加快实现城乡协调发展

杜红旗说：“我们要始终坚持‘以城带乡、以工哺农’的工作思

路，全面吸引资金、人才、技术等要素向农业农村聚集，突出规划引领、政策吸引，积极推进城乡一体化，加快实现城乡协调发展。”

早在2004年10月，长沙县就出台了《城乡一体化建设发展规划纲要》。2010年初，椤梨镇、金井镇、开慧乡成为长沙市“引导农民集中居住、推进城乡一体化发展”的先行先试乡镇。长沙县针对三个试点乡镇，结合自身实际，出台了《关于支持椤梨镇、金井镇、开慧乡城乡一体化试点建设的若干政策》，提出了“坚持跳出农村建设农村、转移农民富裕农民、调整农业发展农业，突出资本集中下乡、产业集中发展、土地集中流转、农民集中居住、环境集中整治、公共服务集中推进，加快发展现代农业，扎实推进城乡一体化和社会主义新农村建设”的总体要求。从规划、国土、财政等各方面制定了支持政策，有力地推动了该县城乡一体化建设工作。

在这一进程中，长沙县注重通过项目来带动。该县三个示范镇共规划项目45个，目前在建项目28个，已投资近10亿元。以开慧乡为例，目前，开慧乡投资400万元的骄杨路东段房屋外立面改造大部分已经完成，投资600万元的骄杨路景观改造工程及给水、污水管铺设、电力电信下地和总造价1920万元、占地面积15亩斯洛特水街工程已全面启动。市民下乡和村民集居方案通过审批，正在建设中。总投资达2.7亿元的汉硕国际文化教育产业园已正式破土动工，预计在4年内建成。总投资140万元的滨湖路已全部完工。被列入国家民政部“霞光”工程的乡敬老院已经建成投入使用。

此外，长沙县还启动了城乡公交一体化，椤梨镇、黄花镇、安沙镇已通上公共汽车。长沙县城乡公交试点路线坚持“五个统一”，即统一许可政策、统一经营方式、统一车辆规格、统一标志标识、统一服务标准。试点路线所有运营车辆实行“公车公营”，政府将对运营企业因低票价经营造成的亏损给予补贴；2010年启动的开慧镇“免费门诊”模式即将在全县推广（“免费门诊”试点工作通过以家庭为单位，按照每人50元的标准给每户居民“免费门诊医疗卡”中拨付门诊费用，同时通过实施基本药物制度，实行药品零差率销售），有效减轻了农民的看病就医负担。到今年年底，基本医疗保障制度将全面覆盖城乡居民，到2020年，覆盖城乡居民的基本医疗卫生制度基本建立；2011年，长沙县还推动城乡教育一体化，加大力度全面推进教育均衡发展，尤其是边远乡镇的教师工作、生活环境的改善，同时启动了乡镇公立幼儿园建设；长沙县还逐步加强社会保险、社会救助、社会福利的衔接和协调，进一步提高社会保障统筹层次，提高保障标准。

附录 12

长沙市中部第一县长沙县 美在青山绿水间

红网　2012－09－12

从环境优美的开慧镇斯洛特小镇到满山翠绿的金井镇，再到白鹭起舞的高桥镇，行走在中部第一县长沙县，你会发现，这里除了有工程机械、汽车零部件这些大的工业产业，也不乏乡村美景。近年来，长沙县把建设两型社会作为转变经济发展方式的重要着力点，以“南工北农”布局统筹城乡一体化，率先在全省建立了生态补偿机制，围绕创建“全国生态县”目标，实施“百条乡村公路，千里河港堤岸，万户农家庭院”三大绿色愿景工程，长久保护好青山绿水，使长沙县天更蓝、水更清、山更绿。

——1%的土地创造了全县90%的财富

要金色GDP也要绿色GDP!“我们用1%的土地创造了全县90%的财富，让全县99%的土地得到了有效保护!”与GDP列中部第一县相比，绿色GDP也是长沙县引以为傲的一大亮点。一条条生产线流金淌银，而生态集中保护则成就了不变的绿水青山。

什么是生态集中保护？长沙县委书记、长沙经开区党工委书记杨懿文列举了一系列数字告诉记者：目前长沙县90%以上的工业产值和税收收入，来自300多家重点企业，这些企业总用地面积不到20平方公里，占全县总面积的1%。这得益于长沙县实施“南工北农、分类考核”发展战略，大幅提高生态环境保护与建设在绩效考核中的权重，坚持用尽量少的土地资源，创造尽量大的效益，然后用产生的效益反哺农业农村，保护山水资源。

——田园风光更诱人，60 亿元投向 53 家现代农庄

“大珠小珠落玉盘”式的农庄，温馨浪漫又意趣无穷的农业体验园，漫山遍野的花草扑面而来，这样的画面就在长沙县北山镇的现代庄园——圣毅园。

在长沙县，像圣毅园这样的现代农庄将达 100 个，目前已立项和即将立项的就有 53 家。长沙县引导工商资本、产业资本、金融资本投入农业农村，近年来吸引各类农业投资超过 60 亿元，带动 100 多项农业科技成果和近千名管理技术人才进入。同时，全面整合农业开发、土地整理、农村公路、水利等各项资金投入，形成财政支农资金整合投入机制。

可以想见，在现代农庄的强力吸引下，越来越多的长沙人将把长沙县作为休闲快乐的第一站。谁保护谁受偿。

——率先在全省建立生态补偿机制

2010 年，长沙县率先在全省建立了生态补偿机制，全县除公益设施建设外的所有土地出让，每亩增加 3 万元用于生态建设和环境保护，2011 年共提供生态补偿基金 5400 万元。构建了“谁保护谁受偿，谁受益谁补偿，谁污染谁治理”的运行体系。

围绕创建“全国生态县”目标，长沙县在全国开了农村环境综合整治工作的先河，启动了总投资 11 亿元的农村环境综合整治工程，实施了“清洁水源，清洁田园，清洁能源，清洁家园”的“四洁农村”试点工程。全县 20 万户农家配备了垃圾桶，农村集中居住区垃圾池建设 1486 个。

率先在全省建立了农村环保合作社，实现农村垃圾“户分类减量、村主导消化、镇监管支持、县以奖代投”处理模式。实施“两河（浏阳河、捞刀河）流域”综合环境整治，认真整治农村畜禽养殖污染，将全县细分为禁止养殖区、限制养殖区和适宜养殖区，逐步将畜禽养殖减量到环境可承载的水平。近 3 年投入畜禽转产扶助资金 1.05 亿元，拆除养殖设施 99.7 万平方米，实现了禁养区退出生猪养殖、一级限养区散户养殖规模控制在 20 头以下的目标。

近3年，全县完成水务投入10亿元。未来十年，长沙县还将投入76亿元，用于农田水利建设。近年来，长沙县先后关闭和搬迁60多家高污染、高耗能企业，并对近100家新引进项目实施环保“一票否决”。在去年的全国县域经济基本竞争力、中国中小城市科学发展百强评比中，分别列第18位和第17位。

——开慧镇小镇讲述甜蜜初恋

因为毛泽东与杨开慧的初恋传奇在这里发生，长沙县开慧镇还有一个浪漫的名字——初恋小镇，曾经发生在这里的中国充满传奇色彩的初恋，吸引成千上万游客来这里感受大爱之美。

一条条清爽整洁的水泥道路，一排排摇曳生姿的绿树，一栋栋风格独具的住宅……漫步于开慧镇斯洛特小镇，看着清澈的人工湖上鸭群戏水，欧式风情街上来来往往的行人，你会感觉这里就是一幅赏心悦目的农村风景画。小镇居民张锦照说，几年前，这里还有一条条土路，除了田就是山。而现在，这里不仅可以享受优美的田园风光，也享受了城市的便利。

目前，开慧镇正在全力打造“板仓小镇”，其规划总面积为19.2平方公里，核心区6.6平方公里。镇区布局结构为开慧故里、斯洛特小镇、竹山新区三个中心。开慧故里为红色旅游中心，以湖湘风格为主，饱含文化底蕴的中式小镇；斯洛特小镇以商贸为主导，英伦风格；竹山新区以休闲度假为主导，有部分山地别墅区。另外，位于开慧镇的双华水库露营基地将于9月14日试营业。“优雅的白鹭飞翔在湖面，在双华水库露营基地，人在帐篷中看星星……”基地负责人龙海波说，这里将用澄澈的湖泊、满天的繁星、可口的农家饭菜把游客留下来。

——金井镇茶山如绿波荡漾

蓝天白云下，茶树翠绿、茶道蜿蜒。茶山上，“一排排茶树看上去就像绿色的梯子，又像荡漾开来的一层层绿波”。一位来此采访的记者感叹：“这里太漂亮了，要是长住在这里就好了，天天可以看见这些茶树!”

“神农尝百草，日遇七十二毒，得茶而解之。”茶成为中华文明不可或缺的一部分。金井与茶更是结下了千年之缘。“浙江有龙井、湖南有金井”现已成为茶叶界的一句行话。“山含情，水含笑，过往人，拇指翘。”村民陈金鹏用一首民谣描述如今的家乡。近年来，金井镇喊响了“干农家活、品农家饭、结农家亲、享农家乐”的口号，随着公共自行车系统、直饮水、乡村客栈的完善，中部地区首家国际狩猎场、珍稀动物的科普标本馆、湘丰茶庄、惠农村庄等多家接待点期待更多城市游客的体验、光临。

“要加快打造‘中国绿茶之乡’的步伐。”金井镇相关负责人表示，未来金井镇将在城市建设中打造茶文化一条街，建立茶文化公园、开发茶文化旅游景点、开茶馆、出茶书、举办茶文化节，全面提升茶产业文化内涵。

——高桥镇桐仁桥水库白鹭起舞

每年4月长沙县高桥镇内的“白鹭湖”就开始热闹起来，成群结队的白鹭从远处纷纷返回这里。

高桥镇有个桐仁桥水库，由于这里山清水秀，从20世纪80年代至今，不断有白鹭来此栖息，当地居民索性将桐仁桥水库改名为“白鹭湖”。每年4月初至6月中旬，陆续来“白鹭湖”上栖息的白鹭不下2万只。目前，“白鹭湖”一带已开发29处景点，如“思公峡谷”“龙门垂钓”“临湖观鸟”“石牛望月”“九龙朝王”“子规夜啼”等。

——黄兴镇从化工乡到“两型”样本

20世纪八九十年代，黄兴镇内有大大小小化工厂近20家。由于污染严重，黄兴镇有900多亩的农田和山林受到严重污染，800多户居民的饮用水受污染，浏阳河部分水域河水长时间呈黑墨色，鱼虾绝迹，河畔十多种水鸟因此消失。2002年，黄兴镇果断关闭了化工厂，大力发展蔬菜、花卉苗木、“农家乐”等绿色产业。

关闭化工厂带来的变化，蓝田村村民李端明感受最深。2003年，李端明与丈夫建起了紫薇山庄发展“农家乐”。“现在每年挣二三十万元没有一点问题。”目前，黄兴镇已经建立5平方公里的“农家乐”旅游示范区。到去年，黄兴镇“农家乐”累计接待游客超过100万人次，带动农民人年均增收近8000元。因为种植花卉苗木，该镇沿江村70%

的农户有了小汽车。化工厂关闭后，黄兴镇蔬菜面积也从1.4万亩增加到2.2万亩。黄兴镇蔬菜协会会长章继业说，长沙现在每天有80万市民在吃黄兴镇的蔬菜。

随着长沙城区不断拓展，黄兴镇也纳入长沙城市版图。黄兴镇将在三环内48平方公里，形成以现代服务业为主导的现代产业体系，着力打造成为长株潭商务副中心；三环外36平方公里，以浏阳河风光带建设带动发展旅游产业、观光体验农业等第三产业。黄兴镇，这个昔日的化工乡，如今已经走上了经济与自然协调发展的道路，成为长株潭城市群建设“资源节约环境友好两型社会”试点的绿色样本。

——梨镇江南水乡入梦来

主街两边是清一色明清风格的建筑，传统商业老字号一条街古色古香。进入浏阳河畔的梨镇，“江南人家尽枕河”的江南水乡古貌让你流连忘返。道路、街巷、院墙、小桥、溪流、驳岸、古树一一向你叙述着一个个古老的故事，让你梦回魏晋。

梨镇是一个以汽车零部件生产为主导产业的工业大镇。其产品和北汽福田、上汽依维柯、东风柳州、陕汽集团等十几家国内知名大中型企业形成了长期配套。经济发展了，经济与自然如何实现和谐发展，便成了一道宏大的课题。梨镇党委书记蔡逸说，最美村镇应该美在生态保护的观念上，美在环境建设的行动上。去年，梨镇投入技改资金20多亿元，完成了一批技术改造和创新项目，同时启动了老镇房屋改造工程、道路提质工程和“一点两线”沿线房屋整治工程，并对地下管网、人行道、园林景观、路灯环卫设施、交通设施等按城市标准建设。今年，梨镇将按照防洪保安与花园星城开发相结合的原则，对汇集浏阳河的4条水系投入10亿元进行水环境综合治理。

走在梨镇的古老街道上，魏晋以来的悠悠古韵令你别有一番感受：香烟袅袅的陶公庙、色彩斑驳的古镇墙、临河而建的吊楼、青石板铺成的巷陌、麻石修葺的拱桥，古民居、古街道、古桥、古码头……这一切都不由得让人感叹，这里是一张历史的底片，一支幸福的歌。

图书在版编目(CIP)数据

长沙县两型发展模式研究 / 中国中小城市科学发展研究课题组，中国城市经济学会中小城市经济发展委员会编．—北京：社会科学文献出版社，2013.4

（中国中小城市科学发展研究丛书）

ISBN 978-7-5097-4476-5

Ⅰ.①长… Ⅱ.①中… ②中… Ⅲ.①自然资源-资源利用-研究-湖南省 Ⅳ.①X372.644

中国版本图书馆CIP数据核字（2013）第067843号

·中国中小城市科学发展研究丛书·

长沙县两型发展模式研究

编　　者 / 中国中小城市科学发展研究课题组
中国城市经济学会中小城市经济发展委员会

出 版 人 / 谢寿光
出 版 者 / 社会科学文献出版社
地　　址 / 北京市西城区北三环中路甲29号院3号楼华龙大厦
邮政编码 / 100029

责任部门 / 皮书出版中心（010）59367127
电子信箱 / pishubu@ssap.cn
项目统筹 / 邓泳红　陈　颖
经　　销 / 社会科学文献出版社市场营销中心（010）59367081　59367089
读者服务 / 读者服务中心（010）59367028

责任编辑 / 陈　颖
责任校对 / 杜若普
责任印制 / 岳　阳

印　　装 / 三河市尚艺印装有限公司
开　　本 / 787mm×1092mm　1/16
版　　次 / 2013年4月第1版
印　　次 / 2013年4月第1次印刷
书　　号 / ISBN 978-7-5097-4476-5
定　　价 / 79.00元

印　　张 / 18.5
字　　数 / 273千字